Thermodynamik

Klaus Stierstadt

Thermodynamik

nicht nur für Dozentinnen und Dozenten

3. Auflage

Klaus Stierstadt
Fakultät für Physik
Universität München
München, Deutschland

ISBN 978-3-662-69770-2   ISBN 978-3-662-69771-9 (eBook)
https://doi.org/10.1007/978-3-662-69771-9

Die Deutsche Nationalbibliothek verzeichnet diese Publikation in der Deutschen Nationalbibliografie; detaillierte bibliografische Daten sind im Internet über http://dnb.d-nb.de abrufbar.

© Der/die Herausgeber bzw. der/die Autor(en), exklusiv lizenziert an Springer-Verlag GmbH, DE, ein Teil von Springer Nature 2010, 2018, 2025

Das Werk einschließlich aller seiner Teile ist urheberrechtlich geschützt. Jede Verwertung, die nicht ausdrücklich vom Urheberrechtsgesetz zugelassen ist, bedarf der vorherigen Zustimmung des Verlags. Das gilt insbesondere für Vervielfältigungen, Bearbeitungen, Übersetzungen, Mikroverfilmungen und die Einspeicherung und Verarbeitung in elektronischen Systemen.
Die Wiedergabe von allgemein beschreibenden Bezeichnungen, Marken, Unternehmensnamen etc. in diesem Werk bedeutet nicht, dass diese frei durch jede Person benutzt werden dürfen. Die Berechtigung zur Benutzung unterliegt, auch ohne gesonderten Hinweis hierzu, den Regeln des Markenrechts. Die Rechte des/der jeweiligen Zeicheninhaber*in sind zu beachten.
Der Verlag, die Autor*innen und die Herausgeber*innen gehen davon aus, dass die Angaben und Informationen in diesem Werk zum Zeitpunkt der Veröffentlichung vollständig und korrekt sind. Weder der Verlag noch die Autor*innen oder die Herausgeber*innen übernehmen, ausdrücklich oder implizit, Gewähr für den Inhalt des Werkes, etwaige Fehler oder Äußerungen. Der Verlag bleibt im Hinblick auf geografische Zuordnungen und Gebietsbezeichnungen in veröffentlichten Karten und Institutionsadressen neutral.

Springer Spektrum ist ein Imprint der eingetragenen Gesellschaft Springer-Verlag GmbH, DE und ist ein Teil von Springer Nature.
Die Anschrift der Gesellschaft ist: Heidelberger Platz 3, 14197 Berlin, Germany

Wenn Sie dieses Produkt entsorgen, geben Sie das Papier bitte zum Recycling.

Vorwort

Thermodynamik ist die Lehre von den Verwandlungen der Energie. Die Natur, das Leben und die Technik beruhen auf solchen Umwandlungen der Energie von einer ihrer Erscheinungsformen in eine andere. Wenn wir die Natur, das Leben und die Technik begreifen wollen, dann müssen wir die Thermodynamik kennen. Sie steht daher im Studienplan gleichberechtigt neben den drei Grundlagenfächern Mechanik, Elektrodynamik und Quantenphysik. Leider ist die statistisch fundierte Thermodynamik aus den Lehrplänen teilweise verschwunden – ein Opfer der Bologna-Studienreform von 1999. Die früher etablierte Thermodynamikvorlesung im dritten bis fünften Semester wurde aufgeteilt in eine Vorlesung über Wärmelehre und eine über Statistische Physik. In der Wärmelehre wird im ersten oder zweiten Semester zum Teil Schulstoff wiederholt. Eine tiefere Begründung der thermodynamischen Begriffe und Methoden bleibt dabei außen vor. Diese Vorlesung wird daher oft als langweilig empfunden. In der Statistischen Physik im fünften oder sechsten Semester wird dagegen zum Teil Stoff vermittelt, der nicht ins Bachelor-, sondern ins Masterstudium gehört (Quantengase, Dichtefunktionale usw.). Hier sind die Studierenden meist überfordert, und die Vorlesung ist daher unbeliebt.

In diesem Buch habe ich versucht, solche Schwierigkeiten zu vermeiden und die Folgen der teilweise missglückten Bologna-Reform zu mildern. Ich habe eine bewährte Thermodynamik auf statistischer Grundlage verfasst, wie sie früher im dritten bis fünften Semester angeboten wurde. Dieses Buch erscheint nun in der dritten Auflage, nachdem seine ersten beiden Fassungen gut aufgenommen wurden. Die erste Auflage war noch für den früheren Diplomstudiengang konzipiert und enthielt unter anderem viele historische Anmerkungen und Beispiele aus der Praxis. Die zweite Auflage war speziell auf das neuartige Bachelorstudium zugeschnitten und enthält Kapitel über technische Energiewandler und Quantengase. Die hier vorliegende dritte Auflage ist, wie gesagt, die früher bewährte Darstellung für Studierende, die bereits Mechanik, Elektrik und quantenphysikalische Atomphysik gelernt haben. Sie knüpft an die in englischer Sprache erschienenen modernen Lehrbücher an, die in der Anlage 1 kurz charakterisiert sind. Dabei werden die thermodynamischen Begriffe Temperatur, Wärme, Entropie usw. von Anfang an statistisch begründet.

Es handelt sich in diesem Buch zwar um eine aus der Dampfmaschinenzeit herrührende Wissenschaft, aber sie besitzt im weitesten Sinne universelle Gültigkeit. Ihre Aussagen sind von so allgemeiner Natur, dass sie für alle denkbaren Systeme gelten, die aus vielen Bestandteilen bestehen: Atomkerne, Atome, Gase, Flüssigkeiten, Festkörper, lebende Zellen, Populationen, Sterne und Galaxien. Ein Verständnis der makroskopischen Eigenschaften solcher Systeme ist ohne thermodynamisches Wissen unvorstellbar, weil in ihnen pausenlos Energie umgewandelt wird. Insbesondere braucht man die thermodynamischen Begriffe und Beziehungen in der Physik, Chemie, Biologie, Medizin, Technik, Meteorologie und Astrophysik. „Schließlich sind die thermodynamischen Aussagen von so allgemeiner Art, dass sie niemals ihre Gültigkeit verlieren werden. Neue physikalische Einsichten werden daran nichts ändern" (sinngemäß nach Albert Einstein). Die Thermodynamik hat als einzige klassische Wissenschaft auch die Quantenrevolution überstanden.

Der Stoff ist in diesem Buch zweigeteilt. Ein größerer Hauptteil entspricht einer vierstündigen Vorlesung im vierten oder fünften Semester. Der umfangreiche Anhang enthält alles, was nicht unbedingt im Detail behandelt werden muss, aber gut in eine Ergänzungsstunde oder in die Übungen passt. In den Kapiteln 1 bis 6 werden die thermodynamischen Grundbegriffe auf mikroskopischer und statistischer Basis diskutiert. Die Kapitel 7 bis 9 enthalten die wichtigsten thermodynamischen Beziehungen zur Anwendung auf die makroskopischen Eigenschaften der Stoffe. Und in den Kapiteln 10 bis 12 wird das Verhalten realer Substanzen behandelt. Kapitel 13 und 14 führen in die irreversible Thermodynamik ein.

Dieses Buch basiert auf den Erfahrungen meiner Vorlesungen aus den vergangenen 40 Jahren. Es konnte nur mithilfe der Unterstützung vieler Zeitgenossen entstehen. Dafür danke ich meinen akademischen Lehrern Walther Gerlach und Louis E.F. Néel für die Einführung in die gesamte Physik, dann vielen meiner Kollegen, vor allem Michael E. Fisher, Hermann Haken, Leo P. Kadanoff und Herbert Wagner, für zahllose hilfreiche Diskussionen und schließlich, aber nicht zuletzt, vielen meiner Doktoranden und Studenten für ihre kritischen Fragen und ihre erhellende Anteilnahme.

Inhaltsverzeichnis

Teil I Grundlagen

1 Einführung 3
  1.1 Was ist Thermodynamik? 3
  1.2 Temperatur und Wärme 4
  1.3 Innere Energie und Entropie 5
  1.4 Gleichgewicht und Nichtgleichgewicht 6
  1.5 Makro- und Mikrophysik 7

2 Was ist Temperatur? 9
  2.1 Temperatur und Energieverteilung, ein einfaches Experiment .. 9
  2.2 Temperatur und Wärmekapazität eines idealen Gases 16
  2.3 Temperatur und Wärmekapazität eines idealen Magneten .. 19
  2.4 Temperatur und Wärmekapazität eines idealen Kristalls .. 23

3 Was ist Wärme? 29

4 Die Entropie 35
  4.1 Was ist Entropie? 35
  4.2 Messung und Berechnung der Entropie 39
  4.3 Wozu kann man die Entropie gebrauchen? 45

5 Die Hauptsätze der Thermodynamik 47
  5.1 Der Zweite Hauptsatz 47
  5.2 Das Prinzip der maximalen Entropie 50
  5.3 Nullter und Dritter Hauptsatz der Thermodynamik 54

6 Offene Systeme 59
  6.1 Offene Systeme und Reservoire 59
  6.2 Boltzmann-Verteilung und Zustandssummen 60
  6.3 Berechnung von Wahrscheinlichkeiten 65
    6.3.1 Angeregte Zustände von Atomen 66

		6.3.2	Teilchen im Gravitationsfeld	67
		6.3.3	Geschwindigkeit von Gasmolekülen	68
	Literatur			72

7 Thermodynamische Potenziale 73
  7.1 Die verschiedenen Energiefunktionen 73
  7.2 Das chemische Potenzial 77
  7.3 Chemisches Potenzial von Mischungen 82
  Literatur 86

8 Die Erscheinungsformen der Materie, Phasen und Phasenübergänge 87
  8.1 Die Kräfte zwischen den Atomen 89
  8.2 Zustandsdiagramme 92
  8.3 Phasenübergänge 95
  8.4 Kritische Punkte 100
  Literatur 106

9 Suszeptibilität und Response – Die Eigenschaften der Stoffe 107

Teil II Anwendungen der Thermodynamik

10 Vom Gas zur Flüssigkeit 115
  10.1 Reale Gase 115
  10.2 Gase als Kühlmittel 122
  10.3 Flüssigkeiten 128
  Literatur 132

11 Kristalline Festkörper 133

12 Reale Magnete 143
  12.1 Der Magnetismus der Atome 143
  12.2 Paramagnetismus 144
  12.3 Ferromagnetismus 150

13 Strömung und Transport 157
  13.1 Lineare Transportvorgänge 157
  13.2 Die mikroskopische Transportgleichung 160
  13.3 Stationäre Strömungen 163
  13.4 Zeitabhängige Strömungen 167
  13.5 Die Driftdiffusion 168

14 Schwankungen 175
  Literatur 181

Nachwort 183

Anhang 185
    A.1   Das klassische ideale Gas 185
    A.2   Die diskreten Energiezustände eines Gasatoms 189
    A.3   Die Zustandsfunktion eines idealen Gases 195
    A.4   Reversibel oder irreversibel? 199
    A.5   Die Mischungsentropie 202
    A.6   Potenziale und Zustandssummen 204
    A.7   Die Suszeptibilitäten gemischter Feldgrößen 206
    A.8   Beziehungen zwischen den Suszeptibilitäten 210
    A.9   Onsagers Reziprozitätsbeziehungen 215
    A.10   Entropieproduktion 217
    A.11   Transportinstabilitäten 220
    A.12   Brown'sche Bewegung 222

Anlage 1. Empfehlenswerte Lehrbücher 227

Anlage 2. Umrechnung von Energie- und Leistungseinheiten 229

Anlage 3. Natur- und Maßsystemkonstanten 231

Anlage 4. Umrechnungsfaktoren für mechanische und
          thermische Größen 233

Literatur 235

Stichwortverzeichnis 237

Teil I
Grundlagen

Einführung

1.1 Was ist Thermodynamik?

Thermodynamik ist die Lehre von den Umwandlungen der verschiedenen Erscheinungsformen der Energie ineinander. Alle Vorgänge in Natur und Technik beruhen auf solchen Energieumwandlungen. Wenn wir Natur und Technik verstehen wollen, müssen wir Thermodynamik können. Bei den erwähnten Vorgängen ändern sich zum Beispiel die kinetische oder die potenzielle Energie eines Körpers, seine elektrische oder magnetische Energie, die chemische oder die Massenenergie, die Wärme oder die Kernenergie usw. Alle diese Energieformen lassen sich ineinander transformieren. Die Thermodynamik ist im 17. und 18. Jahrhundert entstanden, als man begann, mit Dampfmaschinen Wärme in mechanische Arbeit umzuwandeln. Daher der Name vom griechischen *thermos* für „warm" und *dynamis* für „Kraft". Damals stellte man auch fest, dass sich Wärme nie vollständig in Arbeit umwandeln ließ. Stets blieb ein Rest Wärme übrig, den man abkühlen musste. Und dieses Rätsel wurde erst im 19. Jahrhundert gelöst. Es ist der Inhalt des Zweiten Hauptsatzes der Thermodynamik (s. Kapitel 5).

In der Thermodynamik spielen die folgenden physikalischen Größen eine Rolle: die **Temperatur** T, die **Wärme** Q (auch thermische Energie genannt), die **innere Energie** U und die **Entropie** S. Diese Größen wurden eingeführt und definiert, um die Umwandlungen von Wärme in **Arbeit** W und umgekehrt quantitativ zu beschreiben, und zwar lange, bevor man von Atomen und ihrer Existenz etwas wusste. Heute weiß man sehr viel davon und kann die genannten Größen alle auf die Eigenschaften der Atome zurückführen bzw. sie mit diesen „erklären". Die hier infrage kommenden Eigenschaften der Atome sind vor allem ihre Masse, ihre elektrische Ladung, ihr magnetisches Moment, Energie, Impuls und Drehimpuls. Wie man mit diesen Eigenschaften die thermodynamischen Größen beschreibt, das ist der Inhalt

Ergänzende Information Die elektronische Version dieses Kapitels enthält Zusatzmaterial, auf das über folgenden Link zugegriffen werden kann https://doi.org/10.1007/978-3-662-69771-9_1.

der ersten fünf Kapitel dieses Buches. Man spricht dann auch von **Statistischer Physik**. Wir erläutern zunächst einige Begriffe, die hierbei eine Rolle spielen.

1.2 Temperatur und Wärme

Die Bezeichnung „statistisch" deutet schon darauf hin, dass wir es bei der Thermodynamik mit sehr vielen Objekten bzw. Atomen zu tun haben, das heißt mit makroskopischen Körpern. Zunächst stellen wir Folgendes fest: Ein einzelnes Atom besitzt keine Temperatur, denn wenn man sie zu messen versuchte, erhielte man ein paradoxes Ergebnis. Stellen Sie sich ein Thermometer und ein einzelnes Atom in einem sonst leeren Behälter vor. Das Atom bewegt sich im Behälter aufgrund seiner kinetischen Energie hin und her. Es stößt ab und zu mit dem Thermometer zusammen und überträgt ihm Impuls und Energie. Dieses zeigt dann momentan einen Ausschlag. Vergrößert man den Behälter ohne die Energie des Atoms zu ändern, so werden die Stöße auf das Thermometer seltener. Seine über die Zeit gemittelte Anzeige hängt also vom Volumen des Behälters ab. Das ergibt keine sinnvolle Temperatur. Die Frage ist nun? Wie viele Atome müssen zusammenkommen, damit man einer solchen Menge Materie eine vernünftige Temperatur zuordnen kann? Das hängt von der Genauigkeit ab, mit der man sie angeben will. Die Stöße der Atome auf das Thermometer sollen nämlich so schnell aufeinander folgen, dass seine Anzeige einen guten zeitlichen Mittelwert ergibt. Nehmen wir an, die statistisch voneinander unabhängigen Schwankungen der Anzeige sollen 1 % des Mittelwerts betragen. Dann müssen wir über etwa 10.000 Stöße mitteln.[1] Wenn diese innerhalb der Zeitkonstante des Thermometers erfolgen, dann kann man von einer entsprechenden Temperatur reden. Der langen Rede kurzer Sinn: Ein Atom hat keine Temperatur, sondern nur eine kinetische Energie, aber etwa 10.000 Atome können bereits eine Temperatur im herkömmlichen Sinn besitzen.

Jeder glaubt zu wissen, was Temperatur ist, denn wir haben in unserem Körper ein natürliches Thermometer und einen Sinn dafür. Das sind die Thermorezeptoren in unserer Haut und ihr Zentrum in unserem Gehirn. Sie reagieren mit Nervenimpulsen auf die Stöße von auf sie treffenden Molekülen aus der Umgebung. Bei diesen Stößen wird Energie ausgetauscht. Und die Erfahrung zeigt: Solche Energie fließt immer vom wärmeren zum kälteren Körper, also von hoher zu niedriger Temperatur, aber niemals umgekehrt. Das ist ein **Naturgesetz**, das nicht weiter bewiesen werden kann, und dessen quantitative Formulierung wir im Zweiten Hauptsatz der Thermodynamik kennen lernen werden (s. Kapitel 5). Aus der Erfahrung können wir also folgende Definition für die Temperatur formulieren:

▶ **Temperatur** ist eine Eigenschaft der Materie, die es ermöglicht, dass Energie von einem Körper mit höherer Temperatur zu einem solchen mit tieferer Temperatur fließt, ohne dass sonstige Kräfte zwischen den beiden Körpern wirken.

---

[1] Für N statistisch unabhängige Messungen beträgt der mittlere Fehler $\sqrt{N}$ (s. Lehrbücher der Mathematik).

Die bei diesem Prozess ausgetauschte Energie nennt man Wärme, und wir definieren sie folgendermaßen:

▶ **Wärme** ist diejenige Energie, die zwischen zwei Körpern allein aufgrund einer Temperaturdifferenz ausgetauscht wird, ohne dass andere Kräfte zwischen ihnen wirken.

Diese beiden Definitionen beziehen sich natürlich gegenseitig aufeinander. Man kann das eine nicht ohne das andere kennzeichnen; so ist die Natur beschaffen. Außerdem enthalten sie keine „Erklärung" im üblichen Sinne, das heißt, eine Zurückführung von T und Q auf andere bekannte Größen. Und schließlich enthalten sie einen Hinweis auf sonstige bekannte Kräfte, zum Beispiel mechanische, elektrische oder magnetische. All das trägt zur Präzisierung bei. Die richtige „Erklärung" von Temperatur und Wärme erfolgt aber erst später in Kapitel 2 und 3.

Um **Temperatur und Wärme** zu messen, braucht man zwei verschiedene Arten von Geräten: **Thermometer** und **Kalorimeter**. In der Schule haben wir gelernt, wie diese Geräte funktionieren. Zur Temperaturmessung kann man fast jede beliebige Eigenschaft eines Stoffes verwenden, denn fast alle Eigenschaften sind temperaturabhängig. In den üblichen Flüssigkeitsthermometern ist es das Volumen eines Fluids, in Thermofühlern ist es der Widerstand eines elektrischen Stroms. Mittels der Temperaturabhängigkeit dieser Eigenschaften lässt sich eine Skala festlegen. In Mitteleuropa misst man die Temperatur in Grad Celsius, in der Physik in Kelvin. Die Kelvin-Skala beginnt bei 0 K bzw. $-273{,}15\,°C$ und reicht bis zu beliebig hohen Werten. Die Celsius-Skala hat ihren Nullpunkt bei $+273{,}15$ K, dem Schmelzpunkt von Eis.

Das Kalorimeter ist ein Gerät zur Messung von Energiedifferenzen, womit man natürlich auch Wärmeenergie messen kann. Das geschieht in einem temperaturisolierten Gefäß durch Temperaturausgleich mit einer Eichsubstanz, zum Beispiel Wasser, von der man die Wärmekapazität kennt. Das ist die Energie, die man zur Erwärmung von einem Gramm Substanz um 1 K braucht. Wärme oder thermische Energie misst man in Joule. Dabei entspricht 1 Joule $2{,}778 \cdot 10^{-7}$ Kilowattstunden bzw. $1\,\text{kWh} = 3{,}600 \cdot 10^6$ J.

1.3 Innere Energie und Entropie

Diese Größen braucht man zur quantitativen Formulierung der beiden Grundgesetze der Thermodynamik, dem Ersten und dem Zweiten Hauptsatz. Zunächst zur **inneren Energie** U: Damit wird derjenige Teil der Gesamtenergie E_{ges} eines Körpers oder eines Systems von solchen bezeichnet, der unter irdischen Verhältnissen eine Rolle spielt. Nicht berücksichtigt werden dabei die Gravitationsenergie E_{g}, die nur in der Astrophysik von Bedeutung ist, ferner die starke und die schwache Wechselwirkung E_{st} und E_{schw} in der Kern- und Elementarteilchenphysik, die Massenenergie E_{m} und die kinetische Energie E_{kin} des Schwerpunkts eines Körpers. Es

gilt also
$$U = E_{\text{ges}} - E_{\text{g}} - E_{\text{st}} - E_{\text{schw}} - E_{\text{m}} - E_{\text{kin}}. \tag{1.1}$$

Was von der Gesamtenergie dann noch übrig bleibt, das ist die Wärme, die chemische Energie, die Kompressions- und Spannungsenergie, die elektrische und magnetische sowie die Grenzflächenenergie. Weil die Absolutwerte der Energie von der Definition ihres Nullpunkts abhängen, betrachtet man meist nur ihre Änderung dU und erhält dafür die folgenden acht Beiträge:

$$\mathrm{d}U = T\,\mathrm{d}S - P\,\mathrm{d}V + \boldsymbol{F}\cdot\mathrm{d}\boldsymbol{L} + \mu\,\mathrm{d}N + \phi\,\mathrm{d}q + \boldsymbol{E}\cdot\mathrm{d}\boldsymbol{M}_{\text{e}} + \boldsymbol{B}\cdot\mathrm{d}\boldsymbol{M}_{\text{m}} + \gamma\,\mathrm{d}A \tag{1.2}$$

(T Temperatur, S Entropie, P Druck, V Volumen, $\boldsymbol{F}$ mechanische Kraft, $\boldsymbol{L}$ Länge, μ chemisches Potenzial, N Teilchenzahl, ϕ elektrisches Potenzial, q elektrische Ladung, $\boldsymbol{E}$ elektrisches Feld, $\boldsymbol{M}_{\text{e}}$ elektrisches Moment, $\boldsymbol{B}$ Magnetfeld, $\boldsymbol{M}_{\text{m}}$ magnetisches Moment, γ Grenzflächenspannung, A Grenzfläche). Der erste Term $T\,\mathrm{d}S \equiv \mathrm{d}Q$ ist die Änderung der thermischen Energie bzw. die **Wärme**. Alle anderen Terme bezeichnet man als **Arbeit** dW. Von diesen Beiträgen braucht man bei den meisten Problemen nur einige wenige zu berücksichtigen.

Nun zur **Entropie** S: Diese Größe kommt im täglichen Leben nicht explizit vor. Sie ist daher weitgehend unbekannt, aber in der Physik spielt sie eine große Rolle. Sie wurde von Rudolf Clausius um 1850 eingeführt, um zu erklären, warum bei Dampfmaschinen die Größe d$S = \sum \mathrm{d}Q/T$ in einem abgeschlossenen System immer zunimmt. Abgeschlossen heißt das System aus Dampfmaschine, Heizer, Kühler und Arbeitsspeicher, wenn durch seine Begrenzungen keine Form von Energie hindurch gehen kann, das heißt, wenn es isoliert ist. Würde man die Summe von dQ/T von Heizer und Kühler beim Betrieb der Maschine nicht anwachsen lassen, sondern konstant halten, so bliebe die Maschine stehen. Ludwig Boltzmann hat 1890 einen mikroskopischen Ausdruck für die Entropie gefunden, nämlich

$$S(U) = k\cdot\ln\Omega(U). \tag{1.3}$$

Dabei ist $k = 1{,}380649\cdot 10^{-23}$ J/K die Boltzmann-Konstante und Ω die Anzahl der Möglichkeiten, die Energie U eines Systems auf seine Bestandteile bzw. die Atome zu verteilen (Näheres im Kapitel 4).

1.4 Gleichgewicht und Nichtgleichgewicht

Obwohl sich die Atome in Materie in ständiger Bewegung befinden, merken wir davon im Allgemeinen nichts.[2] Wenn sich makroskopisch im Lauf der Zeit keine Änderungen irgendeines Parameters nachweisen lassen, dann sprechen wir von thermodynamischem **Gleichgewicht**. Das heißt, die mikroskopischen Schwankungen aufgrund der Atombewegungen sind klein gegen die Messgenauigkeit, oder

---

[2] Diese Bewegung rührt letzten Endes vom Urknall her, bei dem die Materie ihre kinetische und potenzielle Energie bekommen hat.

in der Theorie gegen die Rechengenauigkeit. Ein Milliliter Wasser enthält etwa $N = 3{,}37 \cdot 10^{22}$ Moleküle, und die statistische Schwankung dieser Zahl beträgt $\delta N = 1{,}84 \cdot 10^{11}$ bzw. $\delta N/N = 5{,}45 \cdot 10^{-12}$. Das ist unterhalb der Messgenauigkeit der meisten makroskopischen Methoden. Die Atome tauschen dabei alle 10^{-12} bis 10^{-11} Sekunden Energie untereinander aus, aber im Gleichgewicht merken wir nichts davon.

Ganz anders ist es im **Nichtgleichgewicht**. Hier ändern sich die physikalischen Größen zeitlich. Ein Beispiel ist die Wärmeleitung. Wenn sich zwei Körper mit verschiedener Temperatur berühren, dann wird im Lauf der Zeit der kältere wärmer und der wärmere kälter. In der Nichtgleichgewichtsthermodynamik beschreibt man die so verlaufenden Transport- oder Strömungsvorgänge durch **Transportgleichungen** der Art

$$\boldsymbol{J} = L \cdot \nabla Y \tag{1.4}$$

(Näheres s. Kapitel 13). Dabei ist $\boldsymbol{J}$ die Stromdichte einer extensiven Größe, zum Beispiel einer elektrischen Ladung; L ist der Transport- oder kinetische Koeffizient, wie hier die elektrische Leitfähigkeit. Und ∇Y ist eine **thermodynamische Kraft** bzw. **Triebkraft** wie die elektrische Spannung. Was sich bei diesem Transport zeitlich ändert, das ist die elektrische Ladung an den beiden Polen der Spannungsquelle. Die „thermodynamische Kraft" ist aber keine Kraft Newton'scher Art. Die Bezeichnung ist irreführend, aber Konvention. In unserem Beispiel hat ∇Y die Einheit Volt.

1.5 Makro- und Mikrophysik

Die klassische Thermodynamik handelt von den Größen Temperatur, Wärme, Arbeit, innere Energie und Entropie. Sie werden in den Hauptsätzen formuliert und verwendet, um Energieumwandlungen zu beschreiben. Erst gegen Ende des 19. Jahrhunderts fing man an, diese makroskopischen Größen durch die Eigenschaften der Atome zu erklären. Da wir es in vielen Fällen mit Körpern von 10^{20} bis 10^{30} Atomen zu tun haben, müssen wir statistische Methoden verwenden, um von den sehr vielen Parametern dieser Atome auf die wenigen thermodynamischen Größen zu kommen, die ihr Zusammenwirken beschreiben. Damit haben Ludwig Boltzmann und James C. Maxwell vor etwa 150 Jahren begonnen. Der Kerngedanke ihrer Überlegungen bestand darin, nicht die Energie selbst, sondern die **Verteilung der Energie** eines Körpers auf seine Bestandteile, die Atome, zu untersuchen. Dabei stellt sich heraus, dass bestimmte Verteilungen der Energie sehr viel häufiger vorkommen als andere. So ist es zum Beispiel viel wahrscheinlicher, dass die Energie eines Körpers gleichmäßig auf seine Atome verteilt ist, als dass ein einziges die gesamte Energie besitzt und die anderen nichts abbekommen. Diese Tatsache entspricht unserer Erfahrung und ist der Schlüssel zum mikroskopischen Verständnis der thermodynamischen Größen. Maxwell und Boltzmann mussten bei ihren Überlegungen zwei kühne Annahmen machen: erstens, dass es Atome wirklich gibt, was damals unter Physikern noch umstritten war. Die zweite Annahme betrifft die Energie selbst. Sie kann von Atomen nur in Form kleinster

Portionen, sogenannter **Quanten**, aufgenommen und abgegeben werden. Auch das wurde erst 20 Jahre später durch Einstein und Planck bewiesen. Sowohl Materie als auch Energie haben daher eine körnige Struktur und sind keine Kontinua. Diese beiden Tatsachen bilden die Grundlage zum atomistischen Verständnis der Thermodynamik.

Was ist Temperatur? 2

2.1 Temperatur und Energieverteilung, ein einfaches Experiment

Wir möchten nun wissen, ob und wie man die Temperatur T eines Körpers atomistisch beschreiben kann. Um das herauszufinden, muss man ein Experiment analysieren, bei dem T eine Rolle spielt und bei dem man die Verteilung der Energie auf die Atome berechnen kann. Wir wählen als Experiment den Wärmetransport zwischen zwei Körpern (1) und (2) mit verschiedenen Temperaturen, die sich berühren (Abb. 2.1). Durch die Berührungsfläche bzw. durch eine wärmeleitende Wand kann Energie zwischen beiden Körpern ausgetauscht werden. Das geschieht, wie die Erfahrung zeigt, im Lauf der Zeit t immer vom wärmeren zum kälteren Körper. Nach einiger Zeit gleichen sich die Temperaturen aneinander an und betragen dann in beiden Körpern T^*. Soweit unsere Erfahrung. Und was machen nun die Atome der beiden Körper während dieses Vorgangs? Sie stoßen ja aufgrund ihrer permanenten Brown'schen Bewegung von beiden Seiten auf die Berührungsfläche und tauschen dabei Energie aus. Offenbar gibt es von rechts mehr oder stärkere Stöße als von links, denn die Wärme ΔQ fließt pauschal von (2) nach (1). Um abzählen zu können, wie viel Energie bei jedem Stoß übertragen wird, machte Boltzmann eine kühne Annahme: Die Energie wird nicht kontinuierlich, sondern in kleinsten Portionen von einem Atom zum anderen und durch die Wand weitergegeben, in sogenannten **Quanten**. Wie groß diese in Wirklichkeit sind, wusste Boltzmann noch nicht, und das ist hier auch zunächst gleichgültig.

Für unsere weiteren Überlegungen ist es aber nützlich zu wissen, wie viele Möglichkeiten es gibt, q gleich große Energiequanten auf N Atome zu verteilen. Das macht man sich am besten an Beispielen mit kleinen Zahlen klar. Wir haben das in Abb. 2.2 skizziert. Für die Anzahl ω der Möglichkeiten, die Quanten zu verteilen,

---

Ergänzende Information Die elektronische Version dieses Kapitels enthält Zusatzmaterial, auf das über folgenden Link zugegriffen werden kann https://doi.org/10.1007/978-3-662-69771-9_2.

Abb. 2.1 Temperaturausgleich zwischen zwei Körpern. **a** Versuchsanordnung; **b** Temperaturverlauf. Schraffiert gezeichnete Wände sind wärmeundurchlässig (adiabatisch), einfach gezeichnete gestatten einen Wärmetransport (diathermisch) und Energieaustausch

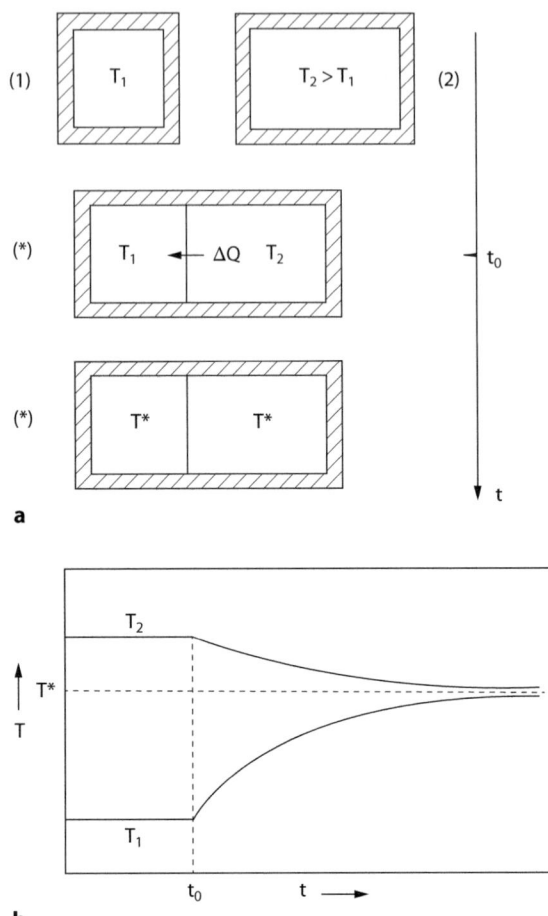

liefert die Kombinatorik folgende Beziehung

$$\omega = \frac{(q+N-1)!}{q!(N-1)!} \qquad (2.1)$$

(s. Lehrbücher der Mathematik). Die Zahl ω, die sogenannte **Zustandszahl**, steigt also mit q und N stark an. Für $q = N = 10$ ergeben sich schon etwa 93.000 Verteilungsmöglichkeiten. Und für die Molekülzahl von $3 \cdot 10^{25}$ in einem Liter Wasser erhält man eine Zahl ω mit mindestens 10^{25} Stellen vor dem Komma! In der Beziehung in Gl. 2.1 ist vorausgesetzt, dass die Atome ununterscheidbar sind, die Quanten jedoch nicht. Die einzelnen Verteilungsmöglichkeiten, nämlich die horizontalen Reihen in Abb. 2.2, nennt man die **Mikrozustände** des Systems, die Gesamtheit derselben für eine bestimmte Energie mit q Quanten heißt ein **Makrozustand**. Jeder derselben umfasst also ω Mikrozustände.

2.1 Temperatur und Energieverteilung, ein einfaches Experiment

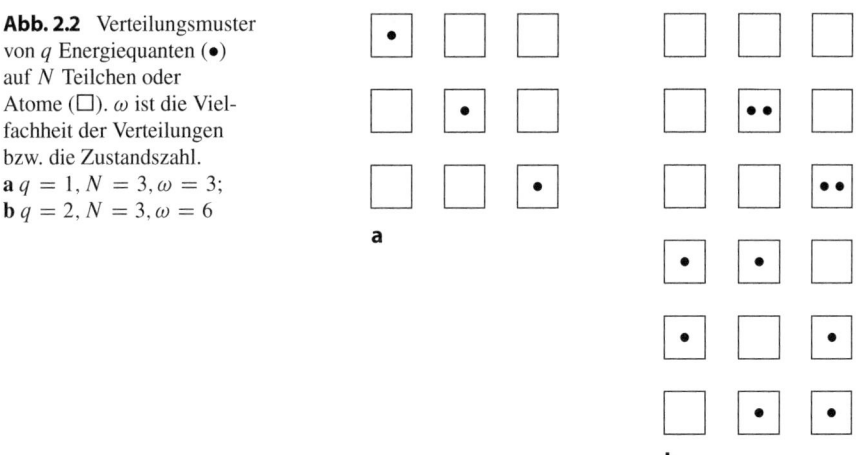

Abb. 2.2 Verteilungsmuster von q Energiequanten (●) auf N Teilchen oder Atome (□). ω ist die Vielfachheit der Verteilungen bzw. die Zustandszahl.
a $q = 1, N = 3, \omega = 3$;
b $q = 2, N = 3, \omega = 6$

Nun betrachten wir die Atome in unserem Wärmeleitungsexperiment Abb. 2.1. Zur Veranschaulichung legen wir wieder kleine Zahlen zugrunde. Jeder der Körper (1) und (2) habe nur drei Atome und beide zusammen verfügen über 6 Energiequanten. Wenn wir die beiden Körper in thermischen Kontakt bringen, können sich diese 6 Quanten in beliebiger Weise auf sie verteilen. Eine bestimmte solche Verteilung ist in Abb. 2.3a skizziert. Die Abb. 2.3b zeigt die Anzahlen ω_1 und ω_2 der Möglichkeiten nach Gl. 2.1 als Funktion von q_1 und q_2 in jedem der beiden Körper. Anfangs habe (1) 4 Quanten und 15 Möglichkeiten (vgl. Abb. 2.2d). Dann besitzt (2) 2 Quanten und 6 Möglichkeiten der Verteilung. Nach thermischem Kontakt beginnen die Atome zwischen (1) und (2) Energie auszutauschen. Dann ändern sich die Zahlen q_1 und q_2 sowie ω_1 und ω_2 und nehmen im Lauf der Zeit alle erlaubten Werte an. Dabei ist zu jedem Mikrozustand in (1) jeder Mikrozustand in (2) möglich. Das Gesamtsystem $(*) = (1) + (2)$ hat dann jeweils $\omega^* = \omega_1 \cdot \omega_2$ Mikrozustände. Diese Zahlen sind in Abb. 2.3c gegen q_1 und q_2 aufgetragen. Man erkennt ein deutliches Maximum $\omega^*_{\text{max}} = 100$ bei $q_{1m} = q_{2m} = 3$. Würden nun alle möglichen Mikrozustände von ω^* im Lauf der Zeit gleich oft angenommen, so wäre am häufigsten der Zustand mit ω^*_{max} realisiert. Und diesen würde man im Gleichgewicht, das heißt nach erfolgtem Temperaturausgleich, auch am häufigsten beobachten. Er könnte also etwas mit der Temperatur T^* zu tun haben, die sich im Gleichgewicht nach Abb. 2.1 eingestellt hat. Boltzmann machte nun die zweite kühne Annahme, nämlich dass tatsächlich jeder mögliche Mikrozustand eines Systems gleich oft angenommen wird, wenn die Atome Energie miteinander austauschen. Man muss eventuell nur lange genug warten.

Ein abgeschlossenes System im Gleichgewicht ist mit gleicher Wahrscheinlichkeit in jedem seiner erreichbaren Mikrozustände anzutreffen.

Abb. 2.2 (Fortsetzung)
c $q = 3, N = 3, \omega = 10$;
d $q = 4, N = 3, \omega = 15$

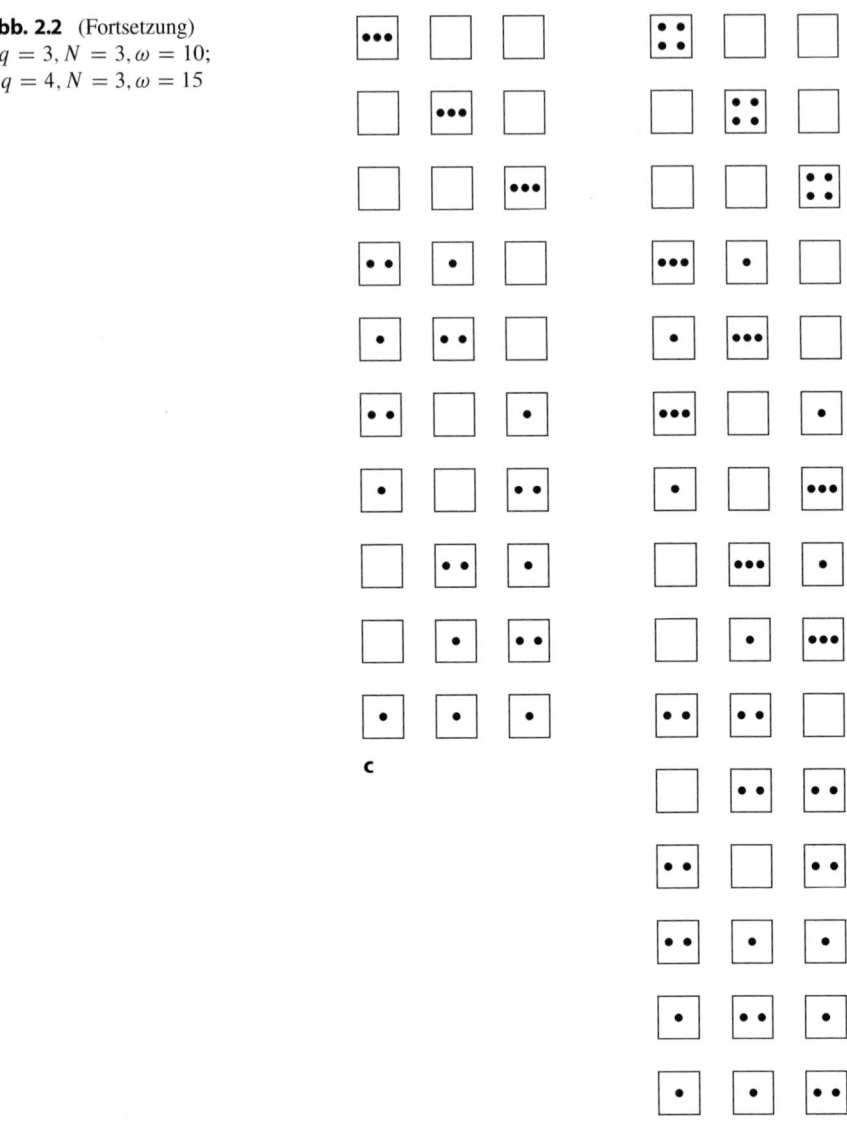

Diese **Grundannahme der statistischen Physik** ist ein Naturgesetz und kann nicht auf irgendeine andere Weise bewiesen werden. Seine Gültigkeit ist nur dadurch gesichert, dass die aus ihm abgeleiteten Tatsachen mit der Erfahrung übereinstimmen. Bis heute gibt es aber dazu keinen Widerspruch.

Unser Beispiel in Abb. 2.3 mit nur 6 Atomen und 6 Quanten ist natürlich sehr einfach. In der Makrophysik haben wir es mit größenordnungsmäßig 10^{25} Atomen und ebenso vielen oder mehr Quanten zu tun. Führt man unsere Überlegung mit so

2.1 Temperatur und Energieverteilung, ein einfaches Experiment

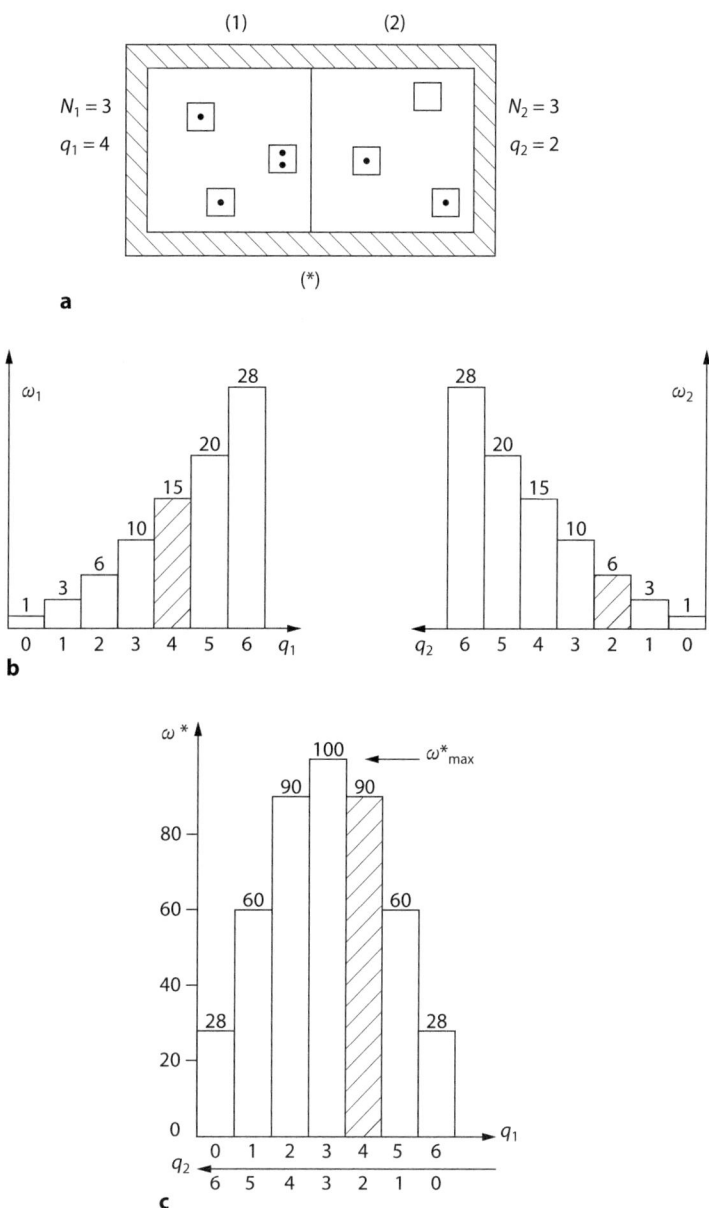

Abb. 2.3 Energieverteilung zwischen zwei Körpern im thermischen Kontakt. **a** Skizze der Anordnung, (•) Energiequanten, (□) Atome; **b** Anzahl ω_i der Möglichkeiten, die Quanten im Körper (1) bzw. (2) auf seine Atome zu verteilen als Funktion der Anzahl q_i der Quanten in (1) und (2); **c** Anzahlen $\omega^* = \omega_1 \cdot \omega_2$ des kombinierten Systems (*) als Funktion der Energien q_i beider Körper

Abb. 2.4 Energieverteilung nach Abb. 2.3c für zwei Systeme aus sehr vielen Atomen. Diese Gauß-ähnliche Kurve ist bei makroskopischen Körpern außerordentlich schmal. Ihre Breite ist 10^{12}-mal kleiner als ihre Entfernung vom Nullpunkt $q_1 = 0$ der Energie

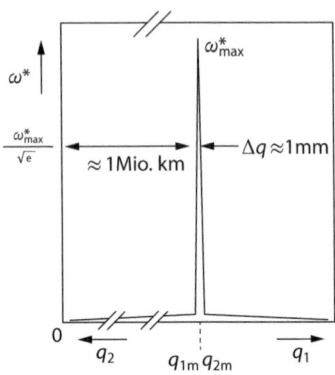

großen Zahlen durch, dann erhält man für $\omega^*(q_1, q_2)$ eine Verteilungsfunktion wie in Abb. 2.4. Diese **Zustandsfunktion** hat bei q_{1m}, q_{2m} eine außerordentlich scharfe Spitze. Das heißt, dieser Zustand ist mit außerordentlich großer Wahrscheinlichkeit fast immer verwirklicht. Alle anderen Zustände kommen im Vergleich dazu höchst selten vor.

Nun wollen wir die Bedingungen für ein solches Maximum untersuchen, wenn zwei makroskopische Körper (1) und (2) in thermischem Kontakt sind. Anstelle der Quantenanzahl q benutzen wir die innere Energie $U = qu$ des Körpers mit der Energie u eines Quants, wobei u von der Größenordnung 10^{-20} J. Wir betrachten nun U ebenso wie ω als eine quasikontinuierliche Größe. Die Bedingungen für ein Maximum von ω^* lauten dann

$$\frac{\partial \omega^*(U_1)}{\partial U_1} = 0 \quad \text{und} \quad \frac{\partial^2 \omega^*(U_1)}{\partial U_1^2} < 0 \tag{2.2}$$

und ebenso für U_2. Mit $\omega^* = \omega_1 \omega_2$ haben wir

$$\frac{\partial \omega^*(U_1)}{\partial U_1} = \frac{\partial \omega_1(U_1)}{\partial U_1} \omega_2(U_2) + \omega_1(U_1) \frac{\partial \omega_2(U_2)}{\partial U_1} = 0 \tag{2.3}$$

und mit $U^* = U_1 + U_2$ bzw. $\partial U_2 / \partial U_1 = -1$ gilt

$$\frac{\partial \omega_2(U_2)}{\partial U_1} = \frac{\partial \omega_2(U_2)}{\partial U_2} \cdot \frac{\partial U_2}{\partial U_1} = -\frac{\partial \omega_2(U_2)}{\partial U_2}. \tag{2.4}$$

Setzen wir das in Gl. 2.3 ein, so folgt

$$\frac{\partial \omega_1(U_1)}{\partial U_1} \omega_2(U_2) = \frac{\partial \omega_2(U_2)}{\partial U_2} \omega_1(U_1). \tag{2.5}$$

Trennung der Variablen liefert

$$\frac{1}{\omega_1(U_1)} \frac{\partial \omega_1(U_1)}{\partial U_1} = \frac{1}{\omega_2(U_2)} \frac{\partial \omega_2(U_2)}{\partial U_2} \tag{2.6}$$

2.1 Temperatur und Energieverteilung, ein einfaches Experiment

und die Integration ergibt

$$\frac{\partial \ln \omega_1(U_1)}{\partial U_1} = \frac{\partial \ln \omega_2(U_2)}{\partial U_2}. \quad (2.7)$$

Das ist nun die Bedingung für ein Extremum der Funktion $\omega^*(U_1)$ bzw. auch für $\omega^*(U_2)$. Ob es ein Maximum oder ein Minimum ist, das können wir erst entscheiden, wenn wir $\omega^*(U)$ explizit kennen. (Bitte verifizieren Sie die obige Überlegung an einem Beispiel mit ganz einfachen Funktionen für ω_1 und ω_2.)

Nun kommen wir zurück zur Temperatur. Wenn diese im Gleichgewicht in beiden Körpern der Abb. 2.1 gleich ist, nämlich T^*, und wenn ebenso nach Gl. 2.7 $\partial \ln \omega / \partial U$ in beiden Körpern gleich ist, dann haben dieser Differenzialquotient und die Temperatur etwas miteinander zu tun. Die Temperatur könnte irgendeine Funktion von $\partial \ln \omega / \partial U$ sein. Was für eine Funktion das ist, wollen wir nun in drei Schritten erraten:

- Die Erfahrung zeigt, dass die Temperatur eines Körpers im Allgemeinen mit seiner Energie ansteigt. Die Einheit von $\partial \ln \omega / \partial U$ ist aber umgekehrt proportional dazu. Also könnte die einfachste mögliche Funktion vielleicht lauten

$$T = C_1 \left(\frac{\partial \ln \omega}{\partial U} \right)^{-1} + C_2 \quad (2.8)$$

   mit zwei Konstanten C_1 und C_2.
- Die Temperatur nähert sich dem absoluten Nullpunkt, wenn man einem Körper alle seine Energie entzieht: $T \to 0$ für $U \to 0$. Daher muss die Konstante C_2 verschwinden, wenn sich nicht bei $T = 0$ die beiden Terme in Gl. 2.8 zufällig kompensieren.
- Die Temperatur misst man in Kelvin, die Energie aber in Joule. Daher muss der Faktor C_1 in Gl. 2.8 die Einheit K/J haben. Wie groß C_1 aber wirklich ist, das können wir erst wissen, wenn wir $\omega(U)$ selbst kennen. Es ergibt sich für C_1 dann der Kehrwert der Boltzmann-Konstante $k = 1{,}381 \cdot 10^{-23}$ J/K.

Nach diesen Überlegungen machen wir für die Temperatur probeweise den Ansatz

$$T = \frac{1}{k} \left(\frac{\partial \ln \omega}{\partial U} \right)^{-1} \quad (2.9)$$

und nennen ihn die **statistische Temperaturdefinition**. Ob sie richtig ist, das können wir erst feststellen, wenn wir die Zustandsfunktion $\omega(U)$ für irgendeinen Stoff kennen und sie mit Messwerten vergleichen können. Es wird sich zeigen, dass $\omega(U)$ von den intrinsischen Eigenschaften der Atome abhängt, von ihrer Masse, ihrer elektrischen Ladung usw. Damit wissen wir dann auch, wie die Temperatur mit diesen Eigenschaften zusammenhängt. Das war ja unser in der Einführung genanntes Ziel. Die Berechnung der Zustandsfunktion ist mit einfachen Hilfsmitteln jedoch nur für wenige idealisierte Modelle der Materie möglich, zum Beispiel für ein ideales Gas, einen idealen Magneten und einen idealen Kristall. Im Anhang A.1 rekapitulieren wir kurz das klassische Modell des idealen Gases, wie wir es aus der Schule kennen. Für ein ideales Gas finden sich die Berechnungen der Zustandsfunktion wegen ihres Umfangs im Anhang A.3. Sie beruhen auf der Eigenschaft aller Materie, den Charakter von Wellen zu besitzen. Das heißt, die Aufenthaltswahrscheinlichkeit materieller Teilchen an einem bestimmten Ort ist durch die Amplitude einer Welle bestimmt, der sogenannten **Materiewelle**. Dieser **Welle-Teilchen-Dualismus** wird im Anhang A.2 besprochen. Und er führt zu dem Ergebnis, dass materielle Teilchen in einem räumlich begrenzten System nur bestimmte Energieportionen aufnehmen und abgeben können. Mit dieser so gefundenen **Quantisierung der Energie** gelingt es, die Anzahl der Energiezustände eines ganzen Systems von Teilchen zu berechnen, nämlich die **Zustandszahl** ω.

2.2 Temperatur und Wärmekapazität eines idealen Gases

Um die Temperatur eines Gases nach Gl. 2.9 aus den Eigenschaften seiner Atome zu berechnen, brauchen wir die Zustandsfunktion $\omega(U)$. Woher bekommen wir diese? Wir müssen dazu wissen, wie viele Möglichkeiten es gibt, die Energie eines Gases in Form einzelner Quanten der Größe ε auf seine N Bestandteile zu verteilen. Das ist eine Aufgabe aus der Kombinatorik. Weil sie ziemlich langwierig zu lösen ist, haben wir sie auf die Anhänge A.2 und A.3 verschoben. Dort sieht man, wie groß die Quanten ε sind und wie die Zustandszahl ω von der Atommasse und vom Volumen des Gases abhängt.

Mit der Gl. A.35 für die Zustandsfunktion aus dem Anhang A.3 sind wir nun in der Lage, die Definition der Temperatur aus Gl. 2.9 für ein System vieler Atome zu prüfen. Der Logarithmus der Zustandszahl lautet demnach für ein ideales Gas:

$$\ln \Omega_N = N\left(\frac{3}{2}\ln\frac{4\pi e m}{3Nh^2} + \ln V + \frac{3}{2}\ln U\right). \quad (A.35)$$

Dabei ist m die Masse eines Teilchens, $N \gg 1$ deren Zahl, h die Planck-Konstante, V das Volumen des Gases und U seine Energie. Die Beziehung sieht etwas kompliziert aus. Sie ist entstanden durch Abzählen der Einheitszellen in einer Kugelschale von $3N$ Dimensionen. Wir bezeichnen sie hier mit Ω anstatt ω, weil wir für $N \gg 1$ einige Näherungen bei der Berechnung gemacht haben (s. Anhang A.3). Eine wesentliche Voraussetzung für die Gl. A.35 war die Quantisierung der Energie ε, die ein Atom aufnehmen oder abgeben kann. Denn wenn die Energie kontinuierlich auf

2.2 Temperatur und Wärmekapazität eines idealen Gases

die Atome verteilt werden könnte, das heißt in beliebig kleinen Portionen, dann gäbe es dafür unendlich viele Möglichkeiten, $\omega = \infty$. Und damit könnte man nichts anfangen.

In einem idealen Gas haben die Atome nach Voraussetzung (Gl. A.17) nur kinetische Energie. In anderen Stoffen, in Plasmen, Flüssigkeiten, Festkörpern, Magneten, Supraleitern usw. besitzen die Atome auch potenzielle Energie aufgrund ihrer interatomaren Wechselwirkung. Und diese Energie muss bei der Berechnung der Zustandsfunktion $\Omega(U)$ berücksichtigt werden. Das besprechen wir in den nächsten Abschnitten 2.3 und 2.4. Zunächst differenzieren wir die Beziehung Gl. A.35 für $\ln \Omega$ nach der inneren Energie. Das ergibt

$$\frac{\partial \ln \Omega}{\partial U} = \frac{3N}{2}\frac{1}{U}. \tag{2.10}$$

Nach Gl. 2.9 sollte nun gelten $T = (\partial \ln \Omega / \partial U)^{-1}/k$. Einsetzen von Gl. 2.10 liefert uns für die Temperatur des Gases dann

$$T = \frac{2U}{3Nk} \text{ bzw. } U = \frac{3}{2}NkT. \tag{2.11}$$

Und das ist genau die **kalorische Zustandsgleichung** des einatomigen idealen Gases, wie sie aus der Modellrechnung im Anhang A.1 resultiert oder aus der Einführungsvorlesung bekannt ist. Andererseits ist die **Wärmekapazität** C_V eines solchen Gases bei konstantem Volumen aus vielen Messungen mit großer Genauigkeit bekannt, nämlich

$$C_V \equiv \left(\frac{\partial U}{\partial T}\right)_V = \frac{3}{2}Nk. \tag{2.12}$$

Sie ist unabhängig von der Temperatur und für Edelgase von nahe Null bis mindestens 2000 K konstant. Bei noch höherer Temperatur werden die Gase ionisiert. Mit Gl. 2.11 ist unsere in Gl. 2.9 postulierte statistische Temperaturdefinition für ideale Gase somit bewiesen. Wir haben die darin vorkommende Zustandsfunktion aus den Grundgesetzen der Physik hergeleitet, aus de Broglies und Borns Beziehungen für Materiewellen und aus Boltzmanns Grundannahme der statistischen Physik. Wir haben bei der Herleitung auch mehrfach die Bedingung $N \gg 1$ verwendet, den sogenannten **thermodynamischen Limes**. Das heißt, unsere Temperaturdefinition gilt nicht für ein einzelnes Atom, sondern nur für ein System von genügend vielen Teilchen, mindestens etwa 10.000, wie weiter oben erläutert.

In der Einführung hatten wir gesagt, dass wir die Temperatur atomistisch erklären wollen, das heißt auf die Eigenschaften der Atome zurückführen. Das haben wir jetzt getan. Für das ideale Gas sind das die Masse und die Anzahl n_i der Halbwellen der Atome in einem Behälter bzw. ihre kinetische Energie. Um das explizit zu sehen, setzen wir in Gl. 2.11 U aus Gl. A.30 ein und erhalten

$$T = \frac{h^2}{12mV^{2/3}Nk} \sum_{i=1}^{3N} n_i^2 . \quad (2.13)$$

Hier haben wir den Zusammenhang zwischen der Temperatur und der Quantenphysik. Nur sind die n_i der Messung nicht direkt zugänglich. Und dass hier die Temperatur scheinbar vom Volumen des Gases abhängt, braucht niemand zu stören. Diese Abhängigkeit wird durch die $\sum n_i^2$ gerade kompensiert.

Die statistische Temperaturdefinition (Gl. 2.9) verschafft uns nun *ein ganz neues Temperaturgefühl*, nämlich das in Abb. 2.5 dargestellte. Trägt man $\ln \Omega$ gegen U auf (Gl. A.35), so erhält man eine sanft ansteigende Kurve. Ihre Steigung nimmt mit wachsender Energie monoton ab, weil $\partial \ln \Omega / \partial U$ proportional zu $1/U$ ist. Die Temperatur nimmt im gleichen Sinne aber monoton zu, wie es der Erfahrung entspricht. Die Temperatur ist also umgekehrt proportional zur Steigung der Kurve. Bei tiefen Temperaturen wächst daher $\ln \Omega$ mit U schneller als bei hohen. Das wollen wir uns merken, denn im Kapitel 4 werden wir sehen, dass $\ln \Omega$ proportional zur Entropie ist. Und deren Temperaturabhängigkeit ist maßgebend für viele thermodynamische Prozesse.

Wir sind nun am Ende eines langen Weges zur Erklärung der Temperatur angelangt, vom einfachen Wärmeleitversuch bis zur Abzählung der Energiezustände der Atome. Die Reaktion unserer biologischen Thermorezeptoren ist nur ein Messprozess, aber sie erklärt weiter nichts. Die Temperatur wird dabei durch Stöße der Moleküle auf die Rezeptoren und die Weiterleitung des Nervenimpulses an unser Gehirn bestimmt. Was Temperatur dagegen im physikalischen Sinne bedeutet, das sehen wir an der Gl. 2.13. Die Temperatur ist demnach ein quantenphysikalisches

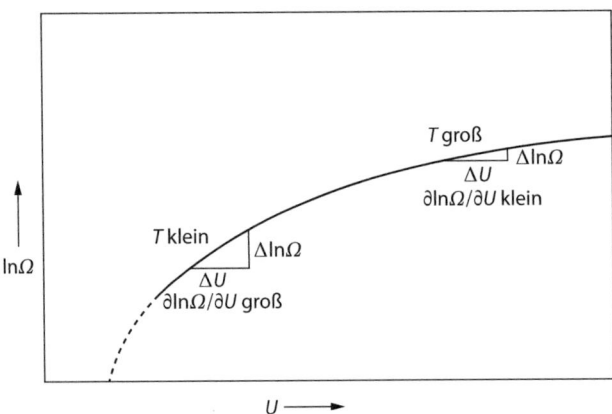

Abb. 2.5 Zur statistischen Temperaturdefinition Gl. 2.9. Die Zustandsfunktion $\ln \Omega$ in Abhängigkeit von der inneren Energie U eines idealen Gases. Bei kleinen $\ln \Omega$ ist die Kurve gestrichelt, weil hier die Näherung $N \gg 1$ versagt

Phänomen. Denn sie ist durch die Anzahlen n_i der Maxima der Materiewellen bestimmt sowie durch die Planck-Konstante h. Nachdem wir das am Beispiel eines idealen Gases geprüft haben, werden wir nun zwei andere einfache Modellsubstanzen betrachten, einen idealen Magneten und einen idealen Kristall. In beiden Fällen werden wir sehen, dass unsere statistische Temperaturdefinition (Gl. 2.9) zutrifft. Und wir werden feststellen, dass die damit berechnete Wärmekapazität auch in diesen Beispielen mit den Messungen sehr gut übereinstimmt.

2.3 Temperatur und Wärmekapazität eines idealen Magneten

Als nächstes Beispiel für die Gültigkeit der statistischen Temperaturdefinition (Gl. 2.9) betrachten wir einen idealen Magneten. Um leicht etwas berechnen zu können, benutzen wir dafür das Modell eines einfachen Paramagneten in Abb. 2.6. Es besteht aus kleinen magnetischen Dipolen mit dem Moment $\boldsymbol{\mu}$ in einer regelmäßigen Anordnung und in einem magnetischen Feld $\boldsymbol{B}$. Die meisten Atome besitzen als intrinsische Eigenschaft ein solches magnetisches Moment. Es wirkt in einem Magnetfeld ähnlich wie eine kleine Kompassnadel, die sich in Feldrichtung orientiert. Die potenzielle Energie eines solchen Dipols im Feld beträgt

$$\varepsilon = -\boldsymbol{\mu} \cdot \boldsymbol{B} \,. \tag{2.14}$$

Sie ist negativ für $\boldsymbol{\mu} \uparrow\uparrow \boldsymbol{B}$ und positiv für $\boldsymbol{\mu} \uparrow\downarrow \boldsymbol{B}$. Nun brauchen wir wieder ein Ergebnis aus der Quantenphysik: Die kleinsten, in der Natur vorkommenden, magnetischen Momente können, wie in der Abbildung, nur parallel oder antiparallel zur Feldrichtung stehen. Sie haben die Größe $\mu = 9{,}27\ldots \cdot 10^{-24}$ Am^2. In einem Feld von einem Tesla bzw. 1 Vs/m^2 besitzen sie dann eine potenzielle Energie vom Betrag $9{,}27 \cdot 10^{-24}$ J. Das ist etwa 500-mal weniger als die kinetische Energie eines Gasatoms bei Raumtemperatur (s. Anhang A.1). Ein Feld von einem Tesla herrscht etwa an der Oberfläche eines starken Haftmagneten. Eine kinetische Energie besitzen die magnetischen Momente selbst nicht, sondern nur die sie tragenden Atome. Aufgrund der Kopplung der Momente an die Atome kann jedoch kinetische Energie derselben auf die potenzielle der Momente übertragen werden und umgekehrt, die sogenannte Spin-Bahn-Kopplung.

Für das Folgende ist es nun wichtig, unser Magnetmodell zu idealisieren. Das betrifft zwei seiner Eigenschaften: Erstens sollen die Atommomente so weit voneinander entfernt sein, dass ihre eigenen Magnetfelder sich gegenseitig kaum beeinflussen. Das bedeutet etwa einige Nanometer Abstand zwischen den Momenten. Zweitens sollen die Momente an der Temperaturbewegung der Atome indirekt teilnehmen. Das heißt, die Stöße der Atome untereinander sollen die Richtungen der Momente so beeinflussen, dass sie mit der Temperatur des Körpers im Gleichgewicht sind.

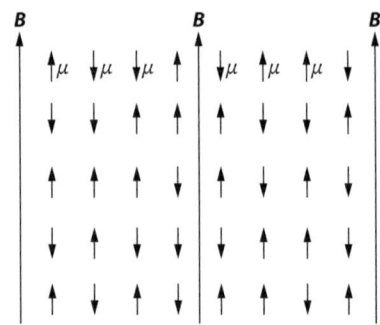

Abb. 2.6 Ein System magnetischer Momente μ mit zwei Orientierungsmöglichkeiten im Magnetfeld B

Nun werden wir die Zustandsfunktion $\Omega(U)$ eines idealen Magneten berechnen. Die innere Energie U des Systems in Abb. 2.6 ist nach Gl. 2.14

$$U = -\mu B N_+ + \mu B N_-, \tag{2.15}$$

wobei N_+ Momente in Feldrichtung zeigen und N_- in die Gegenrichtung ($N_+ + N_- = N$). Für die Vielfachheit, das heißt für die Anzahl der Möglichkeiten, die Richtungen der Momente auf $+$ und $-$ zu verteilen, gibt es eine einfache Formel aus der Kombinatorik:

$$\omega(N, N_+, N_-) = \frac{N!}{N_+! N_-!} \tag{2.16}$$

Das ist die Anzahl der verschiedenen Möglichkeiten, N_+ Momente auf N Gitterplätze zu verteilen. Die übrigen N_--Gitterplätze sind dann mit abwärts gerichteten Momenten besetzt. Dabei sind die N Gitterplätze als unterscheidbar vorausgesetzt, die einzelnen Momente N_+ und N_- aber nicht. Die Vertauschung von zwei gleichgerichteten Momenten bringt physikalisch ja nichts Neues. Die Gültigkeit der Beziehung in Gl. 2.16 macht man sich am besten mit kleinen Zahlen klar: Für $N_+ = 1$ und $N_- = N - 1$ gibt es genau N Möglichkeiten, das Moment N_+ im System zu positionieren, und ω ist dann gleich N. Für $N_+ = 2$ und $N_- = N - 2$ gibt es N Möglichkeiten für das erste N_+ und $N - 1$ für das zweite. Aber dabei zählt man jedes Moment doppelt, was nicht sein darf. Dann wird also $\omega = N(N - 1)/2$ usw.

Um die Temperatur des Magneten nach Gl. 2.9 zu berechnen, brauchen wir ω bzw. die kontinuierliche Funktion Ω aber nicht in Abhängigkeit von N_+ und N_-, sondern von U und N. Das lässt sich aus Gl. 2.15 gewinnen, nämlich

$$N_+ = \frac{N}{2} - \frac{U}{2\mu B} \quad \text{und} \quad N_- = \frac{N}{2} + \frac{U}{2\mu B}. \tag{2.17}$$

Dies eingesetzt in Gl. 2.16 liefert

$$\omega = \frac{N!}{\left(\frac{N}{2} - \frac{U}{2\mu B}\right)! \left(\frac{N}{2} + \frac{U}{2\mu B}\right)!}. \tag{2.18}$$

2.3 Temperatur und Wärmekapazität eines idealen Magneten

Für $N \gg 1$ können wir die Fakultäten durch die vereinfachte Stirling-Näherung nach Gl. A.28 ersetzen, nämlich $x! \approx (x/e)^x$. Damit erhalten wir wie beim idealen Gas anstelle der diskreten Funktion ω eine kontinuierliche Ω, die lautet

$$\Omega(U, B, N) = \frac{(2N)^N}{\left(N - \frac{U}{\mu B}\right)^{[N-U/(\mu B)]/2} \left(N + \frac{U}{\mu B}\right)^{[N+U/(\mu B)]/2}} \tag{2.19}$$

bzw. logarithmiert

$$\ln \Omega(U, B, N) = N \ln(2N) - \frac{1}{2}\left(N - \frac{U}{\mu B}\right) \ln\left(N - \frac{U}{\mu B}\right)$$
$$- \frac{1}{2}\left(N + \frac{U}{\mu B}\right) \ln\left(N + \frac{U}{\mu B}\right). \tag{2.20}$$

Differenzieren nach der Energie liefert das bei konstantem B und N

$$\left(\frac{\partial \ln \Omega}{\partial U}\right)_{B,N} = \frac{1}{2\mu B} \ln \frac{N - U/(\mu B)}{N + U/(\mu B)}. \tag{2.21}$$

Die statistische Temperaturdefinition lautet dann

$$T(U, B, N) = \frac{1}{k}\left(\frac{\partial \ln \Omega}{\partial U}\right)^{-1} = \frac{2\mu B}{k}\left(\ln \frac{N - U/(\mu B)}{N + U/(\mu B)}\right)^{-1}$$
$$= \frac{2\mu B}{k \ln(N_+/N_-)}. \tag{2.22}$$

Die letzte Teilgleichung erhält man durch Einsetzen von Gl. 2.17. Löst man die Gl. 2.22 nach U auf, so folgt mit $(e^x - e^{-x})/(e^x + e^{-x}) = \tanh x$

$$U(T, B, N) = -N\mu B \tanh\left(\frac{\mu B}{kT}\right). \tag{2.23}$$

Das ist die **kalorische Zustandsgleichung** eines idealen Paramagneten. An den Gln. 2.22 und 2.23 erkennt man eine wichtige Tatsache: Temperatur und innere Energie sind nicht einfach proportional zueinander wie beim idealen Gas, sondern sie hängen nichtlinear voneinander ab. Doch bleibt die allgemeine Tendenz erhalten, nämlich dass T mit U monoton ansteigt. In Gl. 2.22 sehen wir außerdem die Temperatur in Abhängigkeit von den Atomeigenschaften, nämlich hier von ihrem magnetischen Moment.

Um die Gültigkeit der Gl. 2.23 zu zeigen, könnten wir die innere Energie als Funktion der Temperatur in einem Kalorimeter messen. Um einen Absolutwert dafür zu erhalten, müsste man dann allerdings bei $T = 0$ anfangen und bis zur

Abb. 2.7 Gemessene (o) Wärmekapazität des annähernd idealen Paramagneten NiSO$_4$ · 6H$_2$O. Die durchgezogene Kurve entspricht Gl. 2.24. Beginnend ab 4 K kommt zum magnetischen Anteil C_{mag} ein strichpunktierter C_{git} von den Schwingungen der Atome im Kristallgitter hinzu (s. Abschn. 2.4)

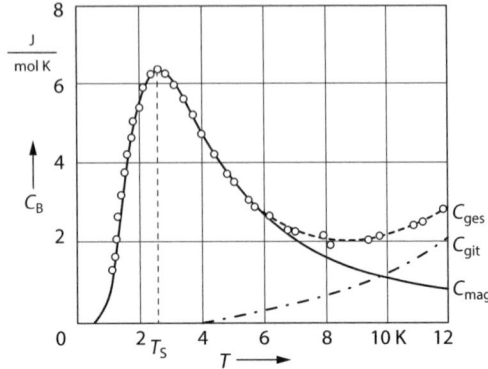

gewünschten Temperatur integrieren. Viel einfacher ist es, die Temperaturabhängigkeit der Wärmekapazität $C \equiv (\partial U/\partial T)$ zu messen. Durch Differenzieren nach T erhält man aus Gl. 2.23

$$C_B = \left(\frac{\partial U}{\partial T}\right)_B = kN \left(\frac{\mu B}{kT}\right)^2 \cosh^{-2}\left(\frac{\mu B}{kT}\right). \qquad (2.24)$$

In Abb. 2.7 ist dieser Ausdruck mit der Messung an einem paramagnetischen Salz verglichen. Weil wir es nicht mit einem idealen System zu tun haben, das nur aus magnetischen Momenten im Vakuum besteht, kommt zum magnetischen Beitrag der Wärmekapazität noch ein solcher C_{git} der Atomschwingungen hinzu. Dieser steigt bei 4 K beginnend proportional zu T^3 an, und ist bei 10 K bereits so groß wie der magnetische. Die Übereinstimmung zwischen Theorie und Experiment ist für den magnetischen Beitrag jedoch ausgezeichnet. Das Maximum der Kurve bei T_S für $\mu B/(kT) = 1$ heißt Schottky-Anomalie nach Walter Schottky. Die hier gezeigte Messung an Nickelsulfat ist deshalb repräsentativ, weil die magnetischen Momente in dieser Substanz genügend weit, etwa 1 nm, voneinander entfernt sind. Und das war eine der Bedingungen für die Gültigkeit unserer Modellrechnung.

Wir wollen die Übereinstimmung zwischen Experiment und Theorie noch auf einem zweiten Weg zeigen. Dazu betrachten wir die **Magnetisierung** M eines Paramagneten als Funktion der Feldstärke B, die sogenannte **Magnetisierungskurve**. Die Größe M ist definiert als das makroskopische magnetische Moment einer Probe, dividiert durch ihr Volumen V:

$$\boldsymbol{M} = \frac{\sum \boldsymbol{\mu}_i}{V} = \frac{\mu}{V}(N_+ - N_-). \qquad (2.25)$$

Mit den Gln. 2.17 und 2.23 folgt hieraus

$$\boldsymbol{M}(B, T, N) = \frac{N\mu}{V} \tanh \frac{\boldsymbol{\mu} \cdot \boldsymbol{B}}{kT}. \qquad (2.26)$$

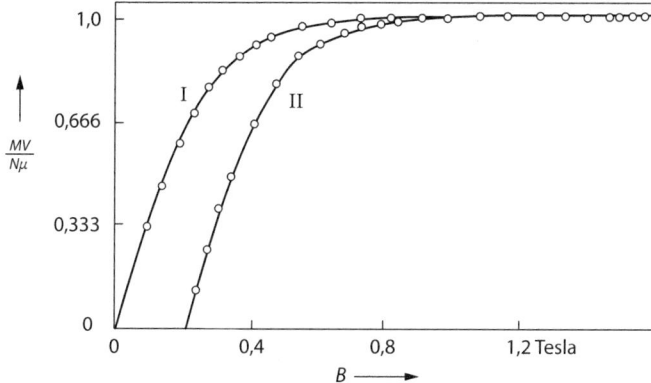

Abb. 2.8 Magnetisierungskurven von Dy(C$_2$H$_5$SO$_4$)$_3$ · 9H$_2$O bei 1,62 K (I) und 4,21 K (II). Die Messpunkte (∘) liegen sehr gut auf den nach Gl. 2.26 berechneten durchgezogenen Kurven. Kurve II ist der Deutlichkeit halber um 0,2 Tesla nach rechts verschoben. (Nach Becquerel 1936)

Das wollen wir in Abb. 2.8 mit Messungen vergleichen. Man sieht die Tangenshyperbolicus-Kurve sehr gut wiedergegeben. Die Substanz Dysprosium-Ethylsulfat-Hydrat entspricht bei tiefer Temperatur gut unseren eingangs genannten Idealisierungsbedingungen, denn die magnetischen Dy-Atome sind 1,5 nm voneinander entfernt.

2.4 Temperatur und Wärmekapazität eines idealen Kristalls

Als drittes Beispiel für die Gültigkeit der statistischen Temperaturdefinition (Gl. 2.9) besprechen wir nun einen idealen Kristall („Einstein solid"). Die Abb. 2.9 zeigt die Atomanordnung im tetragonalen Kristallgitter eines Festkörpers (Beispiel: Zirkonsilikat, Zr(SiO$_4$)). Die Schraubenfedern zwischen den Atomen symbolisieren die elektromagnetischen Kräfte zwischen ihnen. Unter ihrem Einfluss können die Atome harmonische Schwingungen um ihre Gleichgewichtslagen ausführen. Die Frequenz ν einer solchen Schwingung ist, wie wir aus der klassischen Mechanik wissen,

$$\nu = \frac{1}{2\pi}\sqrt{\frac{K}{m}} \qquad (2.27)$$

mit der Kraftkonstante K und der Atommasse m. Die Größe von K lässt sich aus den elektromagnetischen Kräften zu etwa 1000 N/m berechnen und damit wird die Frequenz für Eisen etwa $2 \cdot 10^{13}$ s^{-1}. Die klassische Schwingungsenergie mit der Amplitude A lautet $\varepsilon = KA^2/2$. Für $A = 5 \cdot 10^{-12}$ m ($\approx 1/20$ Atomradius) und $m = 5 \cdot 10^{-26}$ kg beträgt $\varepsilon \approx 10^{-20}$ J. Das ist dieselbe Größenordnung wie für die kinetische Energie eines Gasatoms bei Raumtemperatur (s. Anhang A.1). Die Quan-

Abb. 2.9 Federmodell eines raumzentrierten Kristallgitters

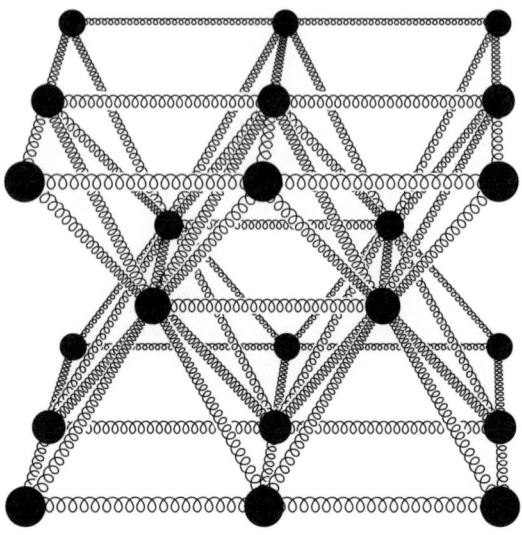

tenmechanik liefert uns allerdings eine etwas andere Beziehung für die Energie einer harmonischen Schwingung, nämlich

$$\varepsilon = \left(s + \frac{1}{2}\right)h\nu \qquad (2.28)$$

mit der **Schwingungsquantenzahl** $s = 0, 1, 2, 3$ usw. Das ergibt dieselbe Größenordnung für ε wie der klassische Ausdruck, nämlich etwa 10^{-20} J. Man erhält Gl. 2.28 als Lösung der Schrödinger-Gleichung für ein Teilchen in einem harmonischen Potenzial.

Der konstante Beitrag $h\nu/2$ für $s = 0$ in Gl. 2.28 ist die **Nullpunktsenergie** des Atoms im Festkörper. Mit dieser Energie schwingt es auch bei $T = 0$ noch, nämlich mit etwa $3 \cdot 10^{-21}$ J für $\nu = 10^{13}$/s. Denn würde es dabei ruhen, und sein Impuls dann Null sein, so wären Ort und Impuls beide gleichzeitig genau bestimmt. Und das widerspricht Heisenbergs **Unschärfebeziehung**, einer Konsequenz aus dem Welle-Teilchen-Dualismus (s. Abb. A.4). Der variable Beitrag $sh\nu$ in Gl. 2.28 entspricht dem thermischen Teil der Schwingungsenergie für $T > 0$. Dieser kann auf die Atome und ihre Schwingungen in verschiedenen Raumrichtungen verteilt werden. Nun müssen wir das Modell der Abb. 2.9 wieder idealisieren, um leicht etwas ausrechnen zu können: Erstens sollen alle Atome mit der gleichen Frequenz schwingen. Zweitens können die räumlichen Schwingungen additiv in drei zueinander senkrechte Richtungen zerlegt werden. Dann entsprechen den N Atomen $3N$ Oszillatoren oder **Schwingungsmoden**.

2.4 Temperatur und Wärmekapazität eines idealen Kristalls

Zur Berechnung der Zustandsfunktion Ω brauchen wir wieder die gesamte innere Energie U des Kristalls. Diese ist nach Gl. 2.28

$$U = h\nu \sum_{i=1}^{3N} \left(s_i + \frac{1}{2}\right) \equiv U_{th} + U_{np} \qquad (2.29)$$

mit dem thermischen Anteil $U_{\text{th}} = h\nu \sum s_i$ und dem Nullpunktsanteil $U_{\text{np}} = 3Nh\nu/2$. Nur der thermische Anteil kann umverteilt werden. Aus der Kombinatorik finden wir dann einen ähnlichen Ausdruck für ω wie in Gl. 2.1, nämlich mit $\sum s_i = U_{\text{th}}/(h\nu)$

$$\omega = \frac{\left(\frac{U_{\text{th}}}{h\nu} + 3N\right)!}{\left(\frac{U_{\text{th}}}{h\nu}\right)!(3N)!} = \frac{\left(\frac{U}{h\nu} - \frac{3}{2}N + 3N\right)!}{\left(\frac{U}{h\nu} - \frac{3}{2}N\right)!(3N)!} \qquad (2.30)$$

Das ist die Zahl der Möglichkeiten, s_i Schwingungsquanten auf N Atome bzw. $3N$ Oszillatoren zu verteilen (vgl. z. B. Abb. 2.2). Wenn wir auf die Fakultäten wieder die vereinfachte Stirling-Näherung aus Gl. A.28, $x! \approx (x/e)^x$, anwenden, so erhalten wir

$$\Omega(U, N) = \frac{\left(\frac{U}{h\nu} + \frac{3}{2}N\right)^{(U/(h\nu)+3N/2)}}{\left(\frac{U}{h\nu} - \frac{3}{2}N\right)^{(U/(h\nu)-3N/2)}(3N)^{3N}} \cdot \qquad (2.31)$$

Dies logarithmiert, ergibt

$$\ln \Omega(U, N) = \left(\frac{U}{h\nu} + \frac{3}{2}N\right) \ln\left(\frac{U}{h\nu} + \frac{3}{2}N\right)$$
$$- \left(\frac{U}{h\nu} - \frac{3}{2}N\right) \ln\left(\frac{U}{h\nu} - \frac{3}{2}N\right) - 3N \ln(3N). \qquad (2.32)$$

Die Ableitung hiervon nach U lautet

$$\frac{\partial \ln \Omega}{\partial U} = \frac{1}{h\nu} \ln \frac{U/(h\nu) + 3N/2}{U/(h\nu) - 3N/2}. \qquad (2.33)$$

Aus Gl. 2.9 folgt dann für die Temperatur

$$T(U, N, \nu) = \frac{1}{k}\left(\frac{\partial \ln \Omega}{\partial U}\right)^{-1} = \frac{h\nu}{k}\left(\ln \frac{2U + 3Nh\nu}{2U - 3Nh\nu}\right)^{-1}. \qquad (2.34)$$

Löst man das nach der inneren Energie auf, so folgt

$$U(T, N, \nu) = 3N h\nu \left(\frac{1}{e^{h\nu/(kT)} - 1} + \frac{1}{2} \right). \qquad (2.35)$$

Und damit erhalten wir schließlich die Wärmekapazität

$$C_v \equiv \left(\frac{\partial U}{\partial T} \right)_v = 3Nk \left(\frac{h\nu}{kT} \right)^2 \frac{e^{h\nu/(kT)}}{\left(e^{h\nu/(kT)} - 1 \right)^2}. \qquad (2.36)$$

Dieses Ergebnis hat Einstein schon im Jahr 1907 gefunden, obwohl damals die Nullpunktsenergie noch nicht bekannt war.

Zum Beweis unserer Rechnung, und damit auch der statistischen Temperaturdefinition (Gl. 2.9), vergleichen wir in Abb. 2.10 die berechnete Wärmekapazität (Gl. 2.36) mit Messungen an Diamant. Das ist ein Stoff, der den Voraussetzungen unseres Modells am besten entspricht, nämlich dass alle Atome mit etwa gleicher Frequenz und unabhängig voneinander in verschiedenen Richtungen schwingen. Die Übereinstimmung in Abb. 2.10 ist recht gut, nur unterhalb von 300 K ist die berechnete Wärmekapazität etwas kleiner als die gemessene. Dort schwingen die Atome schon mit deutlich unterschiedlichen Frequenzen. Das wurde von Peter Debye 1912 berücksichtigt und führte zu einer Temperaturabhängigkeit $C_v \sim T^3$ anstelle von $\sim e^{1/T}$ bei tiefen Temperaturen (s. Kapitel 11).

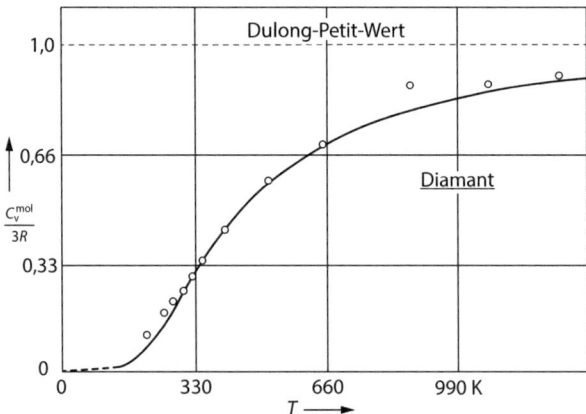

Abb. 2.10 Temperaturabhängigkeit der molaren Wärmekapazität von Diamant, Messwerte (○) und Theorie (——; Gl. 2.36), angepasst mit $\nu = 4{,}4 \cdot 10^{12}\,\mathrm{s}^{-1}$. Der Dulong-Petit-Wert entspricht der klassischen Erwartung. (Nach Reif 1975)

2.4 Temperatur und Wärmekapazität eines idealen Kristalls

Resümee

Mit unserem Ergebnis für die Zustandsfunktion des idealen Paramagneten und des idealen Kristalls können wir natürlich auch diejenige eines paramagnetischen Festkörpers gewinnen. Im Prinzip müssen wir nur die beiden Zustandsfunktionen multiplizieren, denn für jeden Zustand des einen Systems sind prinzipiell alle Zustände des anderen erlaubt. Für ein paramagnetisches Gas wie Sauerstoff gilt Entsprechendes. Mit diesen Beispielen wollen wir unsere Erläuterungen zur statistischen Temperaturdefinition Gl. 2.9 abschließen. Wir haben dabei gelernt, wie man die makroskopischen Größen Temperatur, innere Energie und Wärmekapazität durch die Zustandsfunktion Ω ausdrückt und sie damit auf die Eigenschaften der Atome zurückführt. Damit haben wir die thermodynamischen Größen atomistisch erklärt, und wir wissen nun, „was Temperatur wirklich ist". Diese Erklärung war auch das ursprüngliche Ziel der Thermodynamik, und sie geht in ihren Grundgedanken auf Boltzmann zurück. Die Wärme erklären wir im folgenden Kapitel.

Was ist Wärme? 3

Wir wissen nun, was Temperatur wirklich ist, nämlich eine einfache Funktion der Anzahl Ω der möglichen Energiezustände eines Systems. Je langsamer der Logarithmus dieser Zahl mit der Energie ansteigt, desto höher ist die Temperatur (s. Abb. 2.5). Und damit haben wir für diese auch eine atomistische Beschreibung, denn Ω hängt von den Eigenschaften der Atome ab. Jetzt wollen wir eine ähnliche Erklärung für die Wärme Q finden. Bis um 1850 dachte man, dass Wärme ein bestimmter Stoff (*caloricum*) wäre. Doch das erwies sich als falsch. Sucht man heute in den Lehrbüchern nach einer Definition der Wärme, so findet man oft den lapidaren Satz: „Wärme ist eine Energieform, die sich von der Arbeit unterscheidet". Das hilft natürlich nicht viel weiter, Denn was alles Arbeit ist, das wird dabei nicht erklärt. Offenbar gibt es aber einen qualitativen Unterschied zwischen Wärme und Arbeit. Das haben Julius R. Mayer und Rudolf Clausius um die Mitte des 19. Jahrhunderts im **Ersten Hauptsatz der Thermodynamik** formuliert:

$$\mathrm{d}U = \mathrm{đ}Q + \sum \mathrm{đ}W \qquad (3.1)$$

Hier ist U die innere Energie eines Körpers, das heißt seine Gesamtenergie U_ges abzüglich der Massenenergie $U_\text{m} = \sum mc^2$ seiner Bestandteile und abzüglich der kinetischen Energie U_sp seines Schwerpunkts usw. (s. Gl. 1.1). Die Größe đQ ist die in Form von Wärme vom oder an den Körper übertragene Energie. Und zwar in reiner Form dann, wenn zwischen dem Körper und seiner Umgebung nur eine Temperaturdifferenz herrscht, aber sonst kein Unterschied anderer physikalischer Größen wie elektrischer oder magnetischer Felder usw. Die $\sum \mathrm{đ}W$ ist die Summe aller als Arbeit übertragenen Energieformen (s. Gl. 1.2). Das Zeichen đ soll

---

Ergänzende Information Die elektronische Version dieses Kapitels enthält Zusatzmaterial, auf das über folgenden Link zugegriffen werden kann https://doi.org/10.1007/978-3-662-69771-9_3.

bedeuten, dass die Größen Q und W vom Weg abhängen, auf dem die Energie ausgetauscht wird. Die innere Energie U (mit normalem d) ist dagegen eine Zustandsgröße und hängt nicht vom Weg ab, auf dem ein bestimmter Zustand erreicht wird.

Aber was ist nun die Arbeit? Das sind diejenigen Energiebeiträge, die zum Beispiel bei einer Veränderung des Volumens oder der Form eines Körpers aufgrund einer Kraftwirkung auftreten oder bei einer Änderung der elektrischen Ladung, bei einer Magnetisierung oder bei einer chemischen Reaktion usw. Es gibt also vielerlei Arten von Arbeit wie in Gl. 1.2. Übrigens sind in Gl. 3.1 wohlgemerkt nur die *Änderungen* der Energie eines Körpers aufgeführt. Das entspricht dem Transport von Energie zum oder von diesem Körper. Die Größen đQ und đW sind also nur **Übertragungsformen** der Energie. Von Wärme(energie) und Arbeit(senergie) spricht man nur, solange sie von einem Körper auf einen anderen übertragen wird. Ist dieser Transport beendet, so spricht man nur noch von innerer Energie U, die in dem Körper enthalten ist. Die Größen Q und W als solche befinden sich nicht in ihm, denn man kann nicht wissen, ob eine Änderung dU durch đQ oder đW zustande kam.

Die in Gl. 3.1 ausgedrückte Trennung von Wärme und Arbeit weist, wie gesagt, auf einen *qualitativen* Unterschied zwischen beiden Arten der Energieübertragung hin. Und diesen Unterschied wollen wir jetzt erkunden. Seit Boltzmann wissen wir, dass Temperatur und Wärme etwas mit der *Verteilung* der Energie auf die Bestandteile eines Körpers zu tun haben, das heißt mit unserer in den vorigen Kapiteln berechneten Zustandsfunktion Ω. Um das genauer zu verstehen, betrachten wir nun die Veränderungen dieser Funktion bei einer Variation der Parameter, von denen sie abhängt. Für ein ideales Gas sind das die innere Energie U, das Volumen V des Behälters und die Teilchenzahl N (s. Gl. A.33). Daher lautet das vollständige Differenzial von $\ln \Omega$ (s. Gl. A.34)

$$\mathrm{d}(\ln \Omega) = \left(\frac{\partial \ln \Omega}{\partial U}\right)_{V,N} \mathrm{d}U + \left(\frac{\partial \ln \Omega}{\partial V}\right)_{U,N} \mathrm{d}V + \left(\frac{\partial \ln \Omega}{\partial N}\right)_{U,V} \mathrm{d}N \,. \quad (3.2)$$

Der Faktor bei dU ist nach Gl. 2.9 gleich $(kT)^{-1}$. Den Faktor bei dV erhalten wir für ein ideales Gas aus Gl. A.34, $\ln \Omega = N \ln V + \text{const.}$, zu $N/V = P/(kT)$ (s. ideale Gasgleichung A.2 im Anhang). Und den Faktor bei dN erhalten wir aus der späteren Gl. 4.12 mit Ω statt $\tilde{\Omega}$

$$\left(\frac{\partial \ln \Omega}{\partial N}\right)_{U,V} = \frac{3}{2}\left(\ln \frac{4\pi m U V^{2/3}}{3 N^{5/3} h^2}\right) \equiv \mu^* \,. \quad (3.3)$$

Er ist eng verbunden mit dem chemischen Potenzial μ, das wir in Abschn. 7.2 besprechen, $\mu = -(2/3)kT\mu^*$ (s. Gl. 7.25).

Nun setzen wir die Ausdrücke für die partiellen Differenzialquotienten in Gl. 3.2 ein und erhalten

$$\mathrm{d}(\ln \Omega) = \frac{1}{kT}\mathrm{d}U + \frac{P}{kT}\mathrm{d}V + \mu^* \mathrm{d}N \,. \quad (3.4)$$

3 Was ist Wärme?

Um das mit dem Ersten Hauptsatz (Gl. 3.1) vergleichen zu können, lösen wir es nach dU auf:

$$dU = kT\,d(\ln\Omega) - P\,dV - kT\mu^*\,dN\,. \tag{3.5}$$

Hier erkennen wir im zweiten Term rechts die Kompressionsarbeit đ$W_{\text{komp}} = -P\,dV$. Sie ist für d$V < 0$ positiv. Der dritte Term ist die chemische Arbeit đW_{chem} beim Austausch von Teilchen, wie oben erläutert. Vergleichen wir nun Gl. 3.5 bei konstanter Teilchenzahl und bei konstantem Volumen mit Gl. 3.1, so sehen wir, dass der erste Term auf der rechten Seite die Wärme sein muss: $kT\,d(\ln\Omega) = đQ$. Beim Wärmeaustausch ändert sich also $\ln\Omega$ bzw. Ω selbst. Dagegen ändern sich beim Austausch von Arbeit die Abstände im Energieniveauschema, wie wir gleich sehen werden. Und Ω bleibt im Allgemeinen konstant, wenn nicht gleichzeitig auch eine Erwärmung oder Abkühlung stattfindet. Hiermit haben wir den qualitativen Unterschied zwischen Wärme und Arbeit gefunden, ausgedrückt durch die Zustandsfunktion Ω. Es gilt also beim idealen Gas:

> Für reine Wärme đQ ist d$\Omega \neq 0$ und dV sowie d$N = 0$. (3.6a)
>
> Für reine Arbeit đW ist d$\Omega = 0$ und dV oder d$N \neq 0$. (3.6b)

Der Zusatz „rein" bedeutet hier: nur Wärme ohne gleichzeitige Arbeit bzw. nur Arbeit ohne gleichzeitige Wärme. In der Realität sind oft beide Arten von Energieänderungen in verschiedenen Anteilen verbunden. Beispiel: Wenn man ein ideales Gas komprimiert, erwärmt es sich normalerweise. Es sei denn, man führt die Kompression in einem Wärmebad konstanter Temperatur durch.

Wir wollen das Vorhergehende noch kurz für unseren idealen Magneten besprechen (s. Abschn. 2.3). Anstelle der Gl. 3.2 gilt nun

$$d(\ln\Omega) = \left(\frac{\partial \ln\Omega}{\partial U}\right)_{N,B} dU + \left(\frac{\partial \ln\Omega}{\partial B}\right)_{U,N} dB + \left(\frac{\partial \ln\Omega}{\partial N}\right)_{U,B} dN \tag{3.7a}$$

und aus Gl. 2.20 erhält man für den zweiten Term

$$\left(\frac{\partial \ln\Omega}{\partial B}\right)_{U,N} dB = \frac{U}{2\mu B^2} \ln\frac{N + U/\mu B}{N - U/\mu B}\,dB\,. \tag{3.7b}$$

Löst man Gl. 3.7a nach dU auf, so erhält man die **magnetische Arbeit** und mit Gl. 2.22 für T gilt

$$đW_{\text{mag}} = kT\left(\frac{\partial \ln\Omega}{\partial B}\right)_{U,N} dB = -\frac{U}{B}\,dB\,. \tag{3.8}$$

Nach Gl. 2.15 ist das magnetische Moment eines Körpers $M_{\text{m}} = \mu(N_+ - N_-)$ und die innere Energie $U = -M_{\text{m}}B$. Damit haben wir für die magnetische Arbeit

$$đW_{\text{mag}} = M_{\text{m}}\,dB\,, \tag{3.9}$$

also einen ganz ähnlichen Ausdruck wie $đW_{\text{komp}} = -P\,dV$. Die Größen B und V nennt man in diesem Zusammenhang **äußere Parameter** des Systems, weil sie sich „von außen" vorgeben lassen.

Für einen idealen Kristall (s. Abschn. 2.4) können wir keine Arbeit definieren, weil wir in unserem vereinfachten Modell (Gl. 2.29) keine Deformationsenergie berücksichtigt haben. Der äußere Parameter wäre hier die Gitterkonstante.

Nun können wir zusammenfassend sagen:

> **Arbeit** ist die Änderung der inneren Energie eines Systems, wobei die Zustandszahl konstant bleibt, aber die äußeren Parameter sich ändern. Bei der **Wärme** ist es genau umgekehrt.

Das wollen wir uns nun anhand des Energieniveauschemas vor Augen führen. In Abb. 3.1 ist ein solches Schema skizziert, einmal für den Wärmeaustausch (Abb. 3.1a) und einmal für denjenigen von Arbeit (Abb. 3.1b). Bei Wärmezufuhr bewegt sich das System im feststehenden Energieniveauschema nach oben (Doppelpfeil). Mit U nimmt dabei im Allgemeinen auch die Zustandszahl ω bzw. Ω zu (s. z. B. Gl. A.33). Die Abstände der möglichen Energieniveaus betragen bei einem

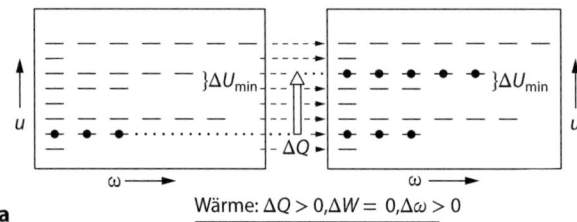

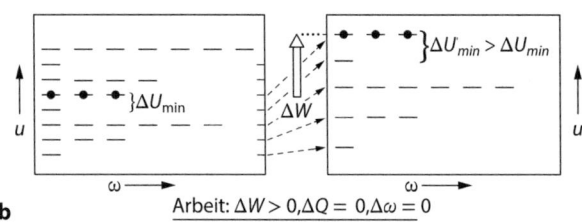

Abb. 3.1 Das Niveauschema bei Zufuhr von Wärme (**a**) und Arbeit (**b**). Die Punkte (•) bezeichnen die Zustände des Systems bei einer bestimmten Energie, die Kreise (◦) solche, die bei Wärmezufuhr frei geworden sind

idealen Gas nach Gl. A.30 für $\Delta \sum n_i = 1$

$$\Delta U_{\min} = \frac{h^2}{8mV^{2/3}} \, . \tag{3.10}$$

Und für den idealen Magneten ergibt sich aus Gl. 2.14

$$\Delta U_{\min} = 2\mu B \, . \tag{3.11}$$

Diese Abstände ändern sich beim reinen Wärmeaustausch nicht, weil dabei V bzw. B konstant bleiben. Anders ist es bei der Arbeit. Sie wird beim Gas durch eine Volumenänderung bewirkt, beim Magneten durch eine Feldänderung. Dabei ändern sich aber nach Gln. 3.10 und 3.11 auch die Niveauabstände im U-ω-Schema. Das ist in Abb. 3.1b für die Energiezufuhr in Form von Arbeit skizziert. Die Niveaus des Systems wandern bei Arbeitszufuhr alle zu höherer Energie. Dabei bleibt aber ihre Vielfachheit ω bzw. Ω konstant. Der Abstand $\Delta U_{\min}$ beträgt beim Gas in unserem Beispiel (1 l Argon bei Normalbedingungen) ungefähr 10^{-40} J, beim Magneten für $B = 1$ Tesla etwa 10^{-23} J.

Mit Abb. 3.1 haben wir eine anschauliche Erklärung für den qualitativen Unterschied zwischen Arbeit und Wärme gewonnen, den Clausius um 1850 postuliert hatte, und der für ihn noch ein Geheimnis war. Für uns ist er nun keines mehr. Dieser Unterschied hat einschneidende Folgen für die Technik: Zwar kann man Arbeit vollständig in Wärme umwandeln, aber nicht umgekehrt Wärme vollständig in Arbeit. Das hatte allerdings schon Sadi Carnot zu Anfang des 19. Jahrhunderts aufgrund der Erfahrungen der Dampfmaschinenbauer erkannt. Clausius hat es dann im Zweiten Hauptsatz der Thermodynamik quantitativ formuliert. Das besprechen wir im Kapitel 5.

Die Entropie 4

4.1 Was ist Entropie?

In der Einführung hatten wir die Entropie bereits kurz charakterisiert. Sie ist uns aus dem täglichen Leben kaum bekannt, reguliert aber alle Vorgänge in Natur und Technik, bei denen Energie umgewandelt wird. Wir beginnen mit einer Erfahrungstatsache: Wärme lässt sich nicht vollständig in Arbeit umwandeln. Das war schon den Dampfmaschinenbauern um das Jahr 1700 bekannt. Sadi Carnot hatte 1824 gefunden, dass die Umwandlung in Arbeit bei solchen Maschinen umso besser funktioniert, je größer die Temperaturdifferenz zwischen heißem Dampf und kalter Umgebung ist. Um 1850 stellte dann Rudolf Clausius fest, dass bei einem Prozess, wie er in Dampfmaschinen abläuft, die Summe der Quotienten $\Delta Q/T$ von übertragener Wärme und Temperatur für alle Teilprozesse in der Maschine und in der Umgebung insgesamt immer zunimmt. Dazu betrachtet man am besten ein abgeschlossenes System, bestehend aus einem Heizkessel, einer zyklisch arbeitenden Maschine M, einem Arbeitsspeicher und einem Kühler. Das Prinzip dieser sogenannten **Wärme-Kraft-Maschine** ist in Abb. 4.1 dargestellt. Es gilt dann also nach Clausius, bezogen auf die Maschine für $T_k < T_h$

$$\frac{\Delta Q_k}{T_k} > \frac{\Delta Q_h}{T_h} \tag{4.1}$$

wobei die Indizes h und k sich auf den Heizer und auf den Kühler beziehen. Außerdem gilt natürlich der Energieerhaltungssatz

$$\Delta Q_h = \Delta Q_k + \Delta W_{me}. \tag{4.2}$$

Andere Energieänderungen kommen im System ja nicht vor. Die Größen ΔQ und ΔW sind hier als Beträge aufzufassen. Clausius hat für den Quotienten $\Delta Q/T$

Ergänzende Information Die elektronische Version dieses Kapitels enthält Zusatzmaterial, auf das über folgenden Link zugegriffen werden kann https://doi.org/10.1007/978-3-662-69771-9_4.

Abb. 4.1 Prinzip einer Wärme-Kraft-Maschine in einem abgeschlossenen System

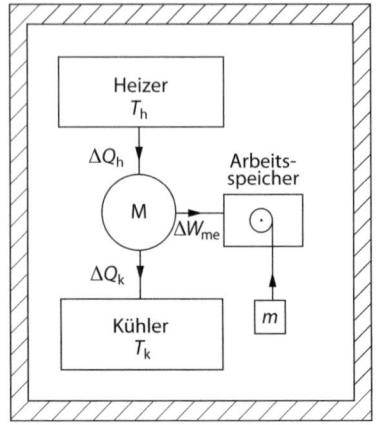

den Namen **Entropie** gewählt (vom griechischen *trope*, Verwandlung) und ihn mit dem Buchstaben S bezeichnet. In Abb. 4.1 nimmt die Entropie des Heizers um $\Delta S_h = \Delta Q_h / T_h$ ab und die des Kühlers um $\Delta S_k = \Delta Q_k / T_k$ zu. Die Entropie der Maschine M ändert sich dabei nicht, weil bei ihr insgesamt genauso viel Energie hinein wie hinaus fließt (Gl. 4.2). Und für den Arbeitsspeicher ist $\Delta Q = 0$.

Clausius hat für die so definierte Entropie noch eine Reihe weiterer Eigenschaften gefunden, indem er die in einem System wie in Abb. 4.1 ablaufenden Vorgänge genauer analysierte. Er fand dabei Folgendes: Die Entropie eines Körpers ist eine **Zustandsgröße** im **Gleichgewicht**. Das heißt, sie hängt nicht vom Weg ab, auf dem dieser Zustand, ausgehend von einem anderen, erreicht wurde. Ferner ist die Entropie eine **extensive Größe**, das heißt, sie ist proportional zur Teilchenzahl eines Körpers. Und schließlich ist die Entropie eine **additive Größe**, das heißt, die Gesamtentropie eines Systems ist gleich der Summe der Entropien seiner Teile. Allerdings gestattet Clausius' Definition nur, Entropiedifferenzen zu bestimmen, keine Absolutwerte. Diese Definition lautet ausführlich geschrieben

$$\Delta S \equiv S(\text{B}) - S(\text{A}) \geq \int_A^B \frac{dQ}{T}. \tag{4.3a}$$

In Worten: Die Entropiedifferenz zwischen zwei *Gleichgewichtszuständen* A und B eines Körpers ist größer oder gleich der Summe der zwischen A und B ausgetauschten Werte des Quotienten $\Delta Q / T$. Dabei gilt das Gleichheitszeichen für einen reversiblen Austausch, das Größerzeichen für einen irreversiblen. Was reversibel und irreversibel bedeuten, das besprechen wir im Anhang A.4 ausführlich. Hier nur soviel dazu: **Reversible Vorgänge** sind solche, die rückgängig gemacht werden können, ohne dass in der Umgebung des Körpers oder Systems irgendeine Veränderung zurückbleibt. Reversibel ist zum Beispiel die völlig reibungsfreie

4.1 Was ist Entropie?

Bewegung eines Pendels oder die Bewegung vieler Himmelskörper oder die Absorption und nachfolgende Emission eines Lichtquants durch ein Atom. **Irreversibel** sind alle **Vorgänge**, bei denen Reibung oder Dissipation von Energie auftritt (Joule'sche Stromwärme, magnetische Hysterese, Schallemission, Lichtemission usw.). Zur **Umgebung** gehört dabei alles, was sich außerhalb des betrachteten Körpers oder Systems befindet und mit ihm wechselwirken kann. Im Prinzip gehört dazu das ganze Universum. Von Bedeutung ist aber meist nur die nähere Umgebung, etwa der Raum, in dem der Körper sich befindet und den wir dann als abgeschlossen betrachten. Oft findet man die Gl. 4.3a auch in differenzieller Darstellung:

bzw.
$$dS \geq \frac{đQ}{T} \tag{4.3b}$$

$$dS = \frac{đQ_{rev}}{T}. \tag{4.3c}$$

Mithilfe der Beziehungen 4.3 hat Clausius den Grundstein zur Lösung des Rätsels gelegt, warum Wärme nicht vollständig in Arbeit umgewandelt werden kann. Die Lösung enthält der **Zweite Hauptsatz der Thermodynamik**, den wir im Kapitel 5 ausführlich besprechen werden. Er lautet in Kürze: In einem *abgeschlossenen* System kann die Entropie praktisch niemals abnehmen, sondern nur gleich bleiben oder zunehmen.

Es war Boltzmanns Bestreben, die thermodynamischen Größen, Temperatur, Wärme und Entropie, auf die Eigenschaften der Atome zurückzuführen. Dabei fand er nach langem Suchen auch einen Ausdruck für den **Absolutwert der Entropie** eines Körpers, nämlich

$$S = k \ln \Omega. \tag{4.4}$$

Hier ist k die Boltzmann-Konstante und Ω unsere Zustandsfunktion aus Anhang A.3. Diese Gleichung wurde allerdings von Boltzmann selbst nie so hingeschrieben. Das tat erst Max Planck 1907. Sie steht aber auf Boltzmanns Grabstein auf dem Wiener Zentralfriedhof. Er fand diese Beziehung bei der genauen Untersuchung der Zusammenstöße zwischen Gasatomen. Sie lautet bei Boltzmann $\int dQ/T \sim \log \mathfrak{W}$, wobei $\mathfrak{W}$ für die „Wahrscheinlichkeit der Zustandsverteilung" steht. Die Gl. 4.4 ist natürlich umfassender als Clausius' Beziehung 4.3. Erstens gibt sie den Absolutwert der Entropie an. Zweitens hängt Ω von verschiedenen Parametern in ganz bestimmter Weise ab, von N, U, V, B, m, μ, ν usw. und ist folglich eine gut bekannte Funktion dieser Größen. Drittens soll Gl. 4.4 nach Boltzmann auch für Zustände gelten, die nicht im Gleichgewicht sind. Allerdings gilt dann nicht mehr unsere Grundannahme aus Abschn. 2.1. Die Mikrozustände eines Systems sind dann nicht mehr alle gleich wahrscheinlich, und wir können Ω nicht so wie im Anhang A.3 oder in Abschn. 2.3 und 2.4 berechnen.

Man kann leicht zeigen, dass Clausius' und Boltzmanns Entropieausdrücke äquivalent sind: Nach Gl. 4.3a gilt zum Beispiel für einen Körper zwischen zwei Gleichgewichtszuständen

$$S(T_B) - S(T_A) = \int_A^B \frac{dQ(T')}{T'}. \qquad (4.5)$$

Dabei erstreckt sich das Integral über einen *reversibel* durchlaufenen Weg von der Temperatur T_A zu T_B. Für die rechte Seite erinnern wir uns an die Beziehung in Gl. 3.5 mit đ$Q = kT$ d(ln Ω) für die Wärme. Damit wird aus Gl. 4.5

$$S(T_B) - S(T_A) = \int_A^B \frac{kT' d[\ln \Omega(T')]}{T'} = k[\ln \Omega_B(T_B) - \ln \Omega_A(T_A)]. \qquad (4.6)$$

Um den Absolutwert der Entropie zu bestimmen, wählen wir $T_A = 0$ K. Dann hat jedes Atom die kleinstmögliche Energie, die Nullpunktsenergie (s. Abschn. 2.4 und 5.3). Diese ist für alle gleich und kann daher nicht umverteilt werden. Somit gilt $\Omega_A = 1$ und ln $\Omega_A = 0$ sowie $S(T_A) = 0$. Damit haben wir gezeigt, dass Clausius' und Boltzmanns Entropieausdrücke für den Wärmeaustausch äquivalent sind, nämlich $S(T_B) = k \ln \Omega(T_B)$. Boltzmanns Formel (Gl. 4.4) war zu seinen Lebzeiten heftig umstritten. Bei ihrer Herleitung hatte er angenommen, dass es Atome wirklich gibt und dass die Energie derselben quantisiert ist. Diese Tatsachen haben wir ja auch in Kapitel 2 benutzt. Aber zu Boltzmanns Zeiten war die Existenz von Atomen noch nicht bewiesen. Nur die Chemiker glaubten daran. Der Beweis geschah erst durch Albert Einstein 1905 und durch Jean Baptiste Perrin 1906.

Außer den Gln. 4.3 und 4.4 findet man in der Literatur noch eine dritte Beziehung für die Entropie. Sie ist nach Josiah W. Gibbs benannt, geht aber ursprünglich auch auf Boltzmann zurück, und lautet

$$S = -kN \sum \mathcal{P}_i \ln \mathcal{P}_i, \qquad (4.7)$$

wobei k wieder die Boltzmann-Konstante ist und $\mathcal{P}_i$ die Besetzungswahrscheinlichkeiten der einzelnen Mikrozustände des Systems sind. Dass diese Formel äquivalent mit Gln. 4.3 und 4.4 ist, sieht man folgendermaßen: Beim idealen Magneten hatten wir die Beziehung 2.16 gefunden, $\omega = N!/(N_+! \cdot N_-!)$ für N Teilchen, die sich auf zwei Plätze verteilen. Das kann man auf mehr als zwei Einstellmöglichkeiten erweitern (N_1, N_2, N_3 usw.). Dann haben wir mit der vereinfachten Stirling-Näherung

$\ln(x!) = x(\ln x - 1)$ (s. Gl. A.28) und $N = \sum N_i$:

$$S(N_1, N_2, N_3, \ldots) = k \ln \Omega = k \ln \frac{N^N}{\prod N_i^{N_i}} = k \left[N \ln N - \sum N_i \ln N_i \right]$$

$$= k \left[\sum N_i \ln N - \sum N_i \ln N_i \right] = -k \sum N_i \ln \frac{N_i}{N}$$

$$= -kN \sum \frac{N_i}{N} \ln \frac{N_i}{N} = -kN \sum \mathcal{P}_i \ln \mathcal{P}_i \quad (4.8)$$

Dabei haben wir die Besetzungswahrscheinlichkeiten $\mathcal{P}_i \equiv N_i/N$ eingeführt mit $\sum \mathcal{P}_i = 1$. Wir werden die Gibbs'sche Form (Gl. 4.7) für die Entropie im Folgenden nicht verwenden. Sie spielt aber in der statistischen Mechanik eine Rolle.

4.2 Messung und Berechnung der Entropie

In manchen Lehrbüchern ist zu lesen, die Entropie könne man nicht messen, oder nur mit großen Schwierigkeiten. Das ist falsch! In Clausius' Definition 4.3 stehen die Größen Wärme und Temperatur. Beides kann man selbstverständlich messen, ebenso wie etwa die Größen Weg und Zeit für die Geschwindigkeit. Erinnern wir uns an die Definition der Wärmekapazität $C \equiv dQ/dT$ (s. Gl. 2.12). Wenn wir daraus dQ in die Entropieformel von Clausius (Gl. 4.5) einsetzen, so erhalten wir

$$S(T_\mathrm{B}) - S(T_\mathrm{A}) = \int_{T_\mathrm{A}}^{T_\mathrm{B}} \frac{C(T')}{T'} dT'. \quad (4.9)$$

Wärmekapazitäten kann man bekanntlich mit einem Kalorimeter messen. In diesem Sinn ist das auch ein Entropiemessgerät. Wenn wir den Absolutwert der Entropie zum Beispiel für ein ideales Gas bestimmen wollen, dann müssen wir bei $T_\mathrm{A} = 0$ anfangen. Denn dort ist, wie oben erwähnt, S gleich Null. Und wir müssen die Substanz bis zu einer Temperatur T_B erwärmen, bei der sie sich im idealen Gaszustand befindet. Denn nur für ein ideales Gas haben wir bisher eine einfache analytische Beziehung für Ω bzw. die Entropie. Das heißt, T_B muss oberhalb des Siedepunkts T_sied des Stoffes liegen. Auf diese Bedingungen bezieht sich wohl die anfangs zitierte Schwierigkeit bei der Entropiemessung. Man braucht nämlich ein Kalorimeter, mit dem man vom festen Zustand nahe dem absoluten Nullpunkt bis oberhalb des Siedepunkts des Gases messen kann. Die beiden anderen Systeme, deren Ω wir kennen, idealer Magnet und idealer Kristall, sind zu stark idealisiert, um $S(T)$-Messungen verschiedener Stoffe mit der Theorie vergleichen zu können.

In Abb. 4.2 sind zwei Kalorimeter skizziert, die bei konstantem Volumen bzw. bei konstantem Druck arbeiten. Hier ist jedoch nur das Prinzip angedeutet. In Wirklichkeit sind das recht aufwendige Apparaturen, mit denen Druck und Temperatur der Stoffe in weiten Grenzen kontrolliert werden können. Wie geht nun eine solche Messung vor sich? In Abb. 4.3a ist der $C_P(T)$-Verlauf eines Stoffes qualitativ

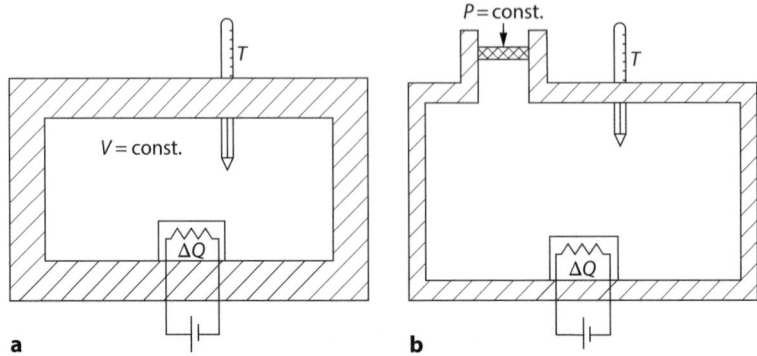

Abb. 4.2 Prinzip eines Kalorimeters zur Entropiebestimmung bei Gasen, **a** bei konstantem Volumen; **b** bei konstantem Druck. Die Messung bei konstantem Volumen erfordert massive Wände

skizziert, der im Gaszustand einatomig ist wie die Edelgase. Im festen Zustand derselben erhält man den aus Abb. 2.10 bekannten S-förmigen Verlauf. Im flüssigen Zustand steigt C_P leicht an, sinkt am Siedepunkt ab und erreicht dann als Gas den aus der Theorie bekannten Wert $5Nk/2$. Am Schmelz- und am Siedepunkt macht C_P jeweils einen Sprung. Wenn wir nun bei sukzessiver Temperaturerhöhung um ΔT die jeweils zugeführte Wärmeenergie ΔQ messen, erhalten wir das in Abb. 4.3b dargestellte Bild. Am Schmelzpunkt T_{schm} muss die Schmelzwärme L_{schm} zugeführt werden und am Siedepunkt die Siedewärme L_{sied}. Nun dividiert man die ΔQ-Werte durch die mittleren Temperaturen $\overline{T}$ des jeweiligen Messintervalls und erhält Abb. 4.3c. Schließlich integriert man diesen Verlauf von $T = 0$ K an und erhält die $S(T)$-Kurve in Abb. 4.3d. Hier sind die Messwerte für das Edelgas Neon angegeben. Dicht oberhalb des Siedepunkts von 27,2 K befindet sich das Gas schon im Idealzustand, etwa bei 27,3 K. Die hier gemessene Entropie beträgt 96,4 J/(mol K). Klaus Clusius (nicht Rudolf Clausius!) hat im Jahr 1936 die ersten solcher Messungen an den Edelgasen Neon, Argon, Krypton und Xenon durchgeführt. Erst zu dieser Zeit war die Tieftemperaturtechnik soweit entwickelt, dass man mit dem Kalorimeter bis auf wenige Grad an den absoluten Nullpunkt herankommen konnte. Das war notwendig, um die Messkurven bis nach 0 K extrapolieren zu können. Bis 1936 war also die Entropie eine zwar theoretisch gut fundierte, aber experimentell nicht zugängliche Größe.

Nun können wir die Messwerte für Edelgase mit der Theorie vergleichen. Nach Boltzmann verwenden wir dazu die Beziehung 4.4, $S = k \ln \Omega$. Die Größe $\ln \Omega$ haben wir für ein ideales Gas im Anhang (Gl. A.35) berechnet. Die Entropie lautet dann, etwas umgeschrieben,

$$S = kN \ln \left[V \left(\frac{4\pi e m}{3h^2} \right)^{3/2} \left(\frac{U}{N} \right)^{3/2} \right]. \tag{4.10}$$

4.2 Messung und Berechnung der Entropie

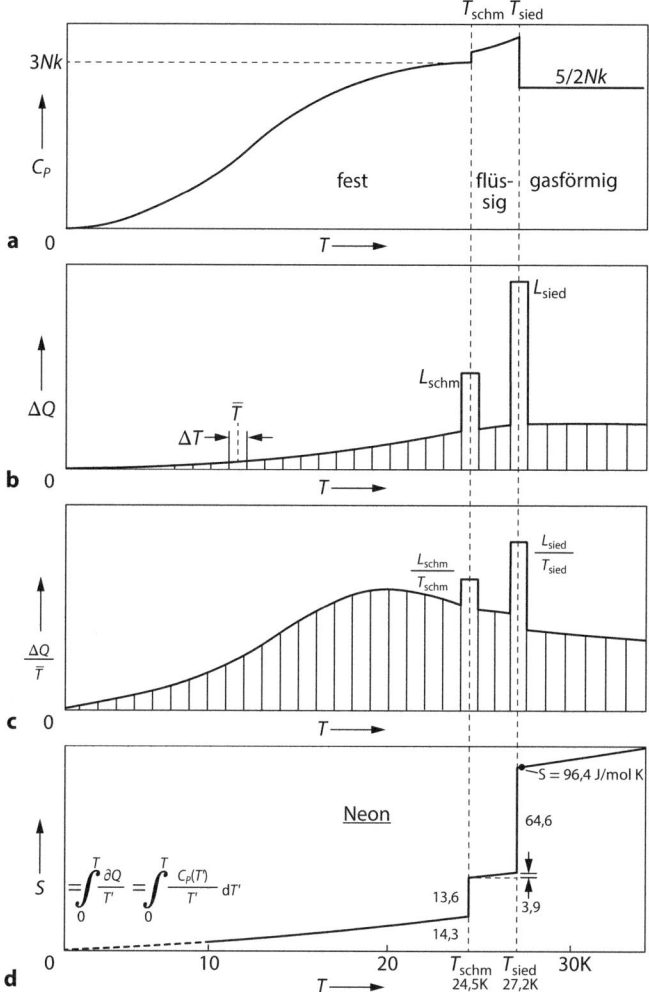

Abb. 4.3 Kalorimetrische Bestimmung der Temperaturabhängigkeit der Entropie. **a** Schematischer Verlauf der Wärmekapazität C_P bei konstantem Druck; **b** Die im Temperaturintervall ΔT als Wärme ΔQ zugeführte Energie; **c** $\Delta Q/T$ aus Teilbild **b** berechnet; **d** Integration der Kurve aus Teilbild **c** mit Messwerten für Neon von Clusius (1936). Der Anfangsteil der Kurve für kleine T ist gestrichelt dargestellt, weil damals noch keine Messungen unterhalb von 10 K vorlagen

Hier setzen wir die folgenden Zahlen für ein Mol Neon ein, um mit dem Messwert in Abb. 4.3d zu vergleichen: $N = N_A = 6{,}022 \cdot 10^{23}$, $m = 3{,}377 \cdot 10^{-26}$ kg, $T = T_{\text{sied}} + 0{,}1$ K $= 27{,}3$ K, $V = NkT/P_n = 2{,}241 \cdot 10^{-3}$ m^3 (P_n Normaldruck $1{,}013 \cdot 10^5$ Pa), $U = 3NkT/2 = 3{,}406 \cdot 10^2$ J. Damit ergibt sich $S(27{,}3\,\text{K}) = 543{,}6$ J/(mol K). Das ist mehr als fünfmal soviel wie der Messwert 96,4 J/(mol K) (Abb. 4.3d). Hier kann etwas nicht stimmen! Und zwar haben wir offenbar bei der Berechnung von Ω nach

Gl. A.33 zu viele Zustände gezählt. Wir haben nämlich die Gasatome a und b in zwei Mikrozuständen derselben Energie ε als zwei verschiedene Zustände betrachtet, wenn sie ihre Plätze wechseln. Vertauscht man aber die Atome a und b, so erhält man physikalisch nichts Neues. Daher muss man die Bestandteile eines einatomigen idealen Gases als **ununterscheidbar** betrachten. Sie sehen ja auch alle genau gleich aus. Wir haben also zu viele Zustände gezählt und müssen alle diejenigen eliminieren, die durch Vertauschen je zweier Atome entstanden sind.

Wenn wir die Ununterscheidbarkeit der Gasatome berücksichtigen wollen, dann müssen wir die Zustandszahl Ω aus Gl. A.33 durch $N! = \sqrt{2\pi N}(N/e)^N$, die Anzahl der Vertauschungsmöglichkeiten der Atome teilen, den sogenannten Gibbs-Faktor (Gl. A.28). Diese Regel macht man sich am besten mit kleinen Zahlen klar: Bei $N = 2$ gibt es $2! = 2$ Möglichkeiten ihrer Anordnung, nämlich [1, 2] und [2, 1]. Bei $N = 3$ sind es $3! = 6$ Möglichkeiten [123, 132, 213, 231, 312, 321], bei $N = 4$ sind es schon 24. Mit der Stirling-Näherung (Gl. A.28) wird aus der Zustandsfunktion in Gl. A.33 die neue Beziehung

$$\tilde{\Omega} = \frac{\Omega}{N!} = \sqrt{\frac{3}{8\pi^2}}\left(\frac{e}{N}\right)^{5N/2}\left(\frac{4\pi m}{3h^2}\right)^{3N/2} V^N U^{(3N/2)-1}\delta U. \qquad (4.11)$$

Hiervon nehmen wir jetzt den Logarithmus und lassen alle Glieder weg, die nicht den Faktor N enthalten, und bekommen für $N \gg 1$:

$$\ln \tilde{\Omega} = N\left[\frac{5}{2}(1 - \ln N) + \frac{3}{2}\ln\frac{4\pi m}{3h^2} + \ln V + \frac{3}{2}\ln U\right]. \qquad (4.12)$$

Formt man dies etwas um und multipliziert es mit k, so erhält man die Entropie für ein ideales Gas mit ununterscheidbaren Atomen:

$$S = k \ln \tilde{\Omega} = kN\left\{\frac{5}{2} + \ln\left[\left(\frac{V}{N}\right)\left(\frac{U}{N}\right)^{3/2}\left(\frac{4\pi m}{3h^2}\right)^{3/2}\right]\right\}. \qquad (4.13a)$$

(Bitte rechnen Sie das nach!) Setzen wir hier wieder, wie oben, unsere Zahlen für ein Mol Neon bei 27,3 K ein, so ergibt sich $S = 96{,}56\,\text{J}/(\text{mol K})$ in ausgezeichneter Übereinstimmung mit dem Messwert von $96{,}4\,\text{J}/(\text{mol K})$. Die Differenz beträgt nur 1,6 Promille! Mit der Beziehung $U = 3NkT/2$ entsteht aus Gl. 4.13a die Temperaturabhängigkeit der Entropie, die sogenannte **Sackur-Tetrode-Gleichung**

$$S(T, V, N) = kN\left(\frac{5}{2} + \ln\frac{V}{N} + \frac{3}{2}\ln\frac{2\pi mk}{h^2} + \frac{3}{2}\ln T\right). \qquad (4.13b)$$

4.2 Messung und Berechnung der Entropie

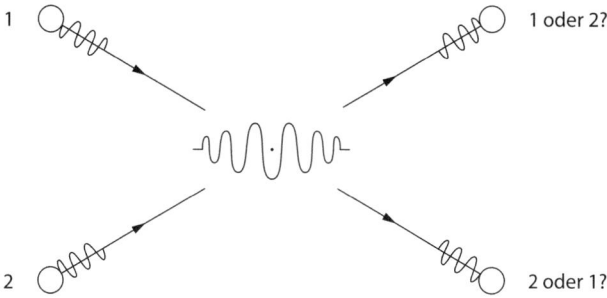

Abb. 4.4 Zusammenstoß zweier Gasatome im Teilchen- und Wellenbild

Sie wurde schon 1911 von Otto Sackur und Hugo Tetrode publiziert, obwohl es damals noch keine Messungen für den Absolutwert der Entropie gab. Aus der Quantentheorie folgte nämlich, dass genau gleich aussehende Atome prinzipiell nicht voneinander unterschieden werden können. Wenn zwei davon zusammenstoßen und wieder auseinander fliegen, dann kann man nicht feststellen, welches von beiden welches vor dem Stoß war. Die Materiewellen der Atome interferieren nämlich beim Stoßprozess, und dann laufen wieder zwei neue Einzelwellen auseinander. Das ist in Abb. 4.4 skizziert.

In Tab. 4.1 sind die experimentellen Werte der Entropiemessungen von Clusius im Jahr 1936 und die theoretischen Werte für Edelgase zusammengestellt. Die ausgezeichnete Übereinstimmung von Experiment und Theorie für ununterscheidbare Atome war ein großer Erfolg für die Quantenphysik. Helium fehlt in der Tabelle, weil es bei 4,2 K einen Phasenübergang zur Superflüssigkeit macht, der von den Messungen nicht erfasst wurde und in der Theorie damals nicht berechenbar war.

Am Schluss dieses Abschnitts wollen wir noch kurz die Temperaturabhängigkeit der Entropien unserer anderen beiden Modellsysteme aus Kapitel 2 im Vergleich zu der des idealen Gases betrachten (Abb. 4.5):

- Für ideale Gase haben wir die Sackur-Tetrode-Gleichung 4.13b erhalten, die natürlich nur oberhalb des Siedepunkts der betreffenden Stoffe gilt (Abb. 4.5a). Im festen und flüssigen Bereich gibt es keinen einfachen analytischen Ausdruck für $S(T)$.

Tab. 4.1 Entropiewerte von Edelgasen

Gas	T (K)	S_{exp} (J mol^{-1} K^{-1})	S_{theor} (J mol^{-1} K^{-1})
Neon	27,3	96,4	96,56
Argon	87,29	129,75	129,24
Krypton	119,93	144,56	145,06
Xenon	165,13	157,68	158,48

Abb. 4.5 Temperaturabhängigkeit der Entropie für unsere drei Modellsysteme. **a** Ideales Gas (Gl. 4.13b); **b** idealer Paramagnet (Gl. 4.14); **c** idealer Kristall (Gl. 4.15)

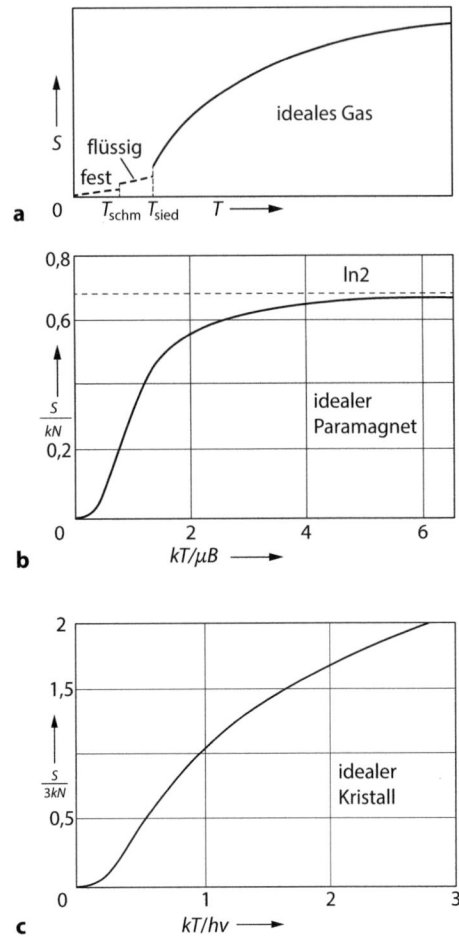

- Beim idealen Magneten erhält man $S(T)$ aus Gl. 2.20 durch Einsetzen von U nach Gl. 2.23:

$$S(T, N, B) = kN \left[\ln\left(\cosh \frac{\mu B}{kT}\right) - \frac{\mu B}{kT} \tanh \frac{\mu B}{kT} + \ln 2 \right]. \qquad (4.14)$$

Für hohe Temperaturen strebt S gegen $kN \ln 2$ (Abb. 4.5b), weil dann beide Einstellmöglichkeiten der Momente gleich stark besetzt sind, parallel und antiparallel zum Magnetfeld $\boldsymbol{B}$. Für $T \to 0$ liefert eine genauere Analyse $S \sim \exp(-\mu B/kT) \to 0$.

- Beim idealen Kristall erhält man $S(T)$ durch Einsetzen von Gl. 2.35 für U in Gl. 2.32:

$$S(T, N, \nu) = 3kN \left[\frac{h\nu/(kT)}{e^{h\nu/(kT)} - 1} - \ln\left(1 - e^{-h\nu/(kT)}\right) \right]. \qquad (4.15)$$

Das ist in Abb. 4.5c dargestellt. $S(T)$ steigt ähnlich wie beim idealen Gas mit T immer weiter an, aber nähert sich nicht einem endlichen Grenzwert wie beim Magneten.

Die theoretischen Kurven in Abb. 4.5 stimmen gut mit Messungen überein, die man durch Integration von $C(T)/T$ (Gl. 4.9) von 0 K an erhält.

Die Zahlenwerte in Tab. 4.1 vermitteln uns ein Gefühl dafür, wie groß Entropiewerte auch im täglichen Leben sein können. Erhitzt man etwa einen Liter Wasser reversibel von 20 auf 100 °C, so braucht man dafür $80 \cdot 4183$ J. Dabei nimmt die Entropie des Wassers um etwa 1000 J/K zu. Und essen wir ein Butterbrot mit einem Nährwert von 200 kcal $\approx 8{,}4 \cdot 10^5$ J, und würden diese Energie reversibel zur Aufrechterhaltung unserer Körpertemperatur verwenden, so wächst unsere Entropie um etwa 2700 J/K. Nachdem wir nun die Entropie messen und berechnen können, dürfte sie für uns wirklich jeden Schrecken verloren haben. Falls die Entropiewerte der Nahrungsmittel auch auf die Inhaltsangaben der Verpackungen kommen, dann würde zur „Freude" der Bürokratie die Übersichtlichkeit noch weiter abnehmen.

4.3 Wozu kann man die Entropie gebrauchen?

Eine Größe, die so abstrakt und im täglichen Leben so unbekannt ist wie die Entropie, muss trotzdem eine wichtige Bedeutung haben. Sonst hätten wir ihr nicht ein ganzes Kapitel gewidmet. Wir sind mit ihr jetzt schon so vertraut, dass wir die thermodynamischen Größen auch durch S anstatt durch die Zustandsfunktion Ω ausdrücken können, aus welcher wir sie hergeleitet haben. Wir benutzen Boltzmanns Formel (Gl. 4.4), $S = k \ln \Omega$, und erhalten so:

$$T = \frac{1}{k}\left(\frac{\partial \ln \Omega}{\partial U}\right)^{-1}_{N,V} = \left(\frac{\partial U}{\partial S}\right)_{N,V}, \qquad (4.16)$$

$$P = kT\left(\frac{\partial \ln \Omega}{\partial V}\right)_{N,U} = T\left(\frac{\partial S}{\partial V}\right)_{N,U}, \qquad (4.17)$$

$$đQ = kT\, d(\ln \Omega) = T\, dS, \qquad (4.18)$$

$$đW = -kT\left(\frac{\partial \ln \Omega}{\partial X}\right)_{N,U} dX = -T\left(\frac{\partial S}{\partial X}\right)_{N,U} dX. \qquad (4.19)$$

Der Erste Hauptsatz lautet damit:

$$dU = dQ + dW = T\, dS - P\, dV = \left(\frac{\partial U}{\partial S}\right)_{N,V} dS - T\left(\frac{\partial S}{\partial V}\right)_{N,U} dV. \qquad (4.20)$$

Hier stehen nach dem zweiten Gleichheitszeichen nur Zustandsgrößen. Die Änderung dU muss also vom Wege unabhängig sein, auf dem ein Zustand erreicht wird, ob reversibel oder irreversibel. Andererseits gilt nach Gl. 4.3c, dass $đQ$ nur für reversible Änderungen gleich $T\, dS$ ist. Was stimmt hier nicht? Ganz einfach: Wenn für einen irreversiblen Weg dQ größer als $T\,dS$ ist, dann muss für denselben Weg $P\,dV$ ebenfalls größer sein als auf einem reversiblen. Damit ist dU dann auf beiden Wegen gleich groß, wie es sein soll. An den Gln. 4.16 bis 4.20 sehen wir, dass die Entropie eine ganz normale und sehr nützliche physikalische Größe ist, ähnlich wie der Druck, die Temperatur usw. Im Anhang A.4 besprechen wir ausführlich den Unterschied zwischen reversiblen und irreversiblen Prozessen, der hier immer eine Rolle gespielt hat. Und im Anhang A.5 ist gezeigt, dass die Entropie sich auch ändern kann, wenn gar kein Wärmetransport oder gar keine Temperaturänderung stattfindet, nämlich beim Mischen verschiedener Arten von Atomen oder Molekülen.

Der Hauptanwendungsbereich der Entropie ist die Energieumwandlung in technischen Maschinen und Geräten. Diese funktionieren grob gesagt nur dann, wenn die Entropie dabei zunimmt. Und zwar in einem abgeschlossenen System, das dieses Gerät, die Energiequelle und die Energiesenke enthält. Wenn die Entropie darin abnimmt, dann kann die Maschine nicht funktionieren. Um das zu verstehen, müssen wir den Zweiten Hauptsatz der Thermodynamik kennenlernen, den wir im nächsten Kapitel besprechen.

Die Entropie hat, wie keine andere physikalische Größe, in Naturwissenschaften und in anderen Bereichen zu kontroversen Diskussionen und zum Teil zu absurden Schlussfolgerungen geführt. Das lag an der ungewohnten Form des Zweiten Hauptsatzes. Als einziges Naturgesetz legt er eine Reihenfolge für die Zeit fest, nämlich im Sinne wachsender Entropie. Sowohl Philosophen und Theologen als auch Wirtschaftler, Börsenmakler, Informatiker, Umweltexperten und Kunstsachverständige bemächtigten sich des Begriffs der Entropie und errichteten damit erstaunliche Gedankengebäude. Diese haben allerdings mit dem physikalischen Begriff der Entropie wenig oder oft gar nichts zu tun. Die gezogenen Schlussfolgerungen, etwa über die Zukunft des Weltalls, die biologische Evolution, die Umweltverschmutzung oder die Entwicklung von Aktienkursen usw. sind rein spekulativer Natur. Viele dieser Übertragungen des Entropiebegriffs aus der Physik in andere Gebiete werden durch die Tatsache begünstigt, dass die Zustandszahl Omega für Nichtphysiker eine unanschauliche und geheimnisvolle Größe ist. Mit einer solchen lässt sich leicht spekulieren, von der Astrologie bis zur Psychologie. Die unkritische Verwendung einer physikalischen Gesetzmäßigkeit, nämlich des Zweiten Hauptsatzes für die Entropie, in Wissensgebieten mit ganz anderen Denkkategorien hat bisher nur Parallelen in den Phantasien und Spekulationen mit Begriffen aus der Quanten- und Relativitätstheorie. Man denke nur an Science Fiction oder an die Argumente der Kreationisten, die die Bibel wörtlich nehmen. Nach deren Meinung gibt es ja keine Evolution, weil sie das Universum als ein abgeschlossenes System ansehen, in dem die Entropie und damit die „Unordnung" nur zunehmen kann. Ein interessanter Artikel zu diesem Thema findet sich bei Wikipedia: *„Entropie (Sozialwissenschaften)"*.

Diese abschließenden Bemerkungen zum Entropiekapitel zeigen, dass sich die Beschäftigung mit ihr in der Physik unbedingt lohnt. Auch wenn die Formeln dafür etwas komplex aussehen, wie zum Beispiel Gl. 4.13, so werden wir bald feststellen, dass man in der Praxis oft nur einen der darin vorkommenden Parameter braucht. Und dann wird vieles ganz einfach.

Die Hauptsätze der Thermodynamik 5

5.1 Der Zweite Hauptsatz

Bisher haben wir im Kapitel 3 den Ersten Hauptsatz (Gl. 3.1) kennengelernt. Er ist eine Bilanzgleichung für Arbeit und Wärme, also für die Übertragungsformen der Energie. Nun kommen wir zum **Zweiten Hauptsatz**. Er wurde 1865 von Clausius formuliert und lautet:

> In einem abgeschlossenen System kann die Entropie fast niemals abnehmen, sondern nur gleich bleiben oder wachsen:
>
> $$S(t_2) - S(t_1) \geq 0 \text{ für } t_2 > t_1. \tag{5.1}$$

Zum Zeitpunkt t_2 ist S also praktisch immer größer als zu t_1.

Clausius hat damit die Lösung des Rätsels der Dampfmaschinenbauer gefunden. Aber er hat diese Lösung noch nicht ganz verstanden, weil er nicht genau wusste, was Entropie eigentlich ist. Das hat erst Boltzmann mit seiner Entropiedefinition Gl. 4.4, $S = k \ln \Omega$ geschafft, indem er die Anzahl Ω der Verteilungsmöglichkeiten der Energie auf die Bestandteile eines Körpers berechnen konnte. Eine Änderung der Entropie findet in einem System nämlich nur dann statt, wenn im System irgendein Prozess abläuft, bei dem sich diese Anzahl ändert. Sobald ein Gleichgewichtszustand erreicht ist, hört auch die Entropieänderung auf. Die Entropie erreicht dann einen Maximalwert, weil sie ja vorher nur zunehmen konnte. Dies ist das **Prinzip der maximalen Entropie**, das wir in Abschn. 5.2 besprechen werden. Die Beobachtungen, die Clausius zu seinem Zweiten Hauptsatz führten, gehen

Ergänzende Information Die elektronische Version dieses Kapitels enthält Zusatzmaterial, auf das über folgenden Link zugegriffen werden kann https://doi.org/10.1007/978-3-662-69771-9_5.

schon auf Carnot zurück und sind in Abb. 5.1 dargestellt. Nur bei den als „beobachtet" bezeichneten Vorgängen nimmt die Entropie zu oder bleibt gleich. Bei den „nichtbeobachteten" würde sie abnehmen. Diese beiden Prozesse widersprechen zwar nicht dem Energieerhaltungssatz. Man hat daher früher gemeint, sie müssten doch irgendwie realisierbar sein. Aber alle derartigen Versuche und Gedankenexperimente waren vergeblich. Und das führte letzten Endes zur Formulierung des Zweiten Hauptsatzes in Gl. 5.1. Heute werden alle Erfindungen, die dem widersprechen, von den Patentämtern ungeprüft abgelehnt, denn ein sogenanntes **Perpetuum**

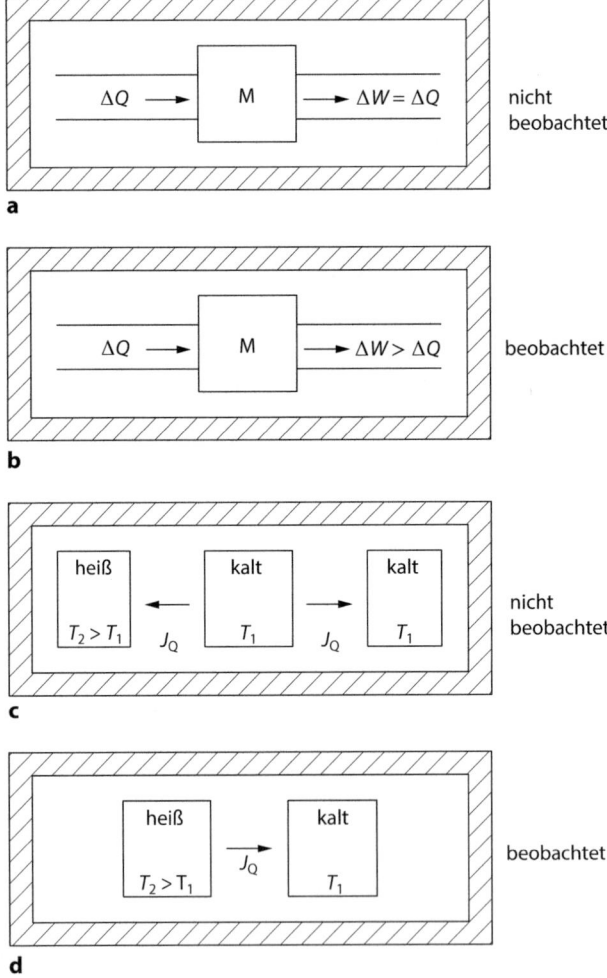

Abb. 5.1 Erfahrungstatsachen zum Zweiten Hauptsatz in einem abgeschlossenen System. M ist eine zyklisch arbeitende Maschine. **a** Vollständige Umwandlung von Wärme ΔQ in Arbeit ΔW; **b** teilweise Umwandlung von Wärme in Arbeit; **c** Wärmetransport von tiefer zu höherer oder gleich hoher Temperatur durch einen Wärmefluss J_Q; **d** Wärmetransport von hoher zu tiefer Temperatur

5.1 Der Zweite Hauptsatz

mobile zweiter Art gibt es nicht. Bei einem solchen würde die Entropie in einem abgeschlossenen System nämlich von selbst abnehmen.

Nun müssen wir die Einschränkung „fast niemals" bei der wörtlichen Fassung des Zweiten Hauptsatzes erläutern. Was hat dieses „fast" zu bedeuten? Dazu müssen wir die Atome oder Moleküle eines Körpers betrachten. Sie stoßen aufgrund ihrer permanenten Bewegung sehr oft zusammen, beim Gas etwa 10^{10}-mal, beim Festkörper 10^{13}-mal pro Sekunde. Dabei tauschen die Atome Impuls und Energie aus. Und es kommt ab und zu vor, dass in einer kleinen Probe solche Werte von Energie und Teilchendichte entstehen, die vom Gleichgewicht etwas abweichen. Für diese Zustände ist Ω in der Probe und damit auch die Entropie momentan etwas kleiner als $\Omega_{\max}$ im Gleichgewicht. Das sieht man zum Beispiel in dem Diagramm für ω^* in Abb. 2.3. In makroskopischen Systemen sind allerdings solche spontanen Schwankungen um den Gleichgewichtszustand unmessbar klein (s. Abb. 2.4). Das ist die Bedeutung des Wortes „fast" im Zweiten Hauptsatz und wir besprechen das ausführlich im Kapitel 14.

Wie bei Gl. 5.1 vermerkt, bezieht sich der Zweite Hauptsatz ganz wesentlich auf ein *abgeschlossenes System*. Bisher haben wir auch fast nur solche Systeme betrachtet. So gilt zum Beispiel die Grundannahme aus Abschn. 2.1, die Gleichwahrscheinlichkeit aller erreichbaren Zustände, und alles, was daraus folgt, nur für abgeschlossene Systeme. In einem *offenen System*, wie zum Beispiel in Abb. 6.1, ist das anders. Hier sind nicht alle erreichbaren Zustände gleich wahrscheinlich, wie wir im Kapitel 6 lernen werden. Wenn ein solches System zum Beispiel die Wärme ΔQ abgibt, dann sinkt seine Entropie nach Gl. 4.3b um mindestens $\Delta S_\mathrm{e} = \Delta Q/T$. Natürlich kann sie gleichzeitig aus anderen Gründen auch um ΔS_i anwachsen, etwa durch Reibung oder durch Umwandlung von Arbeit in Wärme im System selbst. Die **Entropiebilanz** lautet dann (Index e für extern, i für intern)

$$\Delta S_\mathrm{ges} = \Delta S_\mathrm{e} + \Delta S_\mathrm{i} \gtrless 0. \tag{5.2}$$

Man muss daher immer sorgfältig prüfen, ob ein System offen oder wirklich abgeschlossen ist. Nur im letzteren Fall kann man den Zweiten Hauptsatz anwenden. Zahlreiche Missverständnisse in den Naturwissenschaften und auch in anderen Disziplinen beruhen darauf, dass man offene Systeme mit dem Zweiten Hauptsatz interpretiert hat. Auch die Kreationisten verwenden ihn für ihre Argumentation zugunsten einer Schöpfungslehre und gegen die Evolution (sogenanntes „Intelligent design").

Eine andere, aber nur scheinbare Verletzung des Zweiten Hauptsatzes wollen wir noch kurz betrachten: In den letzten 30 Jahren hat man begonnen, das Verhalten sogenannter Nanoteilchen zu untersuchen, die aus etwa 100 bis 100.000 Atomen bestehen. Dabei wurde beobachtet, dass ein solches Teilchen manchmal entgegengesetzt zur Richtung der auf es wirkenden Kraft wandert. Oder dass der Rotor eines Nanomotors sich entgegengesetzt zur Richtung des auf ihn wirkenden Drehmoments dreht. Dies ist eine Folge der ungeordneten Brown'schen Bewegung, der die Teilchen unterworfen sind. Dabei wird Energie aus den vielen Freiheitsgraden der Umgebung eines Teilchens auf die wenigen Freiheitsgrade seiner gerichteten Bewegungsmöglichkeiten übertragen. In der lokalen Umgebung nimmt die Entropie dabei ab. Solche Beobachtungen werden von manchen Autoren als eine „Verletzung des Zweiten Hauptsatzes" bezeichnet. Das ist aber falsch, denn bei der lokalen Umgebung handelt es sich nicht um ein abgeschlossenes System. Bezieht man die weitere Umgebung und die Quelle der Kraft mit ein, so erhält man ein abgeschlossenes System, in dem die Entropie nur anwachsen kann.

Es hat nicht an Versuchen gefehlt, den Zweiten Hauptsatz aus anderen Naturgesetzen abzuleiten. Das ist bisher nicht gelungen. Man stößt dabei nämlich bald auf kosmologische Fragen. So versucht man zum Beispiel, eine mögliche Entropiezunahme des Weltalls auf seine Anfangsbedingungen zurückzuführen, und betrachtet es als ein abgeschlossenes und im Großen homogenes System. Solange darüber aber keine Klarheit herrscht, lässt sich der Zweite Hauptsatz nicht kosmologisch beweisen. Entweder ist er also ein unabhängiges Naturgesetz wie zum Beispiel die Erhaltungssätze für Energie, Impuls, elektrische Ladung usw. Oder er ist „nur" eine Wahrscheinlichkeitsaussage auf der Basis der Grundannahme aus Abschn. 2.1: „Der wahrscheinlichste Zustand ist derjenige, welcher am häufigsten beobachtet wird", nämlich der mit der größten Anzahl von Mikrozuständen.

5.2 Das Prinzip der maximalen Entropie

Wie schon erwähnt, strebt die Entropie eines abgeschlossenen Systems einem Maximalwert zu, wenn sich in diesem System ein Gleichgewichtszustand einstellt. Das System sei nun zunächst nicht im Gleichgewicht, indem zum Beispiel in verschiedenen Teilen desselben verschiedene Temperaturen herrschen. Die Erfahrung sagt dann, dass sich die Temperaturen durch Wärmetransport aneinander angleichen (s. Abb. 2.1). Im Gleichgewicht haben sie dann überall denselben Wert. Was passiert dabei mit der Zustandszahl Ω? Das ist in Abb. 5.2 dargestellt. Dort sind die Kurven $\ln \Omega_i(U_i)$ der beiden Teile ($i = 1, 2$) eines im Ganzen abgeschlossenen Systems aufgetragen, die sich anfangs auf verschiedenen Temperaturen befinden. Für die Energie des Gesamtsystems (*) gilt $U^* = U_1 + U_2$. Das Teilsystem (1) habe zunächst bei der Energie $U_1^{(0)}$ die tiefere Temperatur, und (2) besitze die höhere bei $U_2^{(0)}$. Dann ist für (1) der Betrag der Steigung $\partial \ln \Omega_1 / \partial U_1$ größer als derjenige $\partial \ln \Omega_2 / \partial U_2$ von Teilsystem (2). Durch Wärmetransport wird anschließend T_1 wachsen und T_2 abnehmen. Das heißt, U_1 wird zu- und U_2 abnehmen. Der Zustand wandert dann im Bild von $\{U_1^{(0)}, U_2^{(0)}\}$ nach rechts (Pfeile). Dabei nimmt die Zustandszahl $\Omega^* = \Omega_1 \cdot \Omega_2$ des Gesamtsystems zu, denn die Steigung von $\ln \Omega_1$ wächst, wie man sieht, schneller mit U_1 als diejenige von $\ln \Omega_2$ abnimmt. Dieser Prozess geht so lange weiter, bis die Steigungen der beiden $\ln \Omega_i(U_i)$-Kurven gleich große geworden sind. In der Abbildung sind sie entgegengesetzt gleich, weil U_1 nach rechts wächst und U_2 nach links. In diesem Zustand $\{\tilde{U}_1, \tilde{U}_2\}$ wird Ω^* maximal. Und der Wärmetransport kommt zum Stillstand, weil $T_1 = T_2 = T^*$ geworden ist. Das Gesamtsystem hat seinen Gleichgewichtszustand erreicht. Weiter in Richtung wachsender Energie U_1 geht der Prozess nicht, denn dann müsste T_1

5.2 Das Prinzip der maximalen Entropie

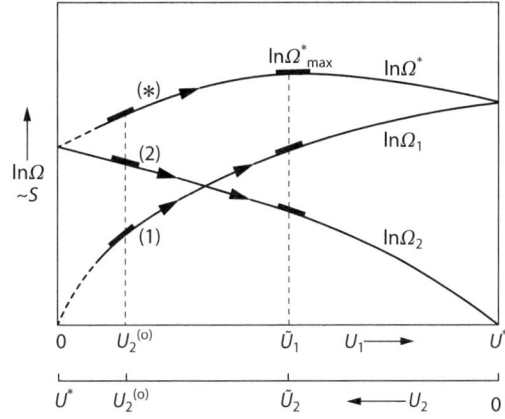

Abb. 5.2 Thermische Wechselwirkung zweier Vielteilchensysteme ähnlicher Größe bzw. Teilchenzahl. Die Pfeile bezeichnen den Übergang vom Anfangszustand $\{U_1^{(0)}, U_2^{(0)}\}$ in den Gleichgewichtszustand $\{\tilde{U}_1, \tilde{U}_2\}$

von T^* aus zu- und T_2 abnehmen, und zwar „von selbst" aus dem Gleichgewichtszustand heraus. Das widerspricht aber der Erfahrung, denn dabei würde $\ln \Omega^*$ und damit die Entropie des abgeschlossenen Systems abnehmen. An diesem Beispiel lässt sich gut verfolgen, wie sich die Funktionen $\ln \Omega_i(U_i)$ und $\ln \Omega^*$ bei der Einstellung des Gleichgewichts verhalten.

In Abschn. 5.1 hatten wir erläutert, warum die Entropie in einem abgeschlossenen System etwas schwanken kann, wenn auch in makroskopischen Körpern extrem wenig. Wie wenig genau, das lässt sich am besten an der Funktion $\Omega^*(U_i)$ ablesen. Diese ähnelt einer Gauß-Funktion (Abb. 5.3), und wir wollen nun ihre Breite untersuchen. Dazu müssen wir Ω^* um die Gleichgewichtsenergie $\tilde{U}_1$ herum in eine Taylor-Reihe entwickeln; mit $\tilde{U}_2$ ginge es genauso. Wir machen das zunächst mit

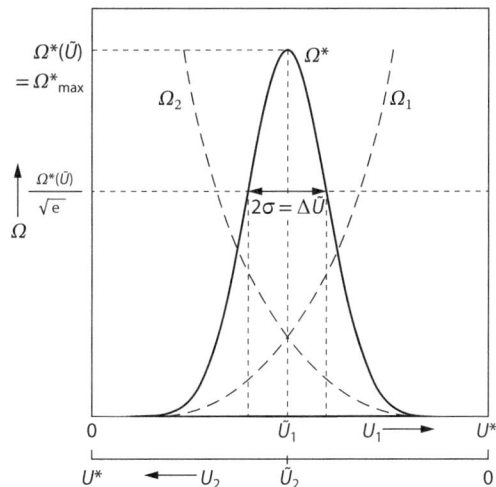

Abb. 5.3 Zustandsfunktion $\Omega^*(U)$ für zwei relativ kleine Systeme im thermischen Kontakt, $\Omega^* = \Omega_1 \Omega_2$

$\ln \Omega^*$ und delogarithmieren dies dann. Die ersten drei Glieder der Reihe lauten

$$\ln \Omega_i(U_i) = \ln \Omega_i(\tilde{U}_i) + \left(\frac{\partial \ln \Omega_i}{\partial U_i}\right)_{\tilde{U}_i}(U_i - \tilde{U}_i)$$
$$+ \frac{1}{2}\left(\frac{\partial^2 \ln \Omega_i}{\partial U_i^2}\right)_{\tilde{U}_i}(U_i - \tilde{U}_i)^2. \tag{5.3a}$$

Mit $\Omega^* = \Omega_1\Omega_2$ bzw. $\ln \Omega^* = \ln \Omega_1 + \ln \Omega_2$ und $(U_2 - \tilde{U}_2) = -(U_1 - \tilde{U}_1)$ erhält man

$$\ln \Omega^*(U_1, U_2) = \ln[\Omega_1(\tilde{U}_1)\Omega_2(\tilde{U}_2)] + \left[\frac{\partial \ln \Omega_1}{\partial U_1} - \frac{\partial \ln \Omega_2}{\partial U_2}\right]_{\tilde{U}_1, \tilde{U}_2}(U_1 - \tilde{U}_1)$$
$$+ \frac{1}{2}\left[\frac{\partial^2 \ln \Omega_1}{\partial U_1^2} + \frac{\partial^2 \ln \Omega_2}{\partial U_2^2}\right]_{\tilde{U}_1, \tilde{U}_2}(U_1 - \tilde{U}_1)^2. \tag{5.3b}$$

Der zweite Term auf der rechten Seite verschwindet für $\{\tilde{U}_1, \tilde{U}_2\}$, weil hier nach Gl. 2.9, $T_1 = T_2$ ist. Wenn man nun den Rest der Entwicklung delogarithmiert, erhält man:

$$\Omega^*(U_1, U_2) = \Omega^*(\tilde{U}_1, \tilde{U}_2)$$
$$\cdot \exp\left[-\frac{1}{2}(U_1 - \tilde{U}_1)^2\left(-\frac{\partial^2 \ln \Omega_1}{\partial U_1^2} - \frac{\partial^2 \ln \Omega_2}{\partial U_2^2}\right)_{\tilde{U}_1, \tilde{U}_2}\right]. \tag{5.4}$$

Das ist offenbar eine Gauß-Verteilung mit dem Maximum bei $\{\tilde{U}_1, \tilde{U}_2\}$ und mit der Standardabweichung σ, nämlich der halben Breite bei $\Omega^*_{\max}/\sqrt{e}$:

$$\sigma = \left(-\frac{\partial^2 \ln \Omega_1}{\partial U_1^2} - \frac{\partial^2 \ln \Omega_2}{\partial U_2^2}\right)^{-1/2}_{\tilde{U}_1, \tilde{U}_2}. \tag{5.5}$$

Jetzt spezialisieren wir dies für ein einatomiges ideales Gas mit $\partial^2 \ln \Omega/\partial U^2 = -3N/2U^2$ nach Gl. 2.10. Dies setzen wir in Gl. 5.5 ein mit dem Ergebnis

$$\sigma = \sqrt{\frac{2}{3}}\tilde{U}_1\sqrt{\frac{N_2/N_1}{N_1 + N_2}}. \tag{5.6}$$

Dabei haben wir nach Gl. 2.11 für $T_1 = T_2 = T^*$ die Beziehung $\tilde{U}_1/\tilde{U}_2 = N_1/N_2$ benutzt. Die relative Breite der $\Omega^*(U_1)$-Kurve in Abb. 5.3 wird dann

$$\frac{\Delta \tilde{U}_1}{\tilde{U}_1} = \frac{2\sigma}{\tilde{U}_1} = \sqrt{\frac{8}{3}}\sqrt{\frac{N_2/N_1}{N_1 + N_2}}. \tag{5.7}$$

Die relative Breite der $\Omega^*(U)$-Kurve ist also von der Größe $1/\sqrt{N}$. Wäre zum Beispiel $\tilde{U}_1$ bei einem makroskopischen System eine Million Kilometer vom Nullpunkt

5.2 Das Prinzip der maximalen Entropie

Abb. 5.4 Zustandsfunktion $\Omega^*(U)$ für ein makroskopisches System ($N \approx 10^{24}$) im thermischen Gleichgewicht. Die Messgenauigkeit für ein ideales Gas beträgt in diesem Maßstab etwa 1 km bzw. $10^6 \Delta U_1$

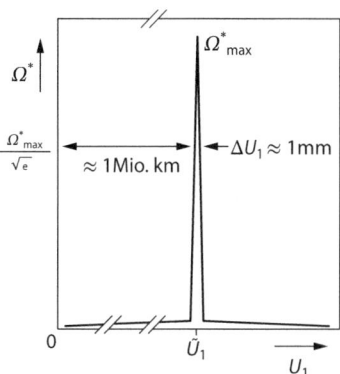

der Energieskala entfernt, so betrüge die Breite hier etwa 1 Millimeter (Abb. 5.4)! Die Kurve ist also extrem schmal. Die Energieverteilung mit dem Wert Ω^*_{max} bei $\tilde{U}_1$ wird daher fast immer beobachtet. Merklich andere Verteilungen kommen höchst selten vor. Wie selten, das kann man abschätzen.

Es könnte zum Beispiel passieren, dass alle Moleküle der Luft eines Zimmers vom Volumen V sich momentan in einer seiner Hälften befinden, und dass die andere Hälfte leer ist. Nach Gl. 4.11 ist $\Omega \sim V^N$. Ersetzt man V durch $V' = V/2$, so wird $\Omega' \sim (V/2)^N = V^N 2^{-N}$ und das Verhältnis der Wahrscheinlichkeiten $\Omega'/\Omega = 2^{-N}$ dieses Zustands wird entsprechend klein. Für $N = 100$ ist $2^{-N} \approx 10^{-30}$. Das Universum existiert ungefähr seit $4 \cdot 10^{17}$ Sekunden. Macht man jede Sekunde eine Messung, so muss man im Mittel 10^{13} Weltalter warten, um diesen Zustand einmal zu sehen – und das bei nur 100 Molekülen! Für die Luft eines Zimmers ist $N \approx 10^{27}$. Und dafür wird die Wahrscheinlichkeit, die Luft in einer Hälfte des Zimmers konzentriert zu finden, winzig klein, nämlich von der Größenordnung $10^{-10^{27}}$.

Man muss also praktisch unendlich lange warten, um diesen Zustand einmal zu beobachten. Aber ganz ausgeschlossen ist das nicht! Es ist etwa so selten, wie das Schweben eines indischen Gurus auf der unter ihm befindlichen Luftschicht. Oder wie die Levitation eines Ziegelsteins, der durch die Stöße der unter ihm befindlichen Moleküle einmal von selbst vom Erdboden aufs Dach fliegt. Dies illustriert nun die Bedeutung von „fast" im Zweiten Hauptsatz. Man kann diese Einschränkung also ruhig weglassen, was auch oft geschieht, außer bei sehr kleinen Teilchen. Boltzmann selbst hat schon 1896 geschrieben: „Die Thatsache, dass die Entropie einmal abnimmt, widerspricht auch nicht den Wahrscheinlichkeitsgesetzen. Denn aus diesen folgt nur die Unwahrscheinlichkeit, nicht die Unmöglichkeit davon. Ja im Gegentheile, es folgt ausdrücklich, dass jede, wenn auch noch so unwahrscheinliche, Zustandsverteilung eine, wenn auch kleine Wahrscheinlichkeit hat."

5.3 Nullter und Dritter Hauptsatz der Thermodynamik

Außer dem im Kapitel 3 besprochenen Ersten und den in diesem behandelten Zweiten Hauptsatz gibt es noch zwei weitere solche Sätze: Der sogenannte Nullte betrifft eine Definition des thermischen Gleichgewichts. Und der Dritte Hauptsatz beschreibt eine Erfahrungstatsache in der Nähe des absoluten Nullpunkts. Der Erste Hauptsatz ist ja, wie besprochen, eine Bilanzgleichung für den Energietransport, und der Zweite beruht auf einer Wahrscheinlichkeitsaussage. Wir besprechen nun den Nullten und den Dritten Hauptsatz. Der **Nullte Hauptsatz** wurde 1930 von Ralph Fowler formuliert und lautet:

> Wenn jeder von zwei Körpern sich im thermischen Gleichgewicht mit einem dritten befindet, so sind sie auch untereinander im thermischen Gleichgewicht. (5.8)

Das hört sich zunächst trivial an, ist es aber nicht. Es besagt nämlich, dass man mit einem Gerät zur Temperaturmessung verschiedene Systeme bezüglich ihres Gleichgewichts eindeutig charakterisieren kann. Das ist nicht von vornherein selbstverständlich. Wir betrachten dazu das in Abb. 5.5 dargestellte System von drei Körpern und zwei zwischen ihnen platzierten Wänden. Thermisch isolierende Wände bezeichnet man als adiabatisch (griechisch *adiabatos*, unwegsam), thermisch

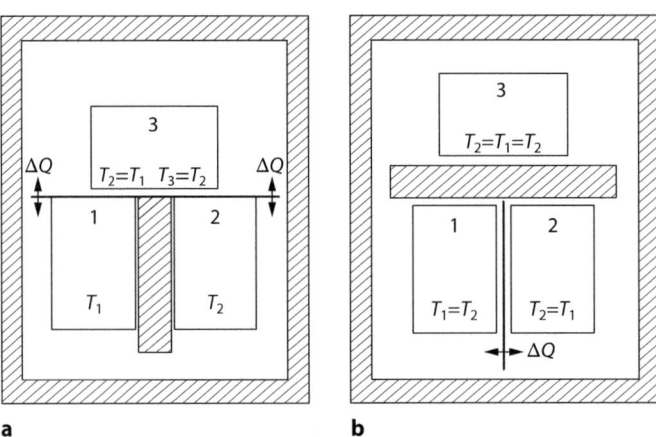

Abb. 5.5 Illustration zum Nullten Hauptsatz. Die dicken schwarzen Linien stellen wärmedurchlässige Systemgrenzen dar, die schraffierten wärmeundurchlässige. Die Aussage des Zweiten Hauptsatzes lautet: Aus (a) folgt (b). Zwei Körper 1 und 2 sind zunächst thermisch voneinander isoliert, aber jeder ist für sich wärmeleitend mit Körper 3 verbunden, sodass $T_1 = T_3$ und $T_2 = T_3$ ist. Vertauscht man die wärmeleitenden und die wärmeisolierenden Trennwände, so findet man, dass $T_1 = T_2$ ist und auch so bleibt

durchlässige als diathermisch (griechisch *diathermainein*, durchwärmen). Zwar haben die Körper 1 und 2 in Abb. 5.5a die gleiche Temperatur wie der Körper 3, wenn sie separat mit ihm durch eine diathermische Wand verbunden und untereinander durch eine adiabatische getrennt sind. Aber es könnte ja sein, dass 1 und 2 beim thermischen Kontakt untereinander wie in Abb. 5.5b noch eine andere Wechselwirkung besitzen, die vorher durch die adiabatische Wand unterbunden war. Und es könnte sein, dass sich ihre Temperaturen durch diese andere Wechselwirkung verändern. Die Erfahrung sagt uns, dass so etwas nicht vorkommt, und genau das ist die Aussage des Nullten Hauptsatzes. Nur wenn er gilt, kann man sich auf die Eichung eines Thermometers verlassen.

Der Nullte Hauptsatz gilt in der Physik uneingeschränkt, auch wenn die Bestandteile der Körper komplexere Einheiten sind als einzelne Atome oder Moleküle, zum Beispiel Kolloide, Kristalle, Mizellen oder Lebewesen. In der Soziologie ist das allerdings anders: Zwei Männer können durchaus mit ein und derselben Frau befreundet sein, untereinander sich jedoch höchst aggressiv verhalten.

Nun kommen wir zum **Dritten Hauptsatz der Thermodynamik**. Er wurde 1906 von Walther Nernst formuliert und lautet in seiner einfachsten Form

$$\lim_{T \to 0} S(T) = 0 \text{ für stabile Zustände.} \tag{5.9}$$

In Worten: Am absoluten Nullpunkt verschwindet die Entropie im Gleichgewicht. Nernst fand diese Regel bei sorgfältigen Messungen der Wärmekapazität von Festkörpern bei sehr tiefer Temperatur. Die Entropie eines idealen Gases steigt dort nach Gl. 4.13b mit $\ln T$ an, die eines Kristalls nach Gln. 11.16 und 4.9 mit T^2.

Wenn $S(T) = 0$ ist, dann muss nach Boltzmanns Formel ($S = k \ln \Omega$, Gl. 4.4) die Zustandszahl Ω gleich 1 sein. Das heißt, es gibt nur eine einzige mögliche Verteilung der Energie auf die Atome des Körpers. Und das ist die **Nullpunktsenergie**, die jeder Körper nach den Regeln der Quantenphysik bei $T = 0$ haben muss. Wir sind ihr in diesem Buch schon zweimal begegnet. Einmal beim idealen Gas, dessen Atome aufgrund der Welleneigenschaft der Materie in einem begrenzten Raum vom Volumen V höchstens eine maximale Wellenlänge haben können (s. Abb. A.5). Das entspricht einer minimalen Energie von $\varepsilon_0 = 3h^2/(8mV^{2/3})$ (s. Gl. A.20). Zum zweiten Mal sind wir der Nullpunktsenergie beim idealen Kristall begegnet, dessen Atome eine minimale Schwingungsenergie $\varepsilon_0 = h\nu/2$ haben müssen (s. Abschn. 2.4). Beim idealen Magneten gibt es keine Nullpunktsenergie im hier genannten Sinn. Aber einen idealen Magneten gibt es in Wirklichkeit auch gar nicht. Das wären nämlich „nackte" magnetische Momente ohne die sie tragenden Atome. Die Nullpunktsenergie hat nach den Regeln der Quantenphysik für alle Atome eines Körpers denselben Wert. Man kann sie daher keinem Atom entziehen und auch nicht umverteilen. In Abb. 5.6 ist der Versuch gemacht, die Nullpunktsenergie bildlich darzustellen.

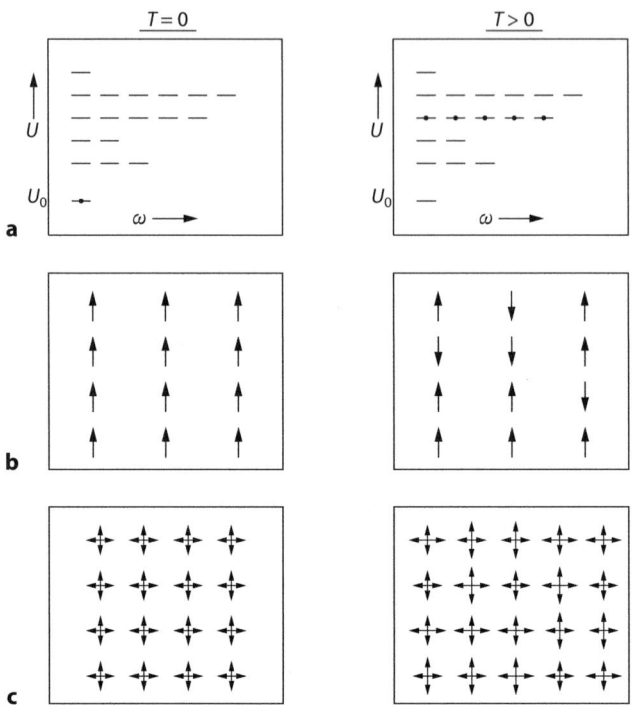

Abb. 5.6 Veranschaulichung des Dritten Hauptsatzes für unsere drei Modellsysteme. **a** Energieniveauschema für ein ideales Gas; **b** Anordnung magnetischer Momente in einem idealen Paramagneten; **c** Schwingungen der Atome in einem idealen Kristall. Linke Spalte Grundzustände bei $T = 0$, rechte Spalte angeregte Zustände bei $T > 0$

Nun müssen wir besprechen, was die Einschränkung „für stabile Zustände" beim Dritten Hauptsatz bedeutet. Offenbar gibt es noch andere Zustände, für die er nicht gilt. Aber was sind in diesem Zusammenhang stabile Zustände? Das sind genau solche, bei denen sich für $T = 0$ wirklich alle Atome und alle Atomkerne in ihrem tiefsten Energiezustand befinden. Ein bekanntes Gegenbeispiel ist der Martensit, Eisen mit darin gelösten 2 % Kohlenstoff. Beim Abkühlen aus der Schmelze sind die Kohlenstoffatome zunächst regellos im Gitter der Eisenkristalle verteilt. Diese Anordnung entspricht jedoch nicht dem Zustand niedrigster Energie. Der besteht nämlich entweder in einer ganz regelmäßigen Anordnung der Kohlenstoffatome oder in einer räumlichen Trennung der Bestandteile in reinen Kohlenstoff und reines Eisen. Die hierzu nötige Umordnung der Atome geht jedoch bei tiefen Temperaturen außerordentlich langsam vor sich. Die Atome können wegen ihrer niedrigen thermischen Energie von der Größenordnung 10^{-23} Joule bei $T = 1$ K nur noch sehr selten ihre Plätze wechseln, denn dazu sind etwa 10^{-19} Joule notwendig. Schon bei Raumtemperatur dauert es viele tausend Jahre, bis ein Atom einen Weg von 1 mm zurücklegt. Dicht am absoluten Nullpunkt müsste man ewig warten, bis sich in einer

5.3 Nullter und Dritter Hauptsatz der Thermodynamik

Eisen-Kohlenstoff-Mischung der energetisch niedrigste Zustand einstellt. Also gibt es immer noch Energie zum Umverteilen und Ω ist größer als 1, S daher größer als Null. Das System bleibt in einem energetisch höheren Zustand „hängen", als es der Nullpunktsenergie entspricht.

Andere ähnliche Beispiele sind Mischungen verschiedener Isotope eines Stoffes, oder Festkörper mit verschiedener Kristallstruktur, von denen nur eine dem energetisch niedrigsten Zustand entspricht. Dazu gehören auch Moleküle, die sich räumlich orientieren können wie Wasser oder Kohlendioxid. Auch für diese gibt es bei niedrigen Temperaturen Zustände mit verschiedener Anordnung, die verschiedene Energie haben. Schließlich gehören dazu Atome und Moleküle mit elektrischen oder magnetischen Momenten, die sich in einem entsprechenden Feld orientieren können (Abb. 5.6b). Alle diese Stoffe befinden sich bei $T \gtrsim 0$ nicht in stabilen Zuständen im Sinne des Dritten Hauptsatzes (Gl. 5.9). Ihre Entropie ist daher nicht Null, sondern hat einen positiven endlichen Wert. Dieser ist durch die Zahl Ω_0 der bei $T \approx 0$ noch möglichen Energieverteilungen bestimmt, die von der Anordnung der Atome oder Moleküle abhängt. Der Dritte Hauptsatz lautet für solche Stoffe

$$\lim_{T \to 0} S(T) = S_0 > 0 \text{ für metastabile Zustände.} \qquad (5.10)$$

Die Größe S_0 wird **Restentropie** oder **Nullpunktsentropie** genannt. Ihr Zahlenwert lässt sich nicht messen, aber für einfache Fälle berechnen. Gibt es zum Beispiel für N unterscheidbare Teilchen n verschiedene Anordnungen bzw. Zustände, so ist $\Omega_0 = n^N$ und $S_0 = kN \ln n$. Meistens ist die Restentropie jedoch klein gegenüber derjenigen bei höherer Temperatur. So beträgt sie für ein Mol CO etwa 6 J/K gegenüber 200 J/K bei Raumtemperatur. Außerdem lässt sich die Restentropie den Körpern wegen der oben genannten langen Relaxationszeiten in endlicher Zeit nicht entziehen bzw. sie ändert sich praktisch nicht. Man braucht sie daher bei vielen Problemen nicht zu berücksichtigen.

Wenn wir die $S(T)$-Beziehungen unserer drei Modellsysteme aus Abschn. 4.2 genau ansehen (s. Gln. 4.13 bis 4.15), so werden wir feststellen, dass keine von ihnen dem Dritten Hauptsatz genügt. Keine der Gleichungen liefert direkt $S = 0$ für $T \to 0$. Das liegt an den Idealisierungen, die wir bei diesen Modellen verwendet haben, um einfach etwas ausrechnen zu können. Aber in der Nähe des absoluten Nullpunkts verlieren diese Idealisierungen ihre Gültigkeit. Das ideale Gas wird dort zu einer Flüssigkeit oder einem Festkörper. Beim idealen Magneten kommen die Atome als Träger der magnetischen Momente ins Spiel. Und beim idealen Kristall beeinflussen sich die Schwingungen der Atome gegenseitig. Um den genauen Verlauf der Entropie bei niedrigen Temperaturen kennenzulernen, muss man realistischere Modelle betrachten. Das geht über das Niveau unserer Darstellung hinaus.

Offene Systeme

6.1 Offene Systeme und Reservoire

Bisher haben wir fast nur abgeschlossene Systeme betrachtet, durch deren Begrenzungen nichts hindurchgeht, weder Energie noch Entropie noch Materie. Das ist natürlich eine Idealisierung, denn in Wirklichkeit gibt es kein perfekt abgeschlossenes System. Man denke nur an die Gravitationsenergie, die alle Wände durchdringt und sich auf keine Weise abschirmen lässt. Ein völlig abgeschlossenes System wäre für die Praxis auch uninteressant, denn man kann an ihm ja nichts messen oder beobachten, weil jede Messung oder Beobachtung einen Energieaustausch zwischen Messobjekt und Messgerät bedeutet. Und dann ist das System eben nicht mehr abgeschlossen. Aber ein wirklich isoliertes System ist andererseits ein vorzügliches Gedankenobjekt. In ihm und nur in ihm gilt zum Beispiel die Grundannahme der Gleichwahrscheinlichkeit aller erreichbaren Zustände (s. Abschn. 2.1), aus der wir so viele nützliche Folgerungen ziehen konnten: die statistische Temperaturdefinition (Gl. 2.9), das Prinzip maximaler Entropie in Abschn. 5.2 usw. Wir betrachten auch deshalb gern abgeschlossene Systeme, weil es auf der Welt genug solche gibt, die zwar nicht perfekt, aber doch für Messungen und Berechnungen mit genügender Genauigkeit abgeschlossen sind.

In Wirklichkeit sind alle realen Systeme mehr oder weniger offen gegenüber ihrer Umgebung. Zwischen beiden können Energie in verschiedener Form und auch Teilchen hin und her fließen. In Abb. 6.1 ist ein solches offenes System skizziert. Die Wechselwirkung mit seiner Umgebung ist durch drei Reservoire beschrieben. Ein Temperaturreservoir für den Austausch von Wärme bzw. Entropie, ein Druckreservoir für den Austausch von mechanischer Energie in Form von Volumenarbeit und ein chemisches Reservoir für den Austausch von Atomen, Molekülen oder größeren Teilchen. Der Austausch kann jeweils durch eine spezielle Begrenzung hindurch stattfinden: eine diathermische Wand für die Wärme, einen verschieb-

---

Ergänzende Information Die elektronische Version dieses Kapitels enthält Zusatzmaterial, auf das über folgenden Link zugegriffen werden kann https://doi.org/10.1007/978-3-662-69771-9_6.

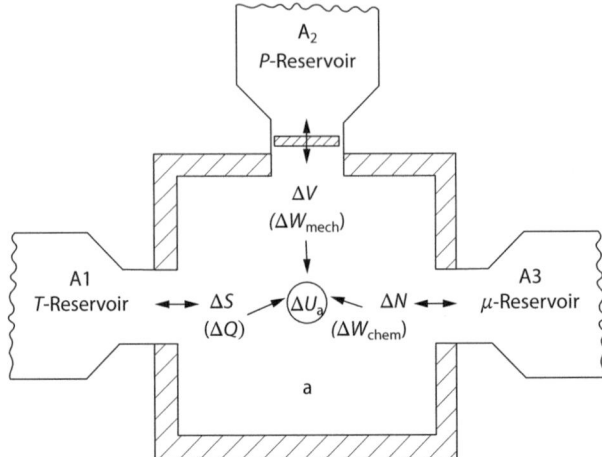

Abb. 6.1 Wechselwirkung eines kleinen Systems a mit drei Reservoiren A_i für Temperatur, Druck und chemisches Potenzial. Diese ermöglichen den Austausch von Wärme, mechanischer Arbeit und Teilchen mit dem System

baren Kolben für das Volumen und eine poröse Wand für kleine Teilchen. Die Reservoire selbst sollen als sehr groß gegenüber dem System betrachtet werden. Und zwar so groß, dass die Veränderungen von Temperatur, Druck und chemischer Zusammensetzung in ihnen vernachlässigbar klein sind gegenüber den Veränderungen im System. Wir werden gleich sehen, dass diese Näherung eine sehr nützliche Annahme ist, denn sie gestattet oft, leicht etwas auszurechnen. Beispiele für solche Wechselwirkungen von kleinen Systemen mit großen Reservoiren finden sich überall: das Kühlen einer Bierflasche in einem See, das Lüften eines Zimmers, das Aufblasen eines Luftballons usw.

6.2 Boltzmann-Verteilung und Zustandssummen

Wie schon gesagt, verliert die Grundannahme aus Abschn. 2.1 in offenen Systemen ihre Gültigkeit. Hier sind nicht mehr alle erreichbaren Zustände gleich häufig anzutreffen. Wir wollen nun untersuchen, wie wahrscheinlich die Besetzung der verschiedenen Energiezustände in einem offenen System ist. Dazu betrachten wir zunächst die thermische Wechselwirkung von einem kleinen System a mit der Teilchenzahl N_a mit einem Energiereservoir A mit der Teilchenzahl $N_A \gg N_a$. Das Gesamtsystem $A^* = A + a$ sei abgeschlossen (Abb. 6.2a) und im Temperaturgleichgewicht, sodass $T_A = T_a = T^*$ ist. Zwischen A und a kann Wärme ΔQ durch eine diathermische Wand ausgetauscht werden. Man sagt dann, das kleine System befinde sich im **Wärmebad** des großen. Die Gesamtenergie $E^* = E_A + E_a$

6.2 Boltzmann-Verteilung und Zustandssummen

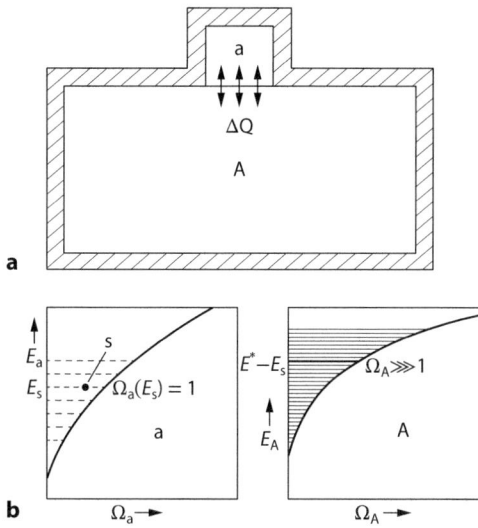

Abb. 6.2 Thermische Wechselwirkung zwischen zwei Systemen von sehr unterschiedlicher Größe. **a** Skizze der Anordnung; **b** Energieniveaus der beiden Systeme a und A

sei konstant[1]. In Abb. 6.2b sind die Energieniveaudiagramme der beiden Systeme skizziert. Beim großen System sind die Abstände aufeinanderfolgender Energieniveaus sehr viel kleiner als beim kleinen, weil sie zum Beispiel beim idealen Gas proportional zu $V^{-2/3}$ sind (s. Gl. A.30). Wenn sich das kleine System nun in einem ganz bestimmten Quantenzustand s bei der Energie E_s befindet, dann hat das Reservoir die Energie $E^* - E_s$. Für die Zustandszahlen gilt dann $\Omega_a(E_s) = 1$ und $\Omega_A(E_A) = \Omega_A(E^* - E_s)$. Die Wahrscheinlichkeit $\mathcal{P}_s$ dafür ist wegen $\Omega^* = \Omega_a \Omega_A = 1 \cdot \Omega_A(E^* - E_s)$ also proportional zu Ω_A:

$$\mathcal{P}_s = c \cdot \Omega_A(E^* - E_s) \tag{6.1}$$

Die Konstante c werden wir gleich aus der Normierungsbedingung $\sum \mathcal{P}_i = 1$ berechnen. Zunächst wollen wir jedoch die Zustandszahl Ω_A für $E_s \ll E^*$ durch E_s selbst ausdrücken. Dazu entwickeln wir $\ln \Omega_A(E^* - E_s)$ um E^* in eine Taylor-Reihe

$$\ln \Omega_A(E^* - E_s) = \ln \Omega_A(E^*) - \frac{\partial \ln \Omega_A}{\partial E_A} E_s + \ldots \tag{6.2}$$

und es gilt nach Gl. 2.9 $\partial \ln \Omega_A / \partial E_A = (kT)^{-1}$. Aus der Näherung Gl. 6.2 wird dann

$$\ln \Omega_A(E^* - E_s) = \ln \Omega_A(E^*) - \frac{E_s}{kT}, \tag{6.3}$$

und delogarithmiert

$$\Omega_A(E^* - E_s) = \Omega_A(E^*) e^{-E_s/(kT)}. \tag{6.4}$$

---

[1] Wir benutzen hier E anstelle von U für die (innere) Energie, weil das kleine System auch ein einzelnes Atom sein kann, bei dem man im Allgemeinen nicht von innerer Energie spricht.

Dies eingesetzt in Gl. 6.1 ergibt

$$\mathcal{P}_s = c\,\Omega_A(E^*)\mathrm{e}^{-E_s(kT)} \equiv c'\mathrm{e}^{-E_s/(kT)}\,. \tag{6.5}$$

mit einer neuen Konstanten $c' = c\,\Omega_A(E^*)$. Diese bestimmen wir durch die Normierungsbedingung

$$\sum_s \mathcal{P}_s = c' \sum_s \mathrm{e}^{-E_s(kT)} = 1 \tag{6.6}$$

bzw.

$$c' = \frac{1}{\sum_s \mathrm{e}^{-E_s(kT)}}\,. \tag{6.7}$$

Damit wird die gesuchte und normierte Wahrscheinlichkeit eines Zustands s des kleinen Systems im Wärmebad des Reservoirs

$$\mathcal{P}_s = \frac{\mathrm{e}^{-E_s/(kT)}}{\sum_s \mathrm{e}^{-E_s/(kT)}} \equiv \frac{\mathrm{e}^{-E_s(kT)}}{Z}\,. \tag{6.8}$$

Dies ist, wie wir bald sehen werden, eine der nützlichsten Formeln der statistischen Physik, weil viele Vorgänge in Natur und Technik bei konstanter Temperatur ablaufen, das heißt, im Wärmebad ihrer Umgebung. Die Größe $\mathcal{P}_s$ heißt **Boltzmann-Wahrscheinlichkeit des Zustands** s, die Größe $\mathrm{e}^{-E_s}/(kT)$ ist der **Boltzmann-Faktor** und $Z = \sum \mathrm{e}^{-E_s}/(kT)$ heißt **Zustandssumme** (englisch: *partition function*). Diese Summe ist über alle, dem kleinen System zugänglichen Mikrozustände zu nehmen, vom $E_s = 0$ bis $E_s = E^*$. Die Gl. 6.8 hat Boltzmann 1875 gefunden und sie trägt seinen Namen.

In Abb. 6.3 ist die Energieabhängigkeit der Boltzmann-Wahrscheinlichkeit für verschiedene Temperaturen dargestellt. Je größer die Energie E_s, desto seltener kommt ein solcher Zustand vor. Und je höher die Temperatur, umso wahrscheinlicher ist er besetzt. Bei $E_s = 0$ ist $\mathcal{P}_s$ nach Gl. 6.8 gleich $1/Z$. Der Grundannahme gleicher Wahrscheinlichkeit für alle Zustände, wie sie in abgeschlossenen Systemen gilt, entspräche in diesem Bild eine horizontale Gerade $\mathcal{P}_s \equiv 1/Z$, unabhängig von E_s. Das würde unendlich hohe Temperatur bedeuten.

In der Praxis ist man oft nicht nur an der Wahrscheinlichkeit $\mathcal{P}_s$ für einen bestimmten Mikrozustand interessiert, sondern auch an derjenigen $\mathcal{P}_a$ für eine bestimmte Energie E_a des kleinen Systems, das heißt, für einen bestimmten Makrozustand. Dazu muss man $\mathcal{P}_s$ mit der Vielfachheit der Zustände multiplizieren, die bei dieser Energie möglich sind, nämlich mit der Zustandszahl $\Omega_a(E_a)$. Bei dem in Abb. 6.2b skizzierten Beispiel wären das gerade vier. Die Wahrscheinlichkeit, das kleine System bei der Energie E_a zu finden, ist also

$$\mathcal{P}_a = \Omega_a(E_a)\mathcal{P}_s = \Omega_a(E_a)\frac{\mathrm{e}^{-E_a(kT)}}{Z}\,. \tag{6.9}$$

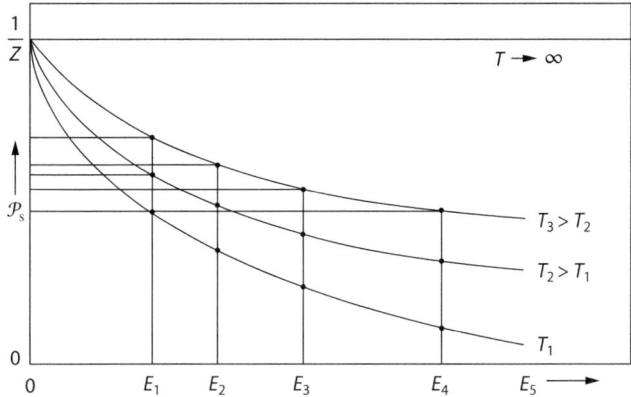

Abb. 6.3 Boltzmann-Wahrscheinlichkeit $\mathcal{P}_s$ (Gl. 6.8) für die Energie E_s der Zustände eines kleinen Systems im Wärmebad eines großen bei verschiedenen Temperaturen

Setzen wir hier gemäß Gl. 4.4 $\Omega_a = e^{S/k}$, so wird aus Gl. 6.9

$$\mathcal{P}_a = \frac{e^{-(E-TS)_a/(kT)}}{Z}. \tag{6.10}$$

Die Größe $(E - TS) = F$ bezeichnet man als **freie Energie** (Näheres s. Abschn. 7.1) und $\mathcal{P}_a$ als **Boltzmann-Wahrscheinlichkeit der Energie**. Der Verlauf von Gl. 6.9 ist in Abb. 6.4 für große und kleine Teilchenzahlen N_a dargestellt. Weil Ω_a mit E_a stark zunimmt, für ein ideales Gas mit $E_a^{3N_a/2}$, und weil $e^{-E_a/(kT)}$ mit wachsendem E_a stark abnimmt, erreicht das Produkt ein Maximum bei der wahrscheinlichsten Energie $\tilde{E}_a$. Und das ist die Energie, die man bei einem System im Wärmebad am häufigsten beobachtet.

Bisher hatten wir von dem offenen System in Abb. 6.1 nur den Energieaustausch in Form von Wärme mit dem Reservoir konstanter Temperatur besprochen. Wie steht es aber beim Austausch mit den anderen Reservoiren für Volumen und Teilchen? Nun, ganz ähnlich. Wenn wir Ω_a analog zu Gl. 6.2 um das Gesamtvolumen V^* oder um die Gesamtteilchenzahl N^* des kombinierten Systems A* herum entwickeln, so erhalten wir ganz ähnliche Ausdrücke wie in Gl. 6.8. Das ergibt für den kombinierten Wärme- und Volumenaustausch

$$\mathcal{P}_s^{(E,V)} = \frac{e^{-(E+PV)_s/(kT)}}{\sum_s e^{-(E+PV)_s(kT)}} = \frac{e^{-(E+PV)_s/(kT)}}{Z_{E,V}} \tag{6.11}$$

mit der Zustandssumme $Z_{E,V}$ sowie für den Wärme- und Teilchenaustausch

$$\mathcal{P}_s^{(E,N)} = \frac{e^{-(E-\mu N)_s(kT)}}{\sum_s e^{-(E-\mu N)_s(kT)}} = \frac{e^{-(E-\mu N)_s(kT)}}{Z_{E,N}} \tag{6.12}$$

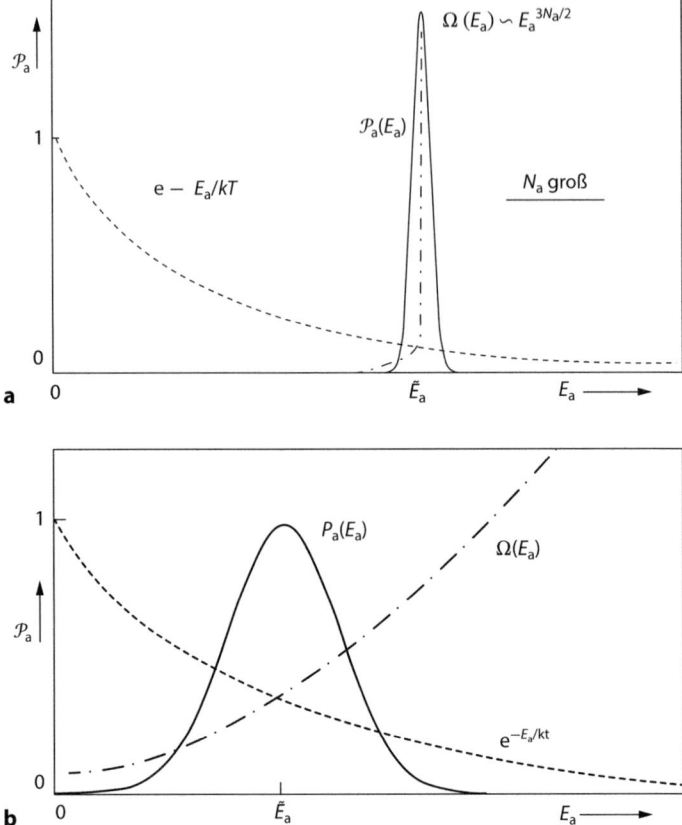

Abb. 6.4 Boltzmann-Wahrscheinlichkeit $\mathcal{P}_a$ der Energie (Gl. 6.9) für **a** ein großes und **b** ein kleines System

mit der Zustandssumme $Z_{E,N}$, der sogenannten Großen Zustandssumme.

Das chemische Potenzial μ hatten wir schon bei Gl. 3.3 erwähnt. Es ist die Energiezunahme eines Systems beim Hinzufügen eines Teilchens bei konstantem Volumen und konstanter Entropie (s. Abschn. 7.2). Ist das kleine System mit allen drei Reservoiren gleichzeitig verbunden, so erhält man die kombinierte Wahrscheinlichkeit

$$\mathcal{P}_s^{(E,V,N)} = \frac{e^{-(E+PV-\mu N)_s/(kT)}}{\sum_s e^{-(E+PV-\mu N)_s(kT)}} = \frac{e^{-(E+PV-\mu N)_s/(kT)}}{Z_{E,V,N}} \tag{6.13}$$

mit der Zustandssumme $Z_{E,V,N}$. Die Größe $(E + PV) \equiv H$ nennt man **Enthalpie** (vom griechischen *thalpein*, erwärmen). Sie spielt bei Vorgängen eine Rolle, die bei konstantem Druck ablaufen, wie zum Beispiel viele chemische Reaktionen. Die Größe $(E + PV - \mu N) \equiv G$ ist die **freie Enthalpie**, für Prozesse bei konstanter Teilchenzahl (Näheres s. Abschn. 7.1).

Noch eine Bemerkung zum Sprachgebrauch historischen Ursprungs. Man bezeichnet ein System im Wärmebad als ein **kanonisches**, ein abgeschlossenes System als ein **mikrokanonisches**, und eines, dessen Wände für Teilchen durchlässig sind, als ein **makrokanonisches**. Die Boltzmann-Verteilung (Gl. 6.8) heißt daher auch **kanonische Verteilung**.

Um die Besetzungswahrscheinlichkeiten $\mathcal{P}_i$ zu berechnen, braucht man, wie gesagt, die Zustandssummen. Wie kann man diese bekommen? Weil es für solche Summen oft keine geschlossenen Ausdrücke gibt, ersetzt man die Summen durch Integrale. Das geht immer dann gut, wenn es sehr viele Zustände mit kleinen Abständen auf der Energieniveauskala gibt. Wir wollen hier nur die Ergebnisse für ein ideales Gas und für einen idealen Magneten angeben, ohne die Berechnung im Detail auszuführen (Näheres s. Stierstadt 2010, 2018). Für ein ideales Gasatom lautet die quantisierte Energie nach Gl. A.20

$$\varepsilon(n_x, n_y, n_z) = \frac{h^2}{8mV^{2/3}}\left(n_x^2 + n_y^2 + n_z^2\right). \tag{6.13a}$$

Setzen wir das in $Z = \int e^{-\varepsilon/(kT)} d\varepsilon$ ein und integrieren über die n_i, so ergibt sich für N Atome

$$Z_N = e^N \left[\left(\frac{2\pi m kT}{h^2}\right)^{3/2} \frac{V}{N}\right]^N. \tag{6.13b}$$

Diese Zustandssumme ist eine Zahl in der Größenordnung von Ω, etwa $10^{10^{25}}$. Aber sie ist viel einfacher zu berechnen. Allerdings enthält sie nicht so viel Information wie Ω (s. Gl. A.33). Für einen idealen Magneten setzt man in $\int e^{-\varepsilon/(kT)} d\varepsilon$ die Energie $\varepsilon = \pm\mu B$ (Gl. 2.14) eines Moments im Magnetfeld ein. Dann erhält man für N ununterscheidbare Momente den Ausdruck

$$Z = \left(2\cosh\frac{\mu B}{kT}\right)^N. \tag{6.13c}$$

Zustandssummen braucht man allerdings nicht nur zur Berechnung von Besetzungswahrscheinlichkeiten, wie bisher besprochen. Diese Summen gestatten es auch, thermodynamische Potenziale zu berechnen, die innere und die freie Energie sowie die Enthalpie und die freie Enthalpie usw. Wir besprechen das später im Anhang A.6.

6.3 Berechnung von Wahrscheinlichkeiten

Wozu kann man die Boltzmann-Verteilung nun gebrauchen? Die Größen $\mathcal{P}_s$ und $\mathcal{P}_a$ beschreiben ja die Wahrscheinlichkeiten dafür, dass ein Mikro- oder ein Makrozustand in einem Objekt oder System besetzt ist. Man kann damit zum Beispiel die Verteilung der potenziellen oder kinetischen Energie eines Systems auf Atome oder andere kleine Teilchen berechnen. Wir besprechen dazu nun einige Beispiele.

6.3.1 Angeregte Zustände von Atomen

Als erste Anwendung der Boltzmann-Verteilung (Gl. 6.9) wollen wir die Besetzungswahrscheinlichkeiten der verschiedenen Energiezustände eines Wasserstoffatoms berechnen. Es soll sich im Wärmebad seiner Umgebung befinden, zum Beispiel in Wasserstoffgas. Die Energieniveaus ε des Atoms sind in Abb. 6.5 dargestellt. Für seine Zustandssumme gibt es leider keinen geschlossenen Ausdruck. Daher berechnen wir hier nur die Verhältnisse $\mathcal{P}_2/\mathcal{P}_1$ und $\mathcal{P}_3/\mathcal{P}_1$ der Wahrscheinlichkeiten dafür, das Atom in seinem ersten (Hauptquantenzahl $n = 2$) oder zweiten ($n = 3$) angeregten Zustand zu finden. Dabei ist $\mathcal{P}_1$ die Wahrscheinlichkeit für den Grundzustand ($n = 1$). Die Vielfachheiten ω sind in Abb. 6.5 bei jeder Energie angegeben.

Das Verhältnis der Besetzungswahrscheinlichkeiten beträgt nach Gl. 6.9 für den ersten Anregungszustand

$$\frac{\mathcal{P}_2}{\mathcal{P}_1} = \frac{4\mathrm{e}^{-\varepsilon_2/(kT)}}{1\mathrm{e}^{-\varepsilon_1/(kT)}} = 4\mathrm{e}^{-(\varepsilon_2-\varepsilon_1)/(kT)} \tag{6.14}$$

und für den zweiten

$$\frac{\mathcal{P}_3}{\mathcal{P}_1} = \frac{9\mathrm{e}^{-\varepsilon_3/(kT)}}{1\mathrm{e}^{-\varepsilon_1/(kT)}} = 9\mathrm{e}^{-(\varepsilon_3-\varepsilon_1)/(kT)} \ . \tag{6.15}$$

Die Energiedifferenzen sind nach Abb. 6.5 $\varepsilon_2 - \varepsilon_1 = 10{,}2\,\mathrm{eV} = 1{,}63 \cdot 10^{-18}\,\mathrm{J}$ und $\varepsilon_3 - \varepsilon_1 = 12{,}1\,\mathrm{eV} = 1{,}94 \cdot 10^{-18}\,\mathrm{J}$. Bei Raumtemperatur (293 K) ergibt sich dann $\mathcal{P}_2/\mathcal{P}_1 \approx 10^{-175}$ und $\mathcal{P}_3/\mathcal{P}_1 \approx 10^{-208}$. Daher wird man ein Wasserstoffatom bei Raumtemperatur fast immer nur im Grundzustand vorfinden. Etwas anders ist es schon an der Sonnenoberfläche bei 5800 K. Dort ergibt sich $\mathcal{P}_2/\mathcal{P}_1 = 5{,}7 \cdot 10^{-9}$ und $\mathcal{P}_3/\mathcal{P}_1 = 3{,}0 \cdot 10^{-11}$. Dort ist schon jedes 200-millionste Atom mindestens einfach angeregt. Für eine genauere Rechnung muss man allerdings die höheren Anregungszustände und die Ionisierung mit berücksichtigen. Im Sonneninneren bei einigen Millionen Kelvin sind praktisch alle Atome ionisiert; dann spricht man

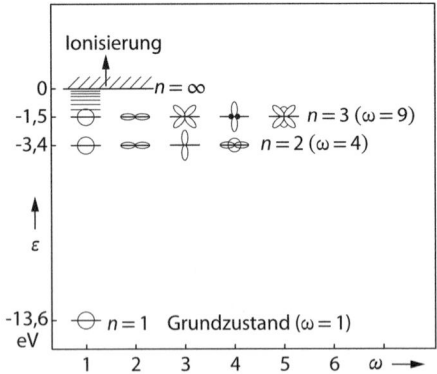

Abb. 6.5 Energieniveaus eines Wasserstoffatoms. Bei jedem Niveau sind einige Projektionen der Elektronendichte skizziert

von einem Plasma. Wie dieses Beispiel zeigt, leistet die Boltzmann-Beziehung (Gl. 6.9) gute Dienste zur Berechnung der Intensitäten von Spektrallinien. Diese sind nämlich in erster Näherung proportional zur Besetzungswahrscheinlichkeit der angeregten Zustände. Und damit lassen sich auch die Farben der Lichtquellen bei verschiedenen Temperaturen bestimmen.

6.3.2 Teilchen im Gravitationsfeld

Als nächstes Beispiel für die Boltzmann-Beziehung (Gl. 6.9) besprechen wir die Dichteverteilung eines Gases in einem Gravitationsfeld wie etwa in der Erdatmosphäre. Wir betrachten dazu ein einzelnes Luftmolekül im Wärmebad seiner Nachbarn. Das Molekül mit der Masse m habe in der Höhe h über dem Erdboden die Gesamtenergie

$$\varepsilon = \varepsilon_{\text{kin}} + \varepsilon_{\text{pot}} = \frac{m}{2}v^2 + mgh. \tag{6.16}$$

Dabei ist v die Molekülgeschwindigkeit und g die Erdbeschleunigung.

Der Nullpunkt von ε_{pot} liege auf der Erdoberfläche bei $h = 0$. Die Temperatur und damit die Molekülgeschwindigkeit sei unabhängig von der Höhe, was aber nur bei einer Höhendifferenz von wenigen hundert Metern stimmt. Dann ergibt unsere Beziehung (Gl. 6.9) für das Verhältnis der Wahrscheinlichkeiten, das Molekül in der Höhe h bzw. bei $h = 0$ zu finden,

$$\frac{\mathcal{P}(h)}{\mathcal{P}(0)} = \frac{e^{-\varepsilon_{\text{pot}}(h)/(kT)}}{e^{-\varepsilon_{\text{pot}}(0)/(kT)}} = e^{-mgh/(kT)}. \tag{6.17}$$

Der Anteil $e^{-\varepsilon_{\text{kin}}/(kT)}$ hebt sich heraus, weil wir $v \neq f(h)$ angenommen haben. Die Wahrscheinlichkeit $\mathcal{P}$, ein Molekül in einer bestimmten Höhe h anzutreffen, ist proportional zur Dichte ρ dieser Moleküle und, bei Verwendung der idealen Gasgleichung A.2, bei konstanter Temperatur auch proportional zum Druck P:

$$\frac{\mathcal{P}(h)}{\mathcal{P}(0)} = \frac{\rho(h)}{\rho(0)} = \frac{P(h)}{P(0)}. \tag{6.18}$$

Damit ergibt sich die schon aus der Mechanik bekannte **barometrische Höhenformel**:

$$\frac{P(h)}{P(0)} = e^{-mgh/(kT)}. \tag{6.19}$$

Der Exponent $mg/(kT)$ beträgt bei 15 °C für ein Stickstoffmolekül $1{,}15 \cdot 10^{-4}\,\text{m}^{-1}$. Daraus folgt mit dem Normaldruck $P(0) = 1{,}013 \cdot 10^5$ Pa für den Druck in 1000 m

Abb. 6.6 Vertikaler Verlauf von Temperatur und Druck in der Erdatmosphäre. (Nach Reuter et al. 1997)

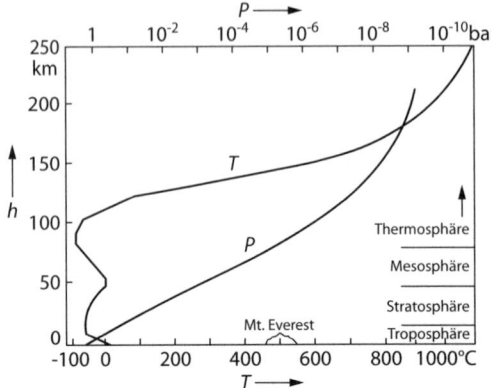

Höhe $0{,}89 P(0)$, also eine Abnahme von ca. 10 %. Weil in Wirklichkeit die Temperatur aber mit der Höhe abnimmt, sinkt dabei der Druck stärker als nach Gl. 6.19. In 10 km Höhe bei $T = -50\,°C$ beträgt er daher nur noch $0{,}26 P(0)$ anstatt $0{,}32 P(0)$, wie sich aus Gl. 6.19 ergäbe. Die Abb. 6.6 zeigt den gemessenen Druck- und Temperaturverlauf in unserer Atmosphäre. Der lineare Anfangsteil von $\ln P(h)$ bestätigt die näherungsweise Gültigkeit der Höhenformel.

Die Überlegung, die zu Gl. 6.19 führte, gilt nicht nur für die Moleküle eines Gases, sondern auch für größere Teilchen, die aus vielen Atomen bestehen. Das sind zum Beispiel Wassertröpfchen, Eiskristallite, Staub usw. Für eine verdünnte Suspension mikroskopischer fester Teilchen in einer Flüssigkeit hat Jean B. Perrin 1909 die Gültigkeit der Höhenformel im Labor nachgewiesen. Das Experiment ist in Abb. 6.7 dargestellt. Weil die Masse eines Teilchens hier etwa 10^{10}-mal größer ist als die eines Gasmoleküls, fällt die Exponentialfunktion in Gl. 6.19 sehr viel stärker mit wachsendem h ab. Man erhält dann schon bei einer Höhendifferenz von einigen Mikrometern Konzentrationsänderungen von 10 %. Das Ergebnis dieser Überlegungen ist sehr nützlich zur Bestimmung der Konzentration kleiner Teilchen in technisch verwendeten Suspensionen wie zum Beispiel Gelen und Schmierstoffen.

6.3.3 Geschwindigkeit von Gasmolekülen

Die Moleküle eines Gases haben nicht alle die gleiche Geschwindigkeit. Diese ist über einen weiten Bereich verteilt, der im Prinzip von $v = 0$ bis nahe an die Lichtgeschwindigkeit reicht. Durch Zusammenstöße zwischen den Molekülen ändert sich ihre Geschwindigkeit ständig nach den Regeln der Energie- und Impulsübertragung, die wir aus der Mechanik kennen. Mit welcher Wahrscheinlichkeit $\mathcal{P}$ ein bestimmte Geschwindigkeit v vorkommt, das haben Maxwell und Boltzmann schon vor 150 Jahren berechnen können, obwohl man damals noch nicht wusste, dass es Atome wirklich gibt.

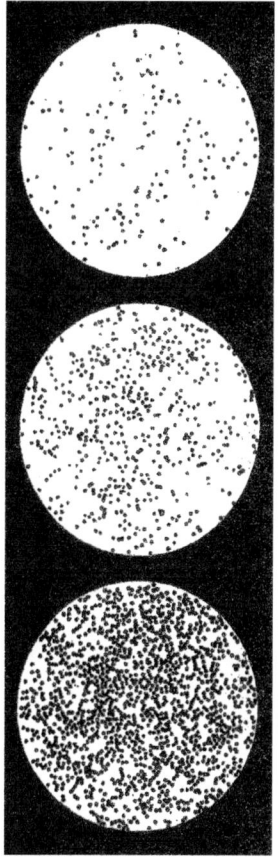

Abb. 6.7 Querschnitte durch eine Suspension von Mastixkügelchen (Pistazienharz) mit ca. 1 μm Durchmesser in Wasser in verschiedenen Höhen (h_0, $h_0 + 12\,\mu$m, $h_0 + 24\,\mu$m) von unten nach oben. Die Sedimentationsgeschwindigkeit der Teilchen beträgt etwa 2 mm/h. (Aus Perrin 1909)

Aus den Überlegungen im Anhang A.2 wissen wir, dass aufgrund des Welle-Teilchen-Dualismus in einem endlichen Volumen V nur diskrete Geschwindigkeitswerte vorkommen können. Um eine Aussage über ihre Verteilung zu bekommen, müssen wir v über einen endlichen Bereich dv im Geschwindigkeitsraum mitteln. Denn eine einzige, ganz bestimmte Geschwindigkeit kommt ja nur mit verschwindender Wahrscheinlichkeit vor. Wir betrachten daher die Wahrscheinlichkeit (v, dv) für das Vorkommen von Gasmolekülen mit einer Geschwindigkeit im Intervall zwischen v und $v + dv$. Weil diese Wahrscheinlichkeit näherungsweise proportional zu dv ist, bezeichnen wir sie mit $\mathcal{D}(v)\,dv$. Dabei ist $\mathcal{D}(v)$ selbst eine **Wahrscheinlichkeitsdichte**, das heißt, die Wahrscheinlichkeit $\mathcal{P}(v, dv)$, dividiert durch die Breite dv des frei wählbaren Geschwindigkeitsintervalls. Für eine normierte Verteilung, $\sum \mathcal{P}(v, dv) = 1$, ist dann $\mathcal{D}(v)\,dv$ auch gleich dem Anteil $dN(v)/N$ der Moleküle im Bereich dv an ihrer Gesamtzahl N.

Um $\mathcal{D}(v)\,dv$ zu berechnen, müssen wir zwei Größen miteinander multiplizieren: die Wahrscheinlichkeit $\mathcal{P}(\boldsymbol{v}, d\boldsymbol{v})$ dafür, dass ein Molekül einen Geschwindigkeitsvektor zwischen $\boldsymbol{v}$ und $\boldsymbol{v} + d\boldsymbol{v}$ besitzt, sowie die Zahl N_v dieser Vektoren im

Geschwindigkeitsraum. Dieser ist in Abb. 6.8 skizziert. Alle Vektoren, die in der Kugelschale der Dicke dv enden, haben Geschwindigkeits*beträge* zwischen v und $v+\mathrm{d}v$. Die Zahl N_v ist daher für d$v \ll v$ proportional zum Volumen $\mathrm{d}V = 4\pi v^2 \mathrm{d}v$ dieser Kugelschale. Die Wahrscheinlichkeit $\mathcal{P}(v, \mathrm{d}v)$ ist andererseits proportional zum Boltzmann-Faktor für ein ideales Gas, nämlich $\mathrm{e}^{-\varepsilon(v)(kT)} = \mathrm{e}^{-mv^2/(kT)}$. Nun multiplizieren wir die Größen dV und $\mathcal{P}(v, \mathrm{d}v)$:

$$D(v)\,\mathrm{d}v = C \cdot 4\pi v^2 \mathrm{e}^{-mv^2/(2kT)}\,\mathrm{d}v\,. \tag{6.20}$$

Die Konstante C bestimmen wir aus der Normierungsbedingung $\int_0^\infty D(v)\,\mathrm{d}v = 1$. Mit der Substitution $x = v[m/(2kT)]^{1/2}$ und $\mathrm{d}x = \mathrm{d}v[m/(2kT)]^{1/2}$ wird daraus

$$4\pi C \left(\frac{2kT}{m}\right)^{3/2} \int_0^\infty x^2 \mathrm{e}^{-x^2}\,\mathrm{d}x = 1\,. \tag{6.21}$$

Den Wert dieses Integrals findet man in einer Formelsammlung, nämlich $\sqrt{\pi}/4$. Damit ergibt sich $C = [m/(2\pi kT)]^{3/2}$, und die gesuchte **Maxwell-Boltzmann-Verteilung** für die Beträge der Geschwindigkeit lautet

$$D(v)\,\mathrm{d}v = \left(\frac{m}{2\pi kT}\right)^{3/2} 4\pi v^2 \mathrm{e}^{-mv^2/(2kT)}\,\mathrm{d}v\,. \tag{6.22}$$

(Bitte nachrechnen.) Diese Funktion ist in Abb. 6.9 für Stickstoff bei verschiedenen Temperaturen dargestellt. Multipliziert man den Ordinatenwert $\mathcal{D}(v)$ mit einem dv-Bereich der Abszisse, so erhält man, wie gesagt, den Anteil der Moleküle in diesem Geschwindigkeitsbereich. Die Gl. 6.22 ist offenbar eine Gauß-ähnliche Verteilung mit dem Maximum bei der **wahrscheinlichsten Geschwindigkeit**

$$v_\mathrm{w} = \sqrt{\frac{2kT}{m}} \tag{6.23}$$

Abb. 6.8 Die „Maxwell-Kugel" zeigt Vektoren v, deren Spitzen innerhalb einer Kugelschale zwischen v_i und $v_i + \mathrm{d}v$ liegen

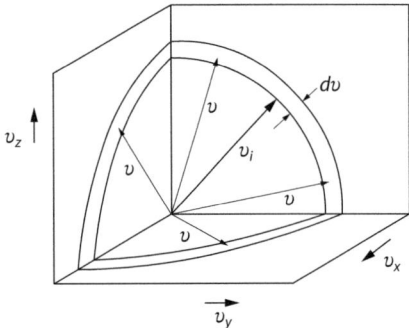

6.3 Berechnung von Wahrscheinlichkeiten

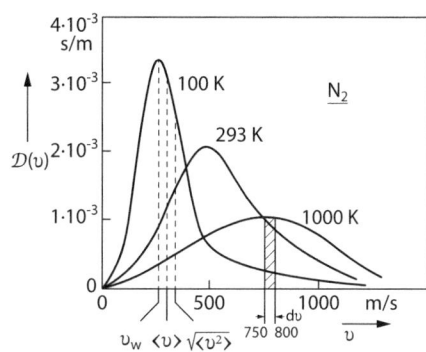

Abb. 6.9 Geschwindigkeitsverteilung von Stickstoffmolekülen bei verschiedenen Temperaturen. Die Wahrscheinlichkeit $\mathcal{P}(v, dv)$ dafür, bei 1000 K ein Molekül mit der Geschwindigkeit zwischen 750 und 800 m/s zu finden, ist gleich der schraffierten Fläche $\mathcal{D}(v)dv$, das heißt $(10^{-3}\,\text{s/m})(50\,\text{m/s}) = 0{,}05$. Das entspricht 5 % der Gesamtfläche unter der 1000-K-Kurve

und mit der Standardabweichung σ, der halben Breite bei $v_w = \sqrt{e}$,

$$\sigma = v\sqrt{\frac{m}{2kT}}. \tag{6.24a}$$

Die **mittlere Geschwindigkeit** lautet dagegen

$$\langle v \rangle = \sqrt{\frac{8kT}{\pi m}}. \tag{6.24b}$$

Ein Beispiel für den Nutzen der Maxwell-Verteilung ist die Zusammensetzung der Atmosphären von Himmelskörpern. Wenn die hierin vorkommenden Moleküle Geschwindigkeiten im Bereich der **Fluchtgeschwindigkeit** haben, dann können sie in den Weltraum entweichen und fehlen danach in der Atmosphäre, sofern sie nicht nachgeliefert werden. Die Fluchtgeschwindigkeit v_f kennen wir aus der Mechanik. Man erhält sie durch Gleichsetzen der kinetischen Energie eines Gasmoleküls mit der Masse m und seiner potenziellen Energie an der Oberfläche des Himmelskörpers. Dieser habe die Masse M und den Radius R, G ist die Gravitationskonstante. Wenn das Molekül den Himmelskörper gerade verlassen kann, dann gilt

$$\frac{m}{2}v_f^2 = \frac{GMm}{R},\ v_f = \sqrt{\frac{2GM}{R}}. \tag{6.25}$$

Einige Werte für v_f sind in Tab. 6.1 angegeben. Sie hängen nicht von der Molekülmasse des Gases ab.

Wenn wir den Anteil der Moleküle berechnen wollen, der die Atmosphäre des Himmelskörpers aufgrund seiner thermischen Geschwindigkeit verlassen kann, dann müssen wir die Maxwell-Verteilung $\mathcal{D}(v)dv$ von v_f bis ∞ integrieren. Leider gibt es dafür keinen geschlossenen Ausdruck. Um trotzdem leicht etwas ausrechnen zu können, nehmen wir an, dass alle Moleküle mit $v > 2v_w$ die Möglichkeit haben zu entweichen, wobei v_w die wahrscheinlichste Geschwindigkeit nach Gl. 6.23 ist.

Tab. 6.1 Fluchgeschwindigkeit und Fluchttemperatur von Himmelskörpern

	v_f (km/s)	T_f (K)		
		H_2	He	N_2
Mond	2,37	$1,90 \cdot 10^2$	$3,78 \cdot 10^3$	$2,36 \cdot 10^3$
Erde	11,2	$3,76 \cdot 10^3$	$7,52 \cdot 10^3$	$5,26 \cdot 10^4$
Sonne	619	$1,15 \cdot 10^7$	$2,30 \cdot 10^7$	$1,61 \cdot 10^8$
Neutronenstern	$1,93 \cdot 10^5$	$1,12 \cdot 10^{12}$	$2,24 \cdot 10^{12}$	$1,57 \cdot 10^{13}$

Es gilt dann

$$v_f = 2v_w = 2\sqrt{\frac{2kT_f}{m}}. \qquad (6.26)$$

Das definiert uns eine **Fluchttemperatur** T_f, oberhalb derer den Molekülen das Entweichen möglich ist:

$$T_f = \frac{mv_f^2}{8k}. \qquad (6.27)$$

Was das für einige Himmelskörper bedeutet, zeigt Tab. 6.1. In der Erdatmosphäre beträgt die Temperatur in 200 km Höhe nach Abb. 6.6 etwa 1000 K. Wasserstoffmoleküle mit $T_f = 3760$ K können also von hier schon in den Weltraum entweichen. Ein nichtverschwindender Teil von ihnen hat nämlich Geschwindigkeiten von mehr als $2v_w = 6,4$ km/s. Daher ist der Wasserstoff in unserer Atmosphäre nur noch mit einem Mengenanteil von 0,5 ppm ($5 \cdot 10^{-7}$) enthalten. Stickstoffmoleküle mit $T_f = 52.600$ K bleiben dagegen praktisch permanent gebunden.

Literatur

Stierstadt, K.: Thermodynamik. Springer, Berlin (2010, 2018)

Thermodynamische Potenziale

7.1 Die verschiedenen Energiefunktionen

Der Erste Hauptsatz der Thermodynamik für die innere Energie U lautet nach Gl. 3.1

$$dU = đQ + đW \tag{7.1}$$

sowie für Wärme und Volumenarbeit allein nach Gl. 4.18

$$dU = T\,dS - P\,dV. \tag{7.2}$$

Bisher haben wir in U die sogenannte „chemische Energie" W_{ch} weggelassen, weil wir sie nicht gebraucht haben. Sie hat auch primär nichts mit Chemie zu tun, sondern beschreibt die Abhängigkeit der Energie eines Systems von der in ihm enthaltenen Teilchenzahl N. Ändert sich diese bei einem Prozess, so ändert sich natürlich auch die innere Energie des Systems, weil jedes Teilchen kinetische und potenzielle Energie besitzt. Dabei beschreibt man W_{ch} nach Josiah W. Gibbs durch das Produkt μN mit dem **chemischen Potenzial** μ, das wir in Abschn. 7.2 ausführlich besprechen werden. Damit lautet das Differenzial der inneren Energie nun

$$dU = T\,dS - P\,dV + \mu\,dN. \tag{7.3}$$

Hat man einen theoretischen Ausdruck für U bzw. dU zur Verfügung und möchte ihn experimentell prüfen, so muss man die Größen auf der rechten Seite dieser Gleichung messen. Das heißt, man muss die unabhängigen Variablen S, V und N gezielt variieren oder konstant halten können. Und das ist in der Praxis oft nicht ganz einfach. Viel leichter wäre es, die Temperatur und den Druck zu regeln oder

Ergänzende Information Die elektronische Version dieses Kapitels enthält Zusatzmaterial, auf das über folgenden Link zugegriffen werden kann https://doi.org/10.1007/978-3-662-69771-9_7.

konstant zu halten. Eine dafür geeignete Energiefunktion kann man durch eine Legendre-Transformation erhalten (nach Adrien Legendre). Dabei werden die abhängigen und die unabhängigen Variablen einer Funktion vertauscht (s. Lehrbücher der Mathematik). Die neue Funktion lautet dann zum Beispiel

$$G = U - TS + PV \tag{7.4}$$

mit
$$dG = dU - d(TS) + d(PV). \tag{7.5}$$

Diese Funktion heißt **freie Enthalpie** oder **Gibbs-Funktion**. Setzen wir für dU hier Gl. 7.3 ein, so folgt
$$dG = -S\,dT + V\,dP + \mu\,dN. \tag{7.6}$$

Das ist offenbar der für die Praxis gewünschte Zusammenhang, denn T und P kann man leichter variieren und konstant halten als S und V. Allerdings ist G natürlich etwas anderes als die innere Energie U, obwohl es die gleiche Maßeinheit hat, nämlich Joule. Man kann jedoch G bzw. dG in ähnlicher Weise berechnen, wie etwa U und dU (s. Anhang A.6).

Die Größen U und G nennt man **thermodynamische Potenziale**. Es gibt allerdings noch mehr davon. Will man etwa nur ein einziges Paar der Variablen in dU vertauschen, so erhält man zwei ähnliche Energiefunktionen: Die **freie Energie** oder **Helmholtz-Funktion** (nach Hermann von Helmholtz)

$$F = U - TS \tag{7.7}$$

mit
$$dF = -S\,dT - P\,dV + \mu\,dN \tag{7.8}$$

sowie die **Enthalpie**

$$H = U + PV \tag{7.9}$$

mit
$$dH = T\,dS + V\,dP + \mu\,dN. \tag{7.10}$$

Theoretische Ausdrücke für alle diese Potenziale lassen sich aus den Zustandssummen gewinnen, sofern man diese berechnen kann (s. Anhang A.6). Man verwendet gern die freie Energie F, wenn das Volumen leicht konstant zu halten ist, wie in der Technik. In der Chemie ist dagegen oft der Druck konstant, und dann benutzt man

7.1 Die verschiedenen Energiefunktionen

lieber die Enthalpie H. Und in der Biologie sind oft T oder P oder beide konstant. Dann verwendet man die freie Enthalpie G. Man hat also eine Fülle von Möglichkeiten, die Energie durch ihre Zustandsgrößen S, T, V und P zu beschreiben, und das ist für die Praxis sehr bequem. Will man aus bestimmten Gründen nicht die Teilchenzahl konstant halten, sondern die chemische Umgebung des Systems, so kann man Folgendes tun: Man vertauscht auch die Größe N mit dem chemischen Potenzial μ durch eine Legendre-Transformation. Dabei zieht man vom Differenzial dU das Produkt d(μN) ab und erhält in allen Potenzialen anstelle des Terms $+\mu$ dN den Ausdruck $-N$ dμ.

In Abb. 7.1 sind alle acht Potenziale übersichtlich skizziert, die sich bei Berücksichtigung auch der chemischen Arbeit ergeben. Dort ist für jedes derselben eine Kammer skizziert, die an ein gemeinsames Reservoir gekoppelt ist. In diesem herrschen konstante Werte von Temperatur, Druck und chemischem Potenzial. Die inneren Wände der Kammern sind für eine oder mehrere Extensivgrößen S, V oder N durchlässig. Bei jedem Potenzial sind in Klammern die unabhängigen Variablen

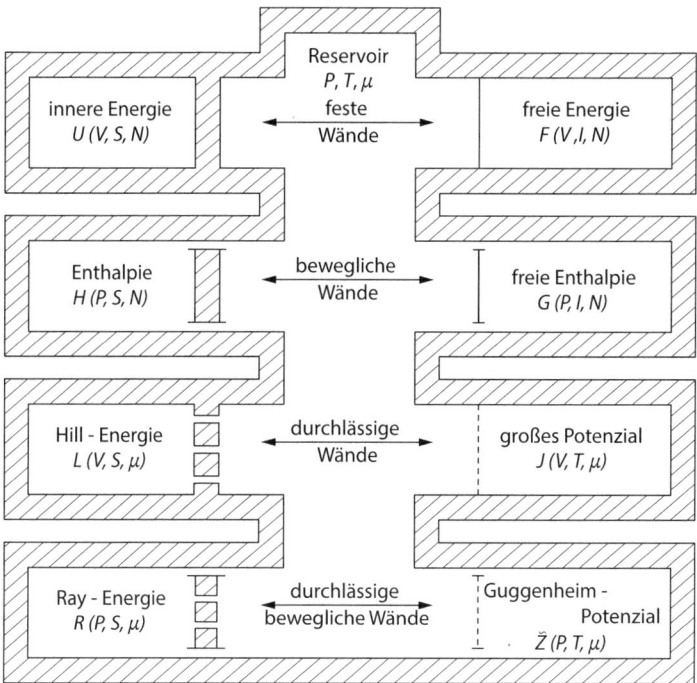

Abb. 7.1 Thermodynamische Potenziale für ideale Gase. Die vier Systeme auf der linken Seite sind vollständig von adiabatischen Wänden umgeben, die vier auf der rechten Seite haben diathermischen Kontakt mit dem Reservoir. Die beweglichen Wände in der zweiten und vierten Reihe von oben gewährleisten Druckgleichgewicht, das heißt Volumenaustausch mit dem Reservoir. Die durchbrochenen Wände in der unteren Hälfte ermöglichen Gleichgewicht des chemischen Potenzials und Teilchenaustausch. (Nach Zemansky und Dittman 1997)

angegeben, die frei variiert werden können. Schraffierte Wände sind adiabatisch, solche aus einfachen Linien diathermisch. Durchbrochene Wände sind für Teilchen durchlässig (diffusiv). Die Wände in der zweiten und vierten Zeile von oben sind reibungsfrei verschiebbar, also volumendurchlässig.

Außer der chemischen Arbeit gibt es natürlich noch andere Arten der Energieübertragung, die ohne Änderung der Zustandszahl Ω ablaufen können, das heißt als Arbeit (s. Kapitel 3). Das sind je nach Aufgabenstellung die elektrische und die magnetische Energie, die Formänderungs- und Grenzflächenenergie usw. Wenn wir diese alle berücksichtigen, dann lautet der Erste Hauptsatz für die Wärme und für die genannten Arbeiten

$$\mathrm{d}U = T\,\mathrm{d}S - P\,\mathrm{d}V + \mu\,\mathrm{d}N + \phi_e\,\mathrm{d}q + \boldsymbol{E}\cdot\mathrm{d}\boldsymbol{M}_\mathrm{e} + \boldsymbol{B}\cdot\mathrm{d}\boldsymbol{M}_\mathrm{m} + \boldsymbol{F}\cdot\mathrm{d}\boldsymbol{L} + \gamma\,\mathrm{d}A\,. \tag{7.11}$$

ϕ_e elektrisches Potenzial, q elektrische Ladung, $\boldsymbol{E}$ elektrisches Feld, $\boldsymbol{M}_\mathrm{e}$ elektrisches Moment, $\boldsymbol{B}$ Magnetfeld, $\boldsymbol{M}_\mathrm{m}$ magnetisches Moment, $\boldsymbol{F}$ mechanische Kraft, $\boldsymbol{L}$ Länge, γ Grenzflächenspannung, A Grenzfläche

Der Vollständigkeit halber könnte man auch noch die Arbeit im Gravitationsfeld oder bei der starken und schwachen Wechselwirkung hinzufügen. Aber diese Beiträge spielen nur in der Astro- bzw. Elementarteilchenphysik eine Rolle.

Durch sukzessive Legendre-Transformationen der 8 einzelnen Beiträge in Gl. 7.11 kann man $2^8 = 256$ verschiedene Potenziale erhalten, je nachdem, welche Arbeitsterme relevant sind. Und alle diese Potenziale lassen sich bei Kenntnis der entsprechenden Zustandssummen aus diesen berechnen. Das ist im Anhang A.6 ausführlich erläutert.

Wir wollen nun noch eine wichtige Eigenschaft bestimmter Potenziale in offenen Systemen besprechen: Im Gleichgewicht nehmen nämlich manche derselben Minimalwerte an. Das folgt aus dem Zweiten Hauptsatz bzw. aus dem Prinzip maximaler Entropie im Gleichgewicht (s. Abschn. 5.2). Dazu betrachten wir in Abb. 7.2 ein kleines System a, das an ein großes A mit einer für Wärme und Volumen durchlässigen Wand gekoppelt ist. Die Teilchenzahlen seien konstant sowie Temperatur T_0 und Druck P_0 in beiden Systemen. Die Entropie des abgeschlossenen Systems $(a + A)$ kann nach dem Zweiten Hauptsatz bei einem Prozess nur zunehmen, wenn man es sich selbst überlässt:

$$\Delta S_\mathrm{ges} = \Delta S_\mathrm{a} + \Delta S_\mathrm{A} \geq 0\,. \tag{7.12}$$

Wenn nun A die Wärmeenergie ΔQ_a reversibel an a abgibt, dann ist nach Clausius $\Delta S_\mathrm{A} = -\Delta Q_\mathrm{a}/T_0$. Für a lautet der Erste Hauptsatz

$$\Delta Q_\mathrm{a} = \Delta U_\mathrm{a} + P_0 \Delta V_\mathrm{a} \tag{7.13}$$

Abb. 7.2 Zur Minimaleigenschaft der freien Enthalpie. Ein kleines System a befindet sich im Temperatur- und Druckgleichgewicht mit einem großen A. W ist eine reibungsfrei verschiebbare Wand. A und a bilden zusammen ein abgeschlossenes System

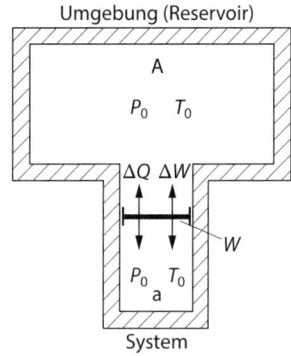

und aus Gl. 7.12 wird

$$\Delta S_{\text{ges}} = \Delta S_a - \Delta \frac{Q_a}{T_0} = \left(\frac{1}{T_0}\right)[T_0 \Delta S_a - \Delta U_a - P_0 \Delta V_a]$$
$$= \left(\frac{1}{T_0}\right)[\Delta(T_0 S_a - U_a - P_0 V_a)] \geq 0. \quad (7.14)$$

Der Ausdruck in der letzten runden Klammer ist dann nach Gl. 7.4 das Negative der freien Enthalpie des Systems a. Daraus folgt $\Delta G_a \leq 0$, und im Gleichgewicht wird G minimal:

$$G = \text{Minimum}. \quad (7.15)$$

Das heißt genauer: Wenn ein System in Kontakt mit einem Reservoir von konstantem Druck und konstanter Temperatur ist, dann nimmt seine freie Enthalpie während der Einstellung des Gleichgewichts kontinuierlich ab. Diese Überlegung lässt sich bei konstanter Teilchenzahl auch für die freie Energie durchführen. Man setzt dazu in Gln. 7.13 und 7.14 $P_0 \Delta V_0 = 0$, denn die freie Energie bezieht sich nach Abb. 7.1 auf ein System mit konstantem Volumen. Damit folgt dann im Gleichgewicht auch für F ein Minimum. Ähnlich geht es mit der inneren Energie U und der Enthalpie H. Hält man S und V konstant, so wird U im Gleichgewicht minimal. Und bei H muss man für den gleichen Zweck S und P konstant halten. Aber wie schon gesagt, ist das Konstanthalten von S und V experimentell schwierig.

7.2 Das chemische Potenzial

Josiah W. Gibbs hat gegen Ende des 19. Jahrhunderts festgestellt, dass der Erste Hauptsatz und auch die anderen thermodynamischen Potenziale bezüglich Veränderungen der Teilchenzahl ergänzt werden müssen. Das ist vor allem für die Chemie wichtig, wo sich die Mengen der Edukte und Produkte bei den meisten Reaktionen verändern. Auch in der Physik ändert sich bei vielen Prozessen die Zahl N der beteiligten Teilchen, zum Beispiel bei Phasenumwandlungen (s. Kapitel 8), bei Mischungen und Lösungen, bei der Osmose usw. Gibbs nannte den N-abhängigen Term im Ersten Hauptsatz **inneres Potenzial**. Später hat dieser dann den Namen **chemisches Potenzial** bzw. chemische Arbeit ΔW_{ch} erhalten, weil er in der Chemie eine so große Rolle spielt. Der so vervollständigte Erste Hauptsatz lautet damit

$$dU = đQ + đW + đW_{ch}, \quad (7.16)$$

und mit Wärme und Kompressionsarbeit wie beim idealen Gas (s. Gl. 7.3)

$$dU = T\,dS - P\,dV + \mu\,dN. \quad (7.17)$$

Man erkennt die Berechtigung des $\mu\,dN$-Terms zum Beispiel an der **Euler-Gleichung** (nach Leonhard Euler). Sie lässt sich aus Gl. 7.17 gewinnen und lautet

$$U(S, V, N) = TS - PV + \mu N. \quad (7.18)$$

Diese Gleichung gilt nur dann, wenn U eine homogene Funktion erster Ordnung aller unabhängigen Variablen in Gl. 7.17 ist. Setzt man in Gl. 7.18 Zahlen ein, so sieht man, dass der Term $\mu\,dN$ unbedingt dazu gehört. Es gilt nämlich für 1 Mol Neon bei $T = 27{,}3$ K und bei Normaldruck: $U = 3NkT/2 = 340$ J, $TS = 2631$ J, $PV = 226$ J und $\mu N = -2065$ J. Und das erfüllt genau die Euler-Gleichung (Zahlen aus Tab. 4.1, μ aus Gl. 7.26). Ließe man μN weg, so hätte man ein Problem.

Wir wollen nun berechnen, um wie viel sich die thermodynamischen Potenziale bei Variation der Teilchenzahl verändern. Aus Gl. 7.17 folgt zunächst die Definition von μ:

$$\mu \equiv \left(\frac{\partial U(S, V, N)}{\partial N}\right)_{S,V}. \quad (7.19)$$

Das sieht etwas utopisch aus, denn das Volumen eines Körpers lässt sich bei vielen Prozessen nur schwer wirklich konstant halten, und die Entropie noch viel weniger. Das chemische Potenzial kann man also offenbar nicht leicht messen. Aber zum Glück kann man es berechnen und dann seinen Einfluss auf andere Effekte mit Messungen vergleichen. Weil U als Funktion von S, V und N nach Gl. 4.13a relativ kompliziert aussieht, schreiben wir zunächst Gl. 7.17 etwas um:

$$dS = \frac{dU}{T} + \frac{P}{T}\,dV - \frac{\mu}{T}\,dN. \quad (7.20)$$

Das vergleichen wir mit dem vollständigen Differenzial der Entropie

$$dS(U, V, N) = \left(\frac{\partial S}{\partial U}\right)_{V,N} dU + \left(\frac{\partial S}{\partial V}\right)_{U,N} dV + \left(\frac{\partial S}{\partial N}\right)_{U,V} dN. \quad (7.21)$$

7.2 Das chemische Potenzial

Durch Gleichsetzen der beiden letzten Terme in den Gln. 7.20 und 7.21 erhalten wir das chemische Potenzial

$$\mu = -T\left(\frac{\partial S}{\partial N}\right)_{U,V}. \qquad (7.22)$$

Und $(\partial S/\partial N)_{U,V}$ können wir für ein ideales Gas nach der Entropiebeziehung (Gl. 4.13a) leicht berechnen, die da lautet

$$S(U, V, N) = kN\left\{\frac{5}{2} + \ln\left[\left(\frac{V}{N}\right)\left(\frac{U}{N}\right)^{3/2}\left(\frac{4\pi m}{3h^2}\right)^{3/2}\right]\right\}. \qquad (7.23)$$

Differenziert man das nach N, so folgt

$$\left(\frac{\partial S}{\partial N}\right)_{U,V} = k\ln\left[\left(\frac{V}{N}\right)\left(\frac{U}{N}\right)^{3/2}\left(\frac{4\pi m}{3h^2}\right)^{3/2}\right] \qquad (7.24)$$

und für das chemische Potenzial

$$\mu(U, V, N) = -kT\ln\left[\left(\frac{V}{N}\right)\left(\frac{U}{N}\right)^{3/2}\left(\frac{4\pi m}{3h^2}\right)^{3/2}\right]. \qquad (7.25)$$

Für ein ideales Gas kann man noch U durch $3NkT/2$ ersetzen und erhält schließlich

$$\mu(T, V, N) = -kT\ln\left[\left(\frac{V}{N}\right)(kT)^{3/2}\left(\frac{2\pi m}{h^2}\right)^{3/2}\right]. \qquad (7.26)$$

Das ist die Änderung der inneren Energie eines idealen Gases beim Hinzufügen eines Teilchens und bei konstanter Entropie und konstantem Volumen. Das chemische Potenzial nimmt also logarithmisch mit wachsender Temperatur ab. Wenn man in dieser Gleichung die Größe V/N für das ideale Gas durch kT/P ersetzt, so erhält man die Druckabhängigkeit von μ. Es ergibt sich

$$\mu(T, P, N) = kT\left\{\ln P - \ln\left[(kT)^{5/2}\left(\frac{2\pi m}{h^2}\right)^{3/2}\right]\right\} \qquad (7.27)$$

sowie

$$\left(\frac{\partial \mu}{\partial P}\right)_T = \frac{kT}{P}. \qquad (7.28)$$

Das chemische Potenzial wächst also logarithmisch mit zunehmendem Druck.

Nun wollen wir hier Zahlen einsetzen, um das chemische Potenzial näher kennenzulernen. Wir betrachten dazu 1 Mol Argon bei Normalbedingungen (s. Tab. A.1). Mit $T = 273\,\text{K}$, $V = V_{\text{mol}} = 2{,}24 \cdot 10^{-2}\,\text{m}^3$, $N = N_A = 6{,}02 \cdot 10^{23}$ und $m =$

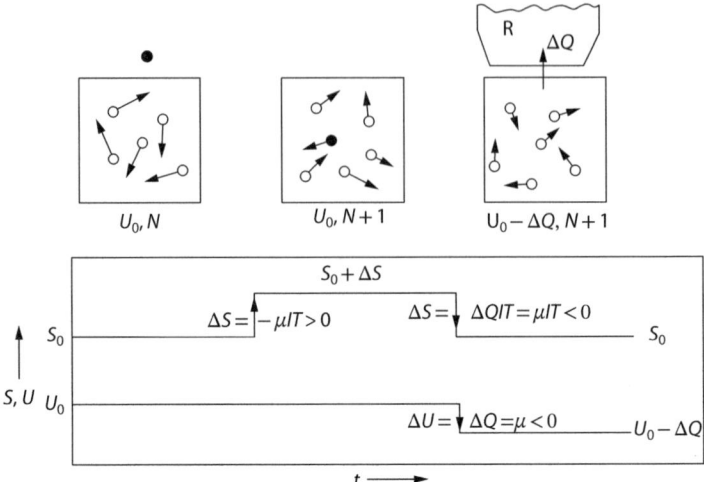

Abb. 7.3 Verlauf der inneren Energie U und der Entropie S beim Hinzufügen eines „nackten" Teilchens (•) in ein Vielteilchensystem (∘ ∘ ∘). R ist ein Reservoir bzw. die Umgebung, das Volumen bleibt konstant

$6{,}63 \cdot 10^{-26}$ kg ergibt sich $\mu = -5{,}99 \cdot 10^{-20}$ J $= -0{,}374$ eV pro hinzugefügtes Atom. Das ist betragsmäßig etwa das Zehnfache seiner thermischen Energie $3kT/2 = 5{,}66 \cdot 10^{-21}$ J, also recht beträchtlich. Aber warum ist μ negativ? Das ist leicht zu erraten: Die Entropie ist nach Gl. 7.23 im Wesentlichen proportional zur Teilchenzahl. Soll S nun nach Voraussetzung (Gl. 7.19) konstant bleiben, so muss zum Ausgleich die innere Energie U abnehmen, denn V soll ja ebenso konstant bleiben. In Abb. 7.3 haben wir das Verhalten von S und U beim Hinzufügen eines Teilchens anschaulich dargestellt. Das hinzugefügte Teilchen erhöht zunächst die Entropie um $\Delta S = -\mu/T$. Um sie wieder um diesen Betrag zu senken, kann man die Wärme $\Delta Q = \mu$ an ein Reservoir abführen. Dadurch sinkt die innere Energie des Gases um denselben Betrag. Sie muss also kleiner werden, wenn die Entropie sich bei Vergrößerung von N nicht ändern soll. Hierbei ist noch etwas zu beachten: Wir haben beim Hinzufügen des Teilchens seine eigene kinetische Energie vergessen, die es eventuell besitzt. Das heißt, wir haben ein **nacktes Teilchen** mit der kinetischen Energie Null betrachtet. Wenn es jedoch mit der mittleren thermischen Energie eines Gasatoms ausgestattet ist, dann müssen wir diese bei der Berechnung berücksichtigen. Das heißt ΔQ in Abb. 7.3 muss etwas größer werden.

Das chemische Potenzial spielt bei der Einstellung des thermodynamischen Gleichgewichts eine wichtige Rolle. Zwei wechselwirkende Systeme befinden sich ja dann im **thermischen Gleichgewicht**, wenn ihre Temperaturen gleich sind. Und sie befinden sich im **mechanischen Gleichgewicht**, wenn in beiden der gleiche Druck herrscht. Falls auch das chemische Potenzial in zwei wechselwirkenden Systemen gleich groß ist, dann spricht man von **diffusem Gleichgewicht**. Und das wollen wir uns noch näher ansehen. Die Ursache der Gleichgewichtseinstellung

7.2 Das chemische Potenzial

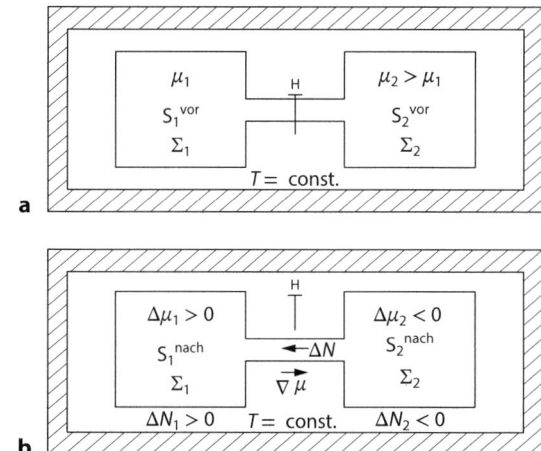

Abb. 7.4 Entropieänderung eines isotherm gekoppelten Systems $\Sigma_1 + \Sigma_2$ mit einem Unterschied des chemischen Potenzials zwischen beiden Teilen. Nach Öffnen des Hahns H geht der Zustand (a) in (b) über

ist, wie immer, das Prinzip der maximalen Entropie (s. Abschn. 5.2). Dazu betrachten wir Abb. 7.4: Zwei Behälter Σ_1 und Σ_2 mit unterschiedlichen chemischen Potenzialen $\mu_2 > \mu_1$ sind durch einen Hahn verbunden. Temperatur und Druck sind in beiden Behältern gleich. Aber es befinden sich in ihnen zwei verschiedene ideale Gase. Nach Öffnen des Hahns kann ein Teilchenaustausch zwischen beiden stattfinden. Für die Entropie des Gesamtsystems gilt dann nach dem Zweiten Hauptsatz

$$dS = dS_1 + dS_2 \geq 0. \tag{7.29}$$

Mit $\mu = -T(\partial S/\partial N)_{U,V}$ wird daraus

$$T\,dS = -\mu_1\,dN_1 - \mu_2\,dN_2 \geq 0. \tag{7.30}$$

Weil die Teilchenzahlen im Gesamtsystem konstant bleiben, gilt für beide Gase $dN_1 = -dN_2$ und

$$(\mu_1 - \mu_2)\,dN_2 \geq 0. \tag{7.31}$$

Im diffusen Gleichgewicht mit $dS = 0$ folgt dann

$$\mu_1 = \mu_2. \tag{7.32}$$

Diese Bedingung garantiert, zusammen mit $T_1 = T_2$ und $P_1 = P_2$ vollständiges thermodynamisches Gleichgewicht. Eventuell kommen aber noch andere Bedingungen hinzu, die das Gleichgewicht in elektrischen und magnetischen Feldern usw. garantieren.

Die Gl. 7.32 ist natürlich äquivalent zur Gleichgewichtsbedingung der freien Enthalpie, $dG = 0$ bzw. $G = \text{Minimum}$. Das hatten wir anhand von Abb. 7.2 erklärt. Bei konstantem T und P gilt nämlich nach Gl. 7.6

$$\mu = \left(\frac{\partial G}{\partial N}\right)_{T,P}. \tag{7.33}$$

Und für $\Delta N = 1$ Mol ist μ die molare freie Enthalpie $G_m = G/n$ mit der Molzahl n. Die Größe G_m ist für viele Stoffe in Tabellen zu finden, die im Wesentlichen auf Entropiemessungen beruhen (s. Abschn. 4.2).

7.3 Chemisches Potenzial von Mischungen

In Mischungen und Lösungen befinden sich immer mehrere Sorten von Teilchen. Dabei treten interessante physikalische Phänomene auf, die Osmose und die Dampfdruckerniedrigung, sogenannte **kolligative Effekte**. Bei der **Osmose** (vom griechischen *osmos* für „Eindringen") handelt es sich um den Transport einer Atom-, Ionen- oder Molekülsorte durch ein Sieb bzw. eine semipermeable Folie oder eine Wand. Was dabei geschieht, ist eine spontane räumliche Änderung der Teilchenkonzentration aufgrund des Prinzips der maximalen Entropie im Gleichgewicht (s. Abschn. 5.2). Das führt zum Beispiel zu der in Abb. 7.5 beschriebenen Erscheinung. In einer solchen **Pfeffer'schen Zelle** (nach Wilhelm Pfeffer) steigt Wasser aus einem Vorratsgefäß durch eine für Wassermoleküle durchlässige Membran von selbst entgegen der Schwerkraft in die Höhe. Und das passiert, wenn auf

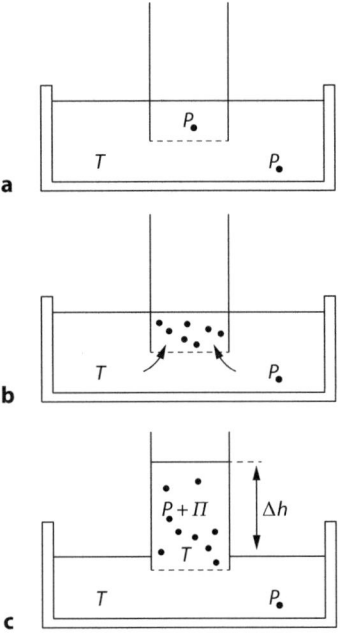

Abb. 7.5 Zur Entstehung des osmotischen Drucks Π (• gelöste Moleküle). Zeitverlauf von (**a**) bis (**c**)

7.3 Chemisches Potenzial von Mischungen

der anderen Seite der Membran größere Moleküle oder Teilchen gelöst werden, die nicht durch die Poren der Membran hindurch passen. Die Ursache dieses Effekts ist, wie gesagt, die Entropie des Systems. Sie nimmt nämlich zu, wenn zusätzliches Wasser in die Lösung eindringt, weil dann deren Volumen wächst. Und damit haben die gelösten Teilchen mehr Raum zur Verfügung und damit mehr Möglichkeiten sich anzuordnen. Dabei wächst die Vielfachheit Ω und die Entropie des Systems. Das ist ähnlich wie bei einem idealen Gas, für das nach Gl. 4.13a $S \sim \ln(V/N)$ gilt. Die Mischungsentropie beträgt zum Beispiel für 1/100 Mol gelöster Substanz in 1 Liter Wasser (ca. 55 Mol) etwa 0,08 J/K (Näheres s. Anhang A.5).

Die durch die Membran gewanderten Wassermoleküle erzeugen in der Lösung nach Abb. 7.5 einen zusätzlichen hydrostatischen Druck, den **osmotischen Druck** $\Pi = \rho g \Delta h$ (ρ Dichte der Lösung, g Erdbeschleunigung, Δh aus Abb. 7.5c). Man kann ihn durch Betrachtung der Druckabhängigkeit der chemischen Potenziale von Lösung und Lösungsmittel berechnen. Weil wir keine geschlossenen Ausdrücke für diese Potenziale haben, geben wir hier nur das Ergebnis an (Näheres in Stierstadt 2010, 2018). Die Beziehung für den osmotischen Druck lautet dann

$$\Pi V = N_c k T \tag{7.34}$$

mit der Zahl N_c der gelösten Teilchen und mit dem Volumen V der Lösung. Diese **Van't-Hoff-Gleichung** (nach Jacobus Van't Hoff) sieht ähnlich aus wie die ideale Gasgleichung A.2. Sie wurde aber aus ganz anderen Überlegungen gewonnen, nämlich aus dem Prinzip maximaler Entropie im Gleichgewicht. Und das führt zu den Ausdrücken für die chemischen Potenziale beiderseits der Membran.

Nun wollen wir den Wert von Π abschätzen. In einer biologischen Zelle ist im Mittel ein Fremdmolekül auf 200 Moleküle Wasser gelöst. Diese nehmen ein Volumen von $6{,}0 \cdot 10^{-27}$ m^3 ein. Damit wird die Moleküldichte $N_c/V = 1{,}7 \cdot 10^{26}$ m^{-3}. Mit Gl. 7.34 ergibt sich dann bei $T = 293$ K ein osmotischer Druck von $\Pi = 6{,}7$ bar! Das ist der Druck, dem die Biomembranen aus Lipid-Doppelschichten in tierischen oder menschlichen Zellen ausgesetzt sind, wenn man sie in reines Wasser legt. Sie würden dort schnell platzen wie Kirschen, die man zu lange im Wasser liegen lässt. Daher darf man zum Beispiel kein reines Wasser in die Blutbahn injizieren, sondern man muss für Infusionen eine „physiologische Kochsalzlösung" verwenden. Diese enthält 9,0 g NaCl pro Liter Wasser und kompensiert gerade den osmotischen Druck im Inneren einer Blutzelle. Ein Druck von 7 bar würde in einer Pfeffer'schen Zelle eine Steighöhe von 70 m ergeben. In Pflanzenzellen herrschen zum Teil noch erheblich höhere osmotische Drücke, 15 bar in Wurzeln, 30 bis 40 bar in Blättern und 160 bar in stark salzhaltigen Pflanzen. Solche Drücke werden zum Transport der Nährstoffe bis in die Höhe der Baumkronen gebraucht. Im Meerwasser sind im Mittel 35 g NaCl pro Liter enthalten. Sein osmotischer Druck beträgt 30 bar. Im Toten Meer sind es sogar 350 bar. Bei der Konservierung von Lebensmitteln durch Zucker oder Salz wird ihnen das enthaltene Wasser durch Osmose entzogen. Die in der Nahrung vorhandenen Mikroorganismen können sich dann nicht mehr so gut vermehren, und die Lebensmittel werden länger haltbar.

Zur Entsalzung von Meerwasser oder zur Reinigung von Trinkwasser dient die sogenannte **Umkehrosmose**. Dabei wird auf die Lösung ein Druck ausgeübt, der höher als Π ist. Dann diffundieren die Lösungsmittelmoleküle in entgegengesetzter Richtung durch die Membran, von der Lösung zum reinen Lösungsmittel. Zur Trinkwasserreinigung braucht man dann etwa 2 bis 30 bar, zur Meerwasserentsalzung 70 bar Überdruck. Der Energieaufwand dafür beträgt 5 bis 10 Kilowattstunden pro Kubikmeter Wasser. In Israel werden auf diese Weise etwa 30 % des Trinkwasserbedarfs aus dem Mittelmeer gewonnen. Ein großes Problem bei der Umkehrosmose ist die Stabilität und die Verschmutzung der Membranen, was laufende Wartungskosten bedingt. Man verwendet die Umkehrosmose auch zur Konzentrierung von Lösungen in der Chemietechnik, zum Beispiel in der Lebensmittelproduktion.

Eine ganz moderne Entwicklung ist das **Osmosekraftwerk** zur Gewinnung elektrischer Energie aus Meerwasser. Dabei wird der osmotische Druck zum Betrieb einer Turbine verwendet, die einen Stromgenerator antreibt (Abb. 7.6). Allerdings ist der Wirkungsgrad einer solchen Anlage noch sehr klein. Theoretisch könnte man beim Durchsatz von $1\,\text{m}^3/\text{s}$ Süßwasser maximal 2,2 MW elektrische Leistung gewinnen. Ein Versuchskraftwerk, das einige Jahre in Norwegen lief, erzeugte mit einer Membranfläche von $1000\,\text{m}^2$ aber nur etwa 3 kW. Vor allem, weil die verfügbaren Membranen zu störanfällig und zu unvollkommen waren. Die Entwicklung besserer Membranen ist daher vordringlich, um diese Energiequelle konkurrenzfähig zu machen. Die ersten verwendeten Membranen bestanden früher aus Tierhäuten. Später benutzte man Tonschichten, die mit Kupferhexacyanoferrat bedeckt waren, das atomar feine Siebe bildet. Heute werden vor allem Kunststofffolien verwendet, deren Porengröße bei der Herstellung von 0,5 bis 5 nm variiert werden kann.

Der zweite technisch wichtige Effekt des chemischen Potenzials ist die **Dampfdruckerniedrigung** von Lösungen. Die Erfahrung zeigt nämlich, dass sich der Gefrierpunkt und der Siedepunkt einer Flüssigkeit verändern, wenn kleine Mengen einer anderen Substanz darin gelöst sind. Und das beruht auf der Veränderung des chemischen Potenzials. Nach Gl. 7.22, $\mu = -T(\partial S/\partial N)$, wird es mit wach-

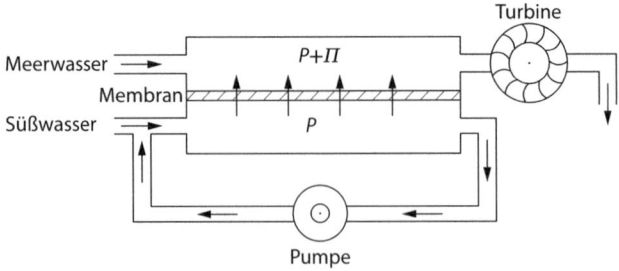

Abb. 7.6 Prinzip eines Osmosekraftwerks

7.3 Chemisches Potenzial von Mischungen

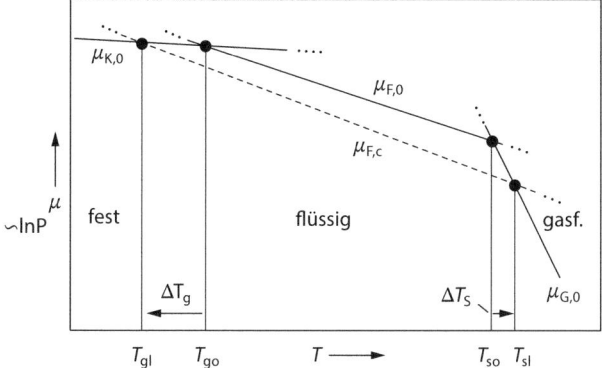

Abb. 7.7 Temperaturverlauf des chemischen Potenzials von Lösungsmittel (———, Index o) und Lösung (– – –, Index c) in ihren drei Aggregatzuständen (Index K für fest, F für flüssig, G für gasförmig, l für Lösung, o für Lösungsmittel)

sender Entropie kleiner. Und diese wächst beim Lösungsvorgang, weil, wie oben gesagt, den gelösten Teilchen in der Lösung mehr Volumen zur Verfügung steht als im ungelösten Zustand. Wenn aber μ kleiner wird, dann sinkt auch der Druck in der Flüssigkeit bei konstanter Temperatur nach Gl. 7.27. Um zu sehen, was das für den Gefrierpunkt und den Siedepunkt bedeutet, betrachten wir in Abb. 7.7 den Temperaturverlauf von μ vom festen Zustand (μ_K) über den flüssigen (μ_F) bis hin zum gasförmigen (μ_G). Das sind aufgrund der Erfahrung näherungsweise die durchgezogenen Linien. Weiter nehmen wir an, dass die gelöste Substanz nur in der flüssigen Phase vorhanden ist, nicht aber in der festen und der gasförmigen. In der festen ist sie auskristallisiert, in der gasförmigen ist sie nicht mit verdampft. Wie gesagt, ist das chemische Potenzial der Lösung ($\mu_{F,c}$) immer kleiner als das der reinen Flüssigkeit ($\mu_{F,0}$), nämlich die gestrichelte Linie in Abb. 7.7. Im Gleichgewicht nimmt μ nun immer den kleinstmöglichen Wert an. Das folgt aus der Minimaleigenschaft der freien Enthalpie, $dG = \mu\, dN$ (Gl. 7.15) bei konstantem T und P. In der Abbildung erkennt man, dass bei dem angegebenen Verlauf der μ-T-Kurven der Gefrierpunkt (T_{gl}) der Lösung kleiner ist als der (T_{g0}) des reinen Lösungsmittels. Und gleichzeitig ist der Siedepunkt (T_{sl}) höher als derjenige (T_{s0}) desselben. Beides ist die Wirkung der Dampfdruckerniedrigung.

Diese kann man für stark verdünnte Lösungen näherungsweise berechnen. Da wir keinen geschlossenen Ausdruck für die Entropie oder für das chemische Potenzial einer Flüssigkeit oder einer Lösung haben, geben wir hier wieder nur das Ergebnis einer längeren Überlegung an (Näheres in Stierstadt 2010, 2018). Für die Verschiebung der Umwandlungstemperaturen T_u ergibt sich allgemein

$$\Delta T = \frac{N_c k T_u}{\Delta S_u} \tag{7.35}$$

mit der Zahl N_c der gelösten Teilchen und der Entropieänderung ΔS_u. Ersetzt man diese nach Gl. 7.10 durch die Umwandlungsenthalpie bei konstantem Druck,

$\Delta H_u = T_u \Delta S_u$, so erhält man für die Gefrierpunktserniedrigung

$$\Delta T_g = -\frac{N_c k T_{g0}^2}{\Delta H_{g0}}. \quad (7.36)$$

Dabei ist T_{g0} der Gefrierpunkt des reinen Lösungsmittels und ΔH_{g0} seine Schmelzenthalpie. Und für die Siedepunktserhöhung ergibt sich

$$\Delta T_s = +\frac{N_c k T_{s0}^2}{\Delta H_{s0}^2} \quad (7.37)$$

mit den analogen Parametern. Wir wollen nun die Werte der Verschiebungen ΔT_g und ΔT_s abschätzen, zum Beispiel für Meerwasser, das etwa 35 Gramm NaCl pro Liter enthält. Das sind etwa 1,46 Mol Ionen (halb Natrium, halb Chlor) bzw. $8{,}79 \cdot 10^{23}$ Teilchen. Die Schmelzenthalpie beträgt $\Delta H_{g0} = 333$ kJ/kg und die Verdampfungsenthalpie 2252 kJ/kg. Damit ergibt sich eine Gefrierpunktserniedrigung von $-2{,}7$ K und eine Siedepunktserhöhung von $+0{,}68$ K. Streut man im Winter Salz auf vereisten Boden, so liefert Gl. 7.36 in einer 10%igen Lösung $\Delta T_g = -7$ K. Aber diese Konzentration entspricht keiner starken Verdünnung mehr, wie sie in Gl. 7.35 vorausgesetzt wurde.

Literatur

Stierstadt, K.: Thermodynamik. Springer, Berlin (2010, 2018)

Die Erscheinungsformen der Materie, Phasen und Phasenübergänge

8

Unsere Welt ist vielseitig. Sie besteht nicht nur aus idealem Gas, obwohl sich 90 % der Masse unseres Universums als Wasserstoff in einem solchen Zustand befinden. Bisher haben wir in diesem Buch meistens von idealen Gasen gesprochen, weil sich die Thermodynamik dafür so einfach formulieren lässt. Die vielen übrigen Erscheinungsformen der Materie haben wir nur kurz behandelt, wie den idealen Magneten und den idealen Kristall im Kapitel 2. Aber das ist bei Weitem noch nicht alles. Die Abb. 8.1 gibt einen Überblick über einige der vielen bekannten Erscheinungsformen der Materie, die sogenannten **Phasen**. Das physikalische Verhalten derselben bzw. ihre Eigenschaften lassen sich mit den thermodynamischen Begriffen, die wir besitzen, nur qualitativ beschreiben. Genauere Vorhersagen, zum Beispiel über die Struktur oder den Schmelz- und den Siedepunkt irgendeiner Substanz, lassen sich nur numerisch und mit großem Rechenaufwand gewinnen. Zwar haben wir für die Wechselwirkungen der Atome untereinander relativ einfache Gesetze. Im Allgemeinen sind es aber viel zu viele Teilchen bzw. Atome, deren Verhalten wir beschreiben möchten. Man denke nur an einen Wassertropfen mit 10^{21} Molekülen. Schon das Dreikörperproblem ist aber analytisch nicht lösbar, wie wir aus der Mechanik wissen. Das hat Henri Poincaré schon 1888 bewiesen.

Wir besprechen in diesem Kapitel zunächst die zwischenatomaren Kräfte, die Anlass zu den vielfältigen Phasen der Materie geben. Dann gibt es einen Überblick über die Existenzbereiche der Phasen als Funktion der thermodynamischen Parameter, Temperatur, Druck, chemisches Potenzial, elektrisches und magnetisches Feld usw. Schließlich erläutern wir die Phänomene beim Übergang zwischen den verschiedenen Erscheinungsformen der Materie, den sogenannten **Phasenübergängen**.

Ergänzende Information Die elektronische Version dieses Kapitels enthält Zusatzmaterial, auf das über folgenden Link zugegriffen werden kann https://doi.org/10.1007/978-3-662-69771-9_8.

© Der/die Autor(en), exklusiv lizenziert an Springer-Verlag GmbH, DE, ein Teil von Springer Nature 2025
K. Stierstadt, *Thermodynamik*, https://doi.org/10.1007/978-3-662-69771-9_8

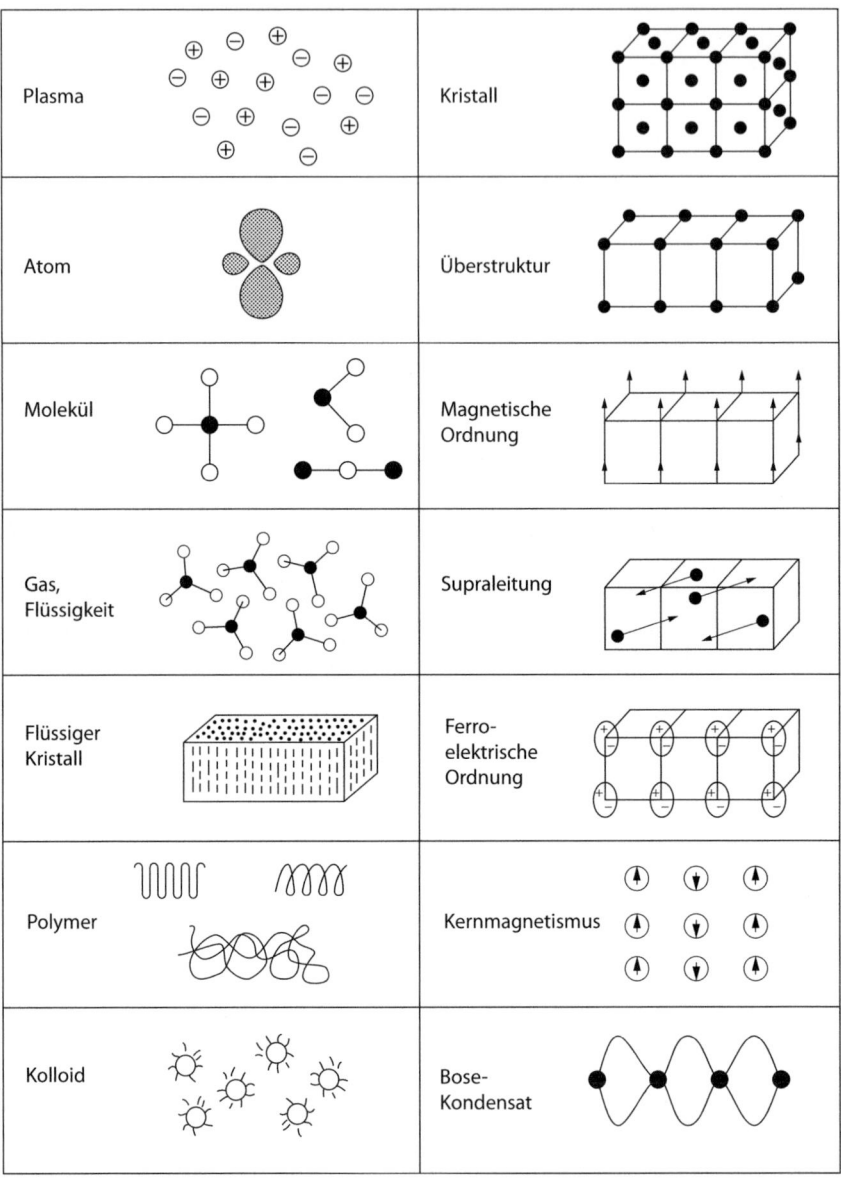

Abb. 8.1 Symbolische Darstellung verschiedener Aggregatzustände bzw. Phasen in der unbelebten Natur

8.1 Die Kräfte zwischen den Atomen

Atome sind recht einfach zusammengesetzte, aber vielfach strukturierte Gebilde. Wir betrachten dazu in Abb. 8.2 die räumliche Gestalt der Wellenfunktionen (s. Anhang A.6) eines Wasserstoffatoms, bestehend aus einem Proton als Kern und einem Elektron. Diese torusförmigen Gebilde, sogenannte **Orbitale**, bezeichnen die Aufenthaltsbereiche dieses Elektrons. Man kann ihre Gestalt für das Wasserstoffatom durch Lösung der Schrödinger-Gleichung (nach Erwin Schrödinger) mit dem Coulomb-Potenzial berechnen. Und man kann sie heute mittels Streuung von Elektronen beobachten und vermessen. Wenn nun zwei Atome einander nahe kommen, dann wechselwirken ihre Orbitale miteinander und bilden neue Formen mit anderer räumlicher Gestalt aus (Abb. 8.3). Dabei kann es vorkommen, dass die gesamte Energie der beiden Atome abnimmt, und dass die Differenz als ein Energiequant ($h\nu$) elektromagnetischer Strahlung emittiert wird. Dadurch entsteht eine anziehende Kraft zwischen beiden Atomen, eine **chemische Bindung**, und ein **Molekül** wird gebildet. Dabei steigt aber auch die Entropie des Systems aus Atom und Umgebung. Denn die emittierte Energie findet in der Umgebung im Allgemeinen viel mehr Möglichkeiten, sich anzuordnen oder zu verteilen, als direkt bei den beiden Atomen. Die Größenordnung der Entropiezunahme liegt bei 10^{-22} bis 10^{-20} J/K pro Molekül bzw. zwischen 60 und 6000 J/K pro Mol.

Die Gestalt der Molekülorbitale kann man näherungsweise berechnen. Man hat dafür eine Reihe von Modellen eingeführt, die heteropolare und die homöopolare Bindung, die metallische und die Wasserstoffbrückenbindung usw. Mit diesen Mo-

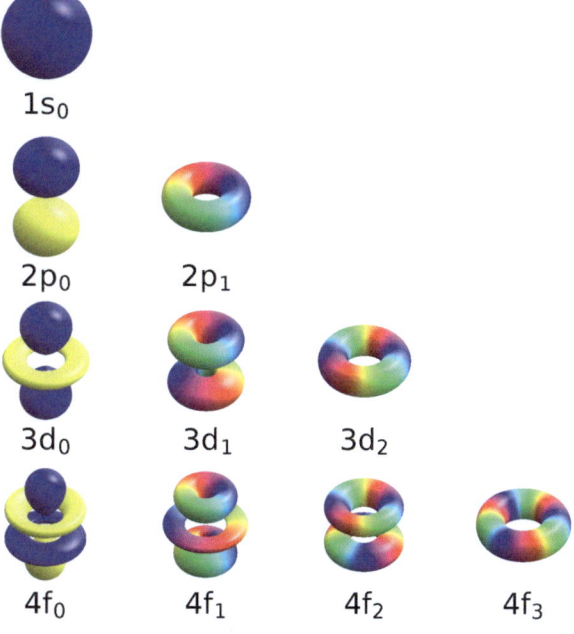

Abb. 8.2 Wellenfunktionen eines Wasserstoffatoms. Die Bezeichnungen ($1s_0$ usw.) sind ihre quantenmechanischen Kennzeichen: 1 Hauptquantenzahl, s Nebenquantenzahl, 0 Magnetquantenzahl. Die Farben symbolisieren die Vorzeichen der Wellenfunktionen. (Nach Geek3, Wikimedia Commons)

Abb. 8.3 Skizze der Elektronenverteilung in einem Ethylen-Molekül C_2H_4

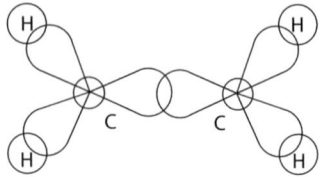

dellen gelingt es, einige Eigenschaften der Moleküle und ihrer Strukturen ganz gut zu berechnen, insbesondere bei Kristallen. Es erhebt sich nun die Frage, welche Kraft die Atome in den Flüssigkeiten und Festkörpern zusammenhält. Sie müssen ja so fest aneinander gebunden sein, dass sie nicht aufgrund ihrer permanenten Brown'schen Bewegung wieder auseinanderfliegen. Wir betrachten dazu die **Zugfestigkeit** Z von Festkörpern. Das ist die Kraft, die ausreicht, um einen Draht von 1 mm^2 Querschnitt gerade zu zerreißen. Sie liegt bei Raumtemperatur für Metalle zwischen 10 und 1000 N/mm^2.

Wir kennen vier fundamentale Wechselwirkungen, die zu Kräften zwischen den Elementarteilchen Anlass geben: die Gravitation, die schwache und die starke Kraft sowie die elektromagnetische Kraft. Nur Letztere kommt hier infrage. Die schwache und die starke Kraft wirken nur im Bereich der Atomkerne in Abständen unterhalb von 10^{-15} m. Und die Gravitation zwischen einzelnen Atomen ist 10^{40}-mal zu schwach. Sie wirkt erst zwischen Himmelsköpern ab einer gewissen Größe. Die elektromagnetische Kraft hat im statischen Fall einen elektrischen und einen magnetischen Anteil. Ersteren beschreibt das Coulomb-Gesetz zwischen zwei elektrischen Ladungen q:

$$F_e = \frac{1}{4\pi\varepsilon_0} \frac{q_1 q_2}{r^2} \tag{8.1a}$$

mit der Influenzkonstante $\varepsilon_0 = 8{,}854\ldots \cdot 10^{-12}$ As/(Vm) und dem Abstand r der Punktladungen. Gibt es mehrere annähernd punktförmige Ladungen wie die Protonen und Elektronen in einem Atom, so muss über die Kräfte zwischen allen diesen summiert werden. Das ist ein echtes Mehrkörperproblem und meistens nicht geschlossen lösbar. In Abb. 8.4 ist die Abstandsabhängigkeit der elektrischen Kraft F_e zwischen zwei beliebigen Atomen und die zugehörige potenzielle Energie φ qualitativ dargestellt. Unterhalb eines Abstands r_0 überwiegt die Abstoßung gleichnamiger Ladungen, oberhalb von r_0 die Anziehung der ungleichnamigen.

Die magnetische Kraft zwischen zwei magnetischen Dipolen m beträgt größenordnungsmäßig

$$F_m = \frac{\mu_0}{4\pi} \frac{m_1 m_2}{r^4} \tag{8.1b}$$

Abb. 8.4 Kraft F und potenzielle Energie φ zwischen zwei Gasmolekülen als Funktion ihres Abstands. Es gilt $r_0 = 1{,}12\sigma$, $r_{max} = 1{,}24\sigma$, $F_{max} = -1{,}24\varepsilon/\sigma$ für das Lennard-Jones-Potenzial

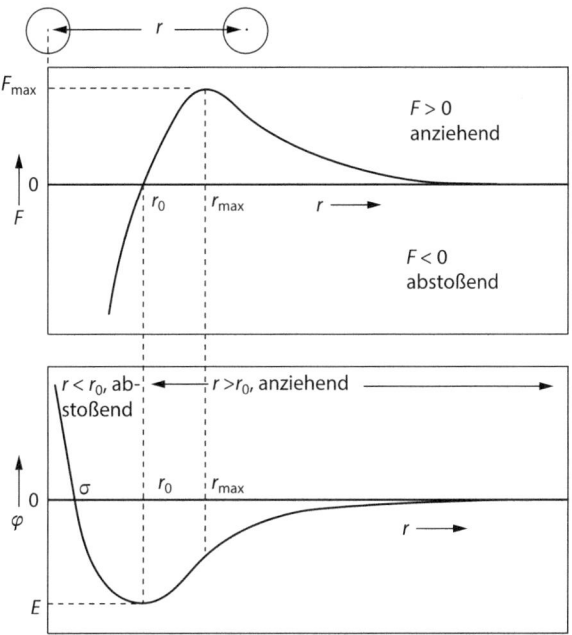

mit der Induktionskonstante $\mu_0 = 4\pi \cdot 10^{-7}\,\text{Vs}/(\text{Am})$. Wenn wir hier Zahlen einsetzen, so erhalten wir aus Gl. 8.1a mit der Elektronenladung $q = 1{,}602 \cdot 10^{-19}$ As und für einen mittleren Atomabstand $r = 10^{-10}$ m die elektrische Kraft $F_e = 2{,}307 \cdot 10^{-8}$ N. Und für die magnetische Kraft ergibt sich mit dem elementaren magnetischen Moment $\mu_B = 9{,}274\ldots \cdot 10^{-24}$ Am^2 aus Gl. 8.1b $F_m = 8{,}601 \cdot 10^{-14}$ N. Diese ist also 250.000-mal kleiner als die elektrische Kraft. Und es ist die elektrische Kraft, die unsere Materie zusammenhält, sofern es sich nicht um astronomische Objekte handelt, bei denen die Gravitation überwiegt.

Mit der elektrischen Kraft können wir nun die Zugfestigkeit Z fester Körper abschätzen. Bei einer Flächendichte von 10^{11} solcher Bindungen pro Quadratmillimeter, wie in vielen Festkörpern, ergibt sich $Z = 2{,}3 \cdot 10^3$ N/mm^2. Das ist ein Wert, wie er für die besten perfekten Kristalle gemessen wird, zum Beispiel für Diamant. Bei Eisen und Stahl liegt Z zwischen 100 und 1000 N/mm^2, ein menschliches Haar hat 200 N/mm^2. Aus dem obigen Betrag für die magnetische Kraft folgt dagegen, dass ein *idealer* Magnet nach Abb. 2.6 bei Raumtemperatur nicht stabil sein kann. Denn ein solcher besteht ja nur aus frei im Raum schwebenden magnetischen Momenten, die keine elektrische Ladung tragen. Die Wechselwirkungsenergie zweier elementarer Momente im Abstand von 10^{-10} m beträgt nur etwa 10^{-23} J. Das ist ein Vierhundertstel der thermischen Energie bei Raumtemperatur. Schon bei 7 K würde diese Energie eine solche Anordnung magnetischer Momente zerstören. Die in vielen Festkörpern beobachtete magnetische Ordnung ist daher kein magnetostatischer

Effekt, sondern beruht auch auf elektrischer Wechselwirkung der Elektronen unter dem Einfluss bestimmter Quantenbedingungen (Näheres bei Stierstadt 2010).

Resümee

Wir wissen nun, was die Materie in unserer näheren Umgebung zusammenhält und damit letzten Endes, warum wir überhaupt existieren. Denn nach dem Urknall bestand die Welt ja zunächst nur aus idealem Gas, nämlich Wasserstoff und Helium.

8.2 Zustandsdiagramme

Um einen Überblick über die Existenzbereiche der verschiedenen Phasen (s. Abb. 8.1) eines Stoffes zu erhalten, betrachtet man sein **Zustandsdiagramm**. In Abb. 8.5 ist dasjenige von Wasser dargestellt. Es besteht aus einer dreidimensional strukturierten Fläche im Parameterraum von Druck, Temperatur und Volumen. Jeder Punkt auf der Fläche entspricht einem Gleichgewichtszustand des Wassers. Außerhalb der Fläche herrscht kein Gleichgewicht. Die vier verschiedenen Phasen, Festkörper (K), Flüssigkeit (L), Fluid (F) und Gas (G) sind durch **Phasengrenzen** voneinander getrennt, die durchgezogenen Linien. An diesen koexistieren die angrenzenden Phasen im Gleichgewicht bzw. wandeln sich bei Überschreiten der Grenzen ineinander um. Es gibt zwei ausgezeichnete Punkte und eine Linie, an denen alle drei Phasen vorhanden sind, den **Tripelpunkt** TP und den **kritischen Punkt** (KP), außerdem die **Tripellinie** mit $(K + L + G)$. Längs des gebogenen Doppelpfeils gehen Flüssigkeit und Gas ohne Phasengrenze ineinander über. Das Fluid (F) ist eine Mischphase aus beiden, der man es nicht ansieht, ob sie flüssig oder gasförmig ist. In Tab. 8.1 sind Zahlenwerte für die Tripelpunkte und die kritischen Punkte einiger Stoffe zusammengestellt.

In den meisten Lehrbüchern findet man nur zweidimensionale Projektionen der dreidimensionalen Zustandsfläche auf die Koordinatenebenen PT, PV und VT (Abb. 8.6). Die Linien in diesen Projektionen sind in derselben Reihenfolge **Isochoren** ($V = $ const.), **Isothermen** ($T = $ const.) und **Isobaren** ($P = $ const.). Kennt man die Zustandsgleichung eines Stoffes, so kann man die Gestalt dieser Isokurven näherungsweise berechnen. Aber meistens kennt man sie nur qualitativ.

Bei einem Weg durch die Zwei-Phasen-Gebiete ($K + L$, $L + G$, $K + G$) in Abb. 8.5 ändern sich die Mengenverhältnisse der beiden Phasen längs einer Isotherme, Isobare oder Isochore. Diese Verhältnisse kann man leicht berechnen. Für jeden Punkt auf der Zustandsfläche gilt ja die Massenerhaltung, zum Beispiel für die Flüssig-Gas-Umwandlung $m_{\text{ges}} = m_{\text{L}} + m_{\text{G}}$; außerdem für das Gesamtvolumen $V_{\text{ges}} = V_{\text{L}} + V_{\text{G}}$. Und dies ist mit dem spezifischen Volumen $V_{\text{sp}} \equiv V/m$ gleich $m_{\text{L}} V_{\text{sp,L}} + m_{\text{G}} V_{\text{sp,G}}$. Für einen beliebigen Punkt (o) im Zwei-Phasen-Gebiet ist dann

$$V_{\text{sp,o}} = \frac{V_{\text{ges}}}{m_{\text{ges}}} = \frac{m_{\text{L}} V_{\text{sp,L}} + m_{\text{G}} V_{\text{sp,G}}}{m_{\text{L}} + m_{\text{G}}} \tag{8.2a}$$

8.2 Zustandsdiagramme

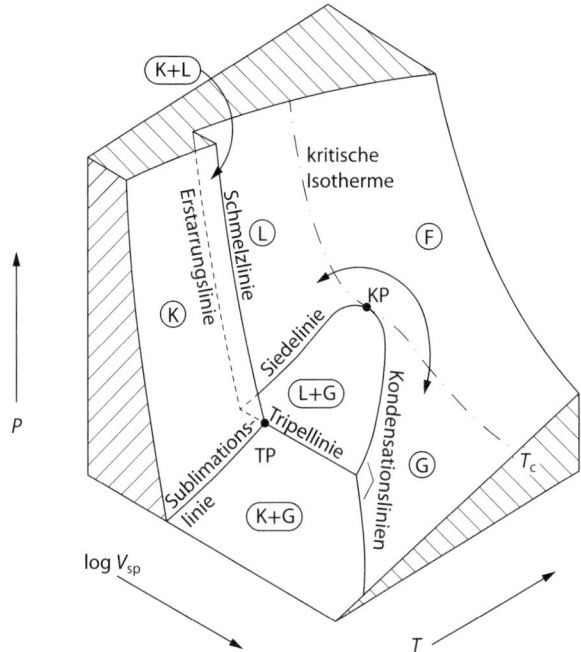

Abb. 8.5 Zustandsdiagramm des Wassers im PVT-Raum. $V_{sp} = V/m$ ist das spezifische Volumen bzw. die reziproke Massendichte (m³/kg). Die durchgezogenen Linien sind Phasengrenzen (Koexistenzkurven) zwischen Aggregatzuständen. Die strichpunktierte Kurve ist die kritische Isotherme durch den kritischen Punkt KP, TP ist der Tripelpunkt. Unterhalb der Schmelztemperatur (0 °C bei Normaldruck) im Bereich K kann Eis in verschiedenen Kristallmodifikationen vorkommen, die hier aus Gründen der Übersichtlichkeit weggelassen sind. Das Wasser stellt eine Besonderheit dar, weil es sich beim Gefrieren ausdehnt, ähnlich wie zum Beispiel Bismuth und Gallium. Daher liegt die Schmelzlinie bei einem um 0,09 cm³/g größeren spezifischen Volumen als die Erstarrungslinie. Bei den meisten Stoffen ist es umgekehrt (s. z. B. Abb. 8.7); sie dehnen sich beim Schmelzen aus und ziehen sich beim Erstarren zusammen

Formt man dies etwas um, so erhält man das Massenverhältnis

$$\frac{m_G}{m_L} = \frac{V_{sp,o} - V_{sp,L}}{V_{sp,G} - V_{sp,o}} \quad (8.2b)$$

Diese Beziehung heißt Hebelgesetz der Phasenumwandlung, weil die Massen sich umgekehrt verhalten wie die Abstände zur jeweiligen Phasengrenze auf den Isothermen.

Sie werden nun wissen wollen, wie man die abgebildeten Zustandsdiagramme findet. Das ist schnell gesagt: Sie beruhen im Wesentlichen auf Messungen. Kein Diagramm eines bestimmten Stoffes konnte man bis heute aus den Eigenschaften der Atome quantitativ berechnen, mit Ausnahmen natürlich das des idealen Gases (Abb. A.1). Alle anderen Zustandsdiagramme lassen sich nur mit großem numerischem Aufwand näherungsweise gewinnen. Dabei muss man die elektroma-

Tab. 8.1 Tripelpunkte und kritische Punkte einiger Stoffe[a]

Tripelpunkte	Stoff	T_{tr} (°C)	P_{tr} (bar)	$V_{sp,tr}$ (cm^3/g)
	H$_2$	−259,2	0,0712	12,5
	N$_2$	−210,0	0,125	0,61
	O$_2$	−218,8	0,433	0,75
	Ar	−189,3	0,687	0,70
	CO$_2$	−56,57	5,11	0,95
	H$_2$O	+0,01	0,006113	1,11
Kritische Punkte	Stoff	T_c (°C)	P_c (bar)	$V_{sp,c}$ (cm^3/g)
	H$_2$	−239,9	13,40	33,2
	N$_2$	−146,9	36,0	3,22
	O$_2$	−118,3	52,5	2,33
	Ar	−122,4	50,3	1,88
	CO$_2$	+31,0	76,3	2,14
	H$_2$O	+374,15	224,1	3,17
	Hg	+1480	1608	0,22

[a] Werte überwiegend nach D'Ans-Lax 2013. Die Angaben verschiedener Autoren differieren um einige Prozent.

Abb. 8.6 Projektionen der PVT-Fläche im Bereich des Flüssig-Gas-Übergangs auf die drei Koordinatenebenen P-T, P-V und V-T. Die dünn gezeichneten Linien sind in der P-T-Projektion Isochoren, in der P-V-Projektion Isothermen und in der V-T-Projektion Isobaren. Die Phasengrenzen sind dick gezeichnet

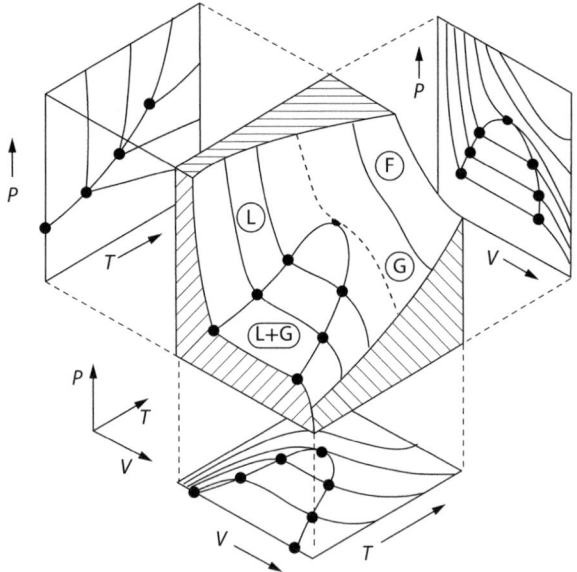

gnetische Wechselwirkung zwischen den Atomen im Detail berücksichtigen und eine große Zahl von Atomen erfassen. Auf diese Weise kann man die Lage der Phasengrenzen zwar qualitativ finden, aber Absolutwerte für P, V und T meist nur der Größenordnung nach.

Außer den drei klassischen Phasen fest, flüssig und gasförmig, die fast jeder Stoff besitzt, gibt es natürlich noch viele andere, wie in Abb. 8.1 skizziert. Alle die-

8.3 Phasenübergänge

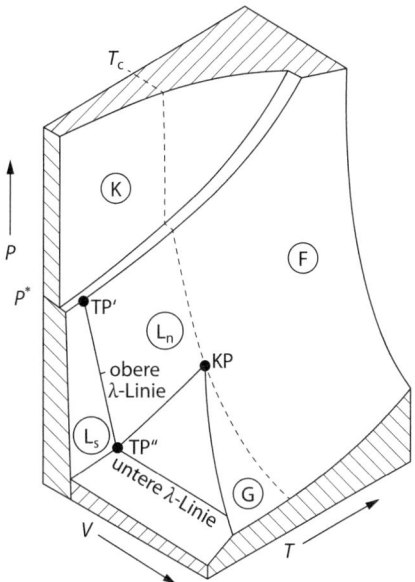

Abb. 8.7 Zustandsfläche von Helium-4 mit normalflüssiger (L_n) und supraflüssiger (L_s) Phase. Die kritische Isotherme durch KP ist gestrichelt. TP' und TP'' sind der obere bzw. untere Tripelpunkt. Längs der beiden Tripellinien (obere bzw. untere λ-Linie) erfolgt der Übergang zwischen normal- und supraflüssiger Phase. (Nach Zemansky und Dittman 1997)

se kann man in entsprechenden Zustandsdiagrammen darstellen. Als Beispiel zeigt Abb. 8.7 die Zustandsfläche von Helium-4. Hier gibt es unterhalb der **Lambdatemperatur** von 2,17 K bei TP'' eine supraflüssige Phase L_s. In diesem Zustand hat Helium eine verschwindend kleine Viskosität. Es benetzt daher alle Oberflächen und kann nur mit bestimmten quantisierten Drehimpulsen rotieren. Die **Supraflüssigkeit** kommt durch eine quantenmechanische Wechselwirkung gepaarter Atome zustande (s. Lehrbücher der Tieftemperaturphysik).

Ein anderes Beispiel zeigt das Zustandsdiagramm eines hysteresefreien **Ferromagneten**, wie zum Beispiel Eisen, Nickel, Cobalt oder Gadolinium (Abb. 8.8). Hier besteht der Parameterraum aus dem Magnetfeld B, der Magnetisierung M und der Temperatur T. Der ferromagnetische Bereich M wird bei tiefer Temperatur durch die Kurve $M_{sp}(T)$ der spontanen Magnetisierung vom paramagnetischen Bereich P abgegrenzt. Im Bereich M besitzt der Stoff eine permanente Magnetisierung bei $B = 0$. Außerhalb davon existiert eine Magnetisierung nur im endlichen Magnetfeld. Der kritische Punkt KP heißt **Curie-Punkt** nach seinem Entdecker Pierre Curie.

8.3 Phasenübergänge

Wie schon erwähnt, lassen sich die Zustandsflächen der Phasendiagramme nur numerisch aus den Grundgesetzen und den Kräften zwischen den Atomen berechnen. Das gilt natürlich auch für die Begrenzungslinien der Phasen. An diesen gibt es aber besonders interessante Phänomene. Das ist zum Beispiel die **latente Wärme** L, in moderner Sprache die **Umwandlungsenthalpie** $\Delta H_u = T_u \Delta S_u$ (Gl. 7.10) bei

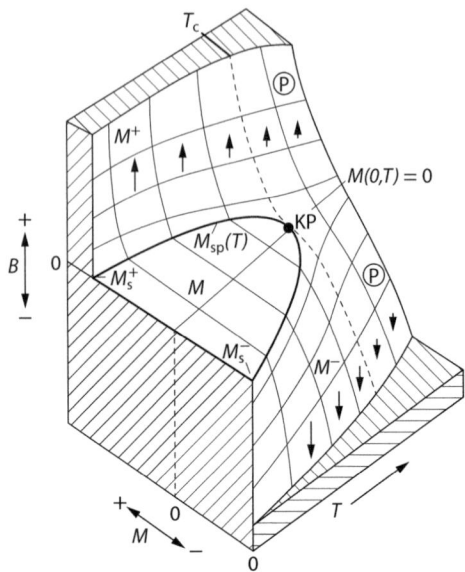

Abb. 8.8 Die Magnetisierungsfläche $M(B, T)$ eines hysteresefreien Ferromagneten. Die dünn gezeichneten Linien sind Isothermen $M(B)$ und Linien konstanter Feldstärke (Isopedien) $M(T)$. Die gestrichelte Kurve ist die kritische Isotherme durch den Curie-Punkt KP. Das Zwei-Phasen-Gebiet $M = M^+ + M^-$ wird von der Kurve der spontanen Magnetisierung $M_{sp}(T)$ begrenzt. P bezeichnet die paramagnetische Phase und $M_s^{+/-}$ die Sättigungsmagnetisierung bei $T = 0$

konstantem Druck. Diese hatten wir schon bei der Entropiemessung in Abb. 4.3 kennengelernt: Am Umwandlungspunkt wird die Wärmekapazität $C = dQ/dT$ formal unendlich, weil bei konstanter Temperatur eine endliche Energie zu- oder abgeführt werden muss. Die Abb. 8.9 zeigt an einem Beispiel den zeitlichen Verlauf von Volumen und Temperatur beim Schmelzen und Sieden eines normalen Stoffes bei konstantem Druck. Insbesondere ändert sich dabei das Volumen, und in ähnlicher Weise die Entropie, während Druck und Temperatur konstant bleiben. Bei anderen Phasenübergängen, wie etwa in Abb. 8.7 und 8.8, ändert sich entsprechend beispielsweise der Anteil der Supraflüssigkeit an der Normalflüssigkeit oder die Magnetisierung.

Obwohl wir die Zustandsflächen nicht analytisch berechnen können, gibt es doch einen thermodynamisch fundierten Zugang für die Phasengrenzen. Wir wollen ihn für das Fest-Flüssig-Gas-System formulieren. Dazu betrachten wir Abb. 8.10. Hier ist die P-T-Projektion der Zustandsfläche reproduziert (s. Abb. 8.6). Bei konstantem Druck P^* findet am Schmelzpunkt die Umwandlung (2/3) K → L statt und am Siedepunkt bei T^* der Übergang L → G (4/5). An den Phasengrenzen sind jeweils beide Aggregatzustände i und j im Gleichgewicht vorhanden und sie sind gleich stabil. Das heißt nach Gl. 7.15, ihre freien Enthalpien G müssen minimal und gleich groß sein:

$$G_i = G_j \,. \tag{8.3}$$

Und das gilt für jeden Punkt auf den Phasengrenzen. Bei konstanter Teilchenzahl ist $dG = -S\,dT + V\,dP$ (Gl. 7.6), also

$$-S_i\,dT + V_i\,dP = -S_j\,dT + V_j\,dP \,. \tag{8.4}$$

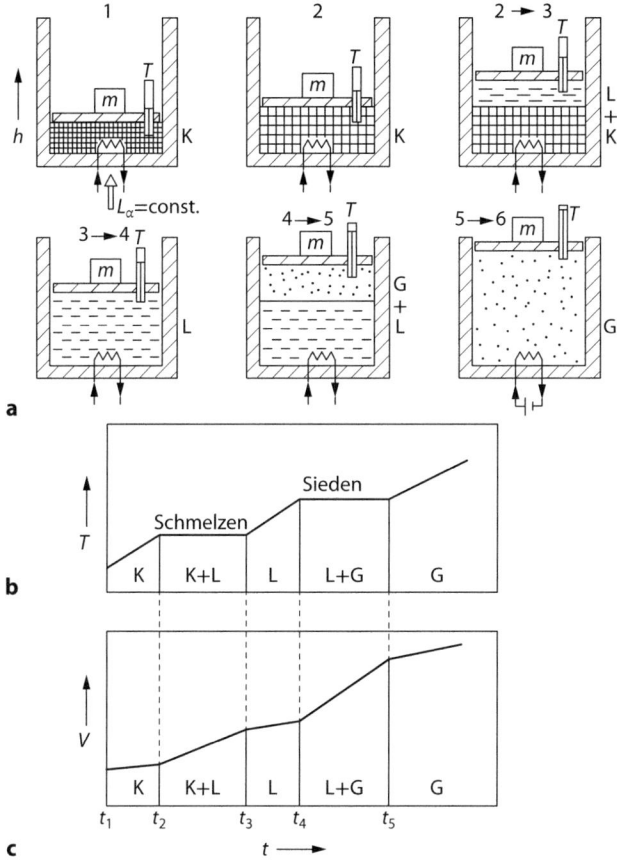

Abb. 8.9 Isobares Schmelzen und Verdampfen eines Stoffes, der sich beim Schmelzen ausdehnt (nicht Wasser!): K Festkörper, L Flüssigkeit, G Gas. Die Zahlen oberhalb des Gefäßes beziehen sich auf das Teilbild **c**. **a** Versuchsanordnung; **b** zeitlicher Verlauf der im Gefäß homogenen Temperatur; **c** zeitlicher Verlauf des Gesamtvolumens K + L + G im Gefäß

Dies liefert uns eine Differenzialgleichung für die Steigungen der Phasengrenzen im P-T-Diagramm in Abb. 8.10:

$$\frac{dP}{dT} = \frac{S_i - S_j}{V_i - V_j}. \tag{8.5}$$

Mit Clausius' Beziehung $\Delta S = \Delta Q/T$ (Gl. 4.3c) kann man aber $\Delta S = S_i - S_j$ durch die Umwandlungsenthalpie ΔH_u ersetzen. Denn nach Gl. 7.10 gilt bei konstantem Druck $\Delta H = T\,\Delta S$. Damit wird aus Gl. 8.5

$$\frac{dP}{dT} = \frac{\Delta H_u}{T_u(V_i - V_j)}. \tag{8.6}$$

Abb. 8.10 Projektion der Phasengrenzen auf die PT-Ebene. Die Zahlen beziehen sich auf Abb. 8.9

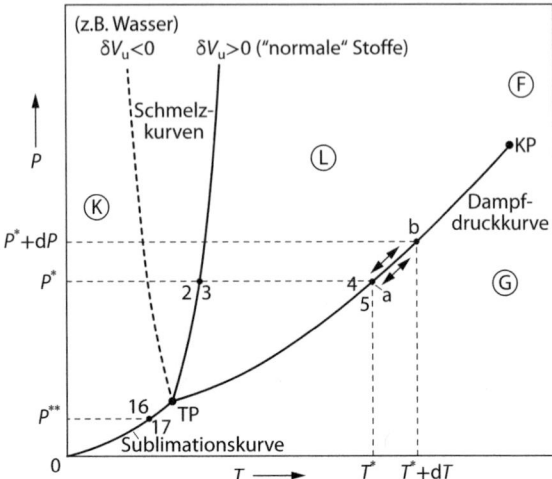

Tab. 8.2 Schmelz- und Siedepunkte einiger Stoffe sowie ihre Umwandlungsenthalpien bei Normaldruck[a]

Stoff	T_{schm} (°C)	T_{sied} (°C)	ΔH_{schm} (kJ/mol)	ΔH_{sied} (kJ/mol)
H_2	−259,2	−252,8	0,117	0,904
N_2	−209,9	−195,8	0,72	3,58
O_2	−218,8	−183,0	0,45	6,82
Ar	−189	−185,9	1,18	6,52
H_2O	0,0	+100,0	6,01	40,66
Hg	−38,86	+356,73	2,30	59,11
Cu	+1083	+2595	13,0	304
Fe	+1536	+3070	15,5	354
Si	+1423	+2355	46,5	395
NaCl	+800	+1461	28,8	170

[a] Werte überwiegend nach D'Ans-Lax 2013. Die Angaben verschiedener Autoren differieren um einige Prozent.

Diese Gleichung wurde von Rudolf Clausius und Benoit Clapeyron um 1850 gefunden und trägt daher ihren Namen. Die Werte der Umwandlungsenthalpien findet man in der Literatur (Tab. 8.2). Sie werden aus Messungen der Temperaturabhängigkeit der Entropie bzw. der Wärmekapazität im Kalorimeter gewonnen (s. Abb. 4.3).

Die Gl. 8.6 bezieht sich jedoch nicht nur auf die Schmelz- und Dampfdruckkurve, sondern auf jede Art von Phasengrenzen, sofern die Voraussetzung $G_i = G_j$ eingehalten ist. Das gilt zum Beispiel auch für elektrische und magnetische Phasen wie in Abb. 8.8.

Nun stellt die Gl. 8.6 noch nicht ganz das da, was wir eigentlich wollten, nämlich die Phasengrenze selbst, sondern nur ihre Steigung. Die P-T-Kurve lässt sich aber

8.3 Phasenübergänge

durch Integration finden, wenn man die Volumina $V_{i,j}$ durch P und T ausdrücken kann. Man braucht also eine Zustandsgleichung, die wir in analytischer Form nur für unsere idealisierten Modelle besitzen, beim idealen Gas etwa $P = NkT/V$ (Gl. A.2). Setzt man das für $V_{i,j}$ in Gl. 8.6 ein und macht gleichzeitig die Annahme $V_L \ll V_G$ bei etwa gleicher Teilchenzahl $N_G = N_L = N$ und $P_L = P_G = P$, so erhält man

$$\frac{dP}{dT} = \frac{\Delta H_{LG} P}{NkT^2} \tag{8.7}$$

bzw.

$$\frac{dP}{P} = \frac{\Delta H_{LG}\, dT}{NKT^2}. \tag{8.8}$$

Das lässt sich leicht integrieren und ergibt mit der weit unterhalb des kritischen Punkts gültigen Annahme einer temperaturunabhängigen Umwandlungsenthalpie

$$\ln P = -\frac{\Delta H_{LG}}{NkT} + \text{const}. \tag{8.9}$$

bzw.

$$P = \text{const.} \cdot e^{-\Delta H_{LG}/(NKT)}. \tag{8.10}$$

Trotz der vielen Näherungen, die wir hier gemacht haben, ist diese Gleichung für die Dampfdruckkurve erstaunlich gut erfüllt, wie Abb. 8.11 zeigt. Hier sind Messwerte für $\ln P$ gegen $1/T$ für verschiedene Gase zwischen dem Tripelpunkt und

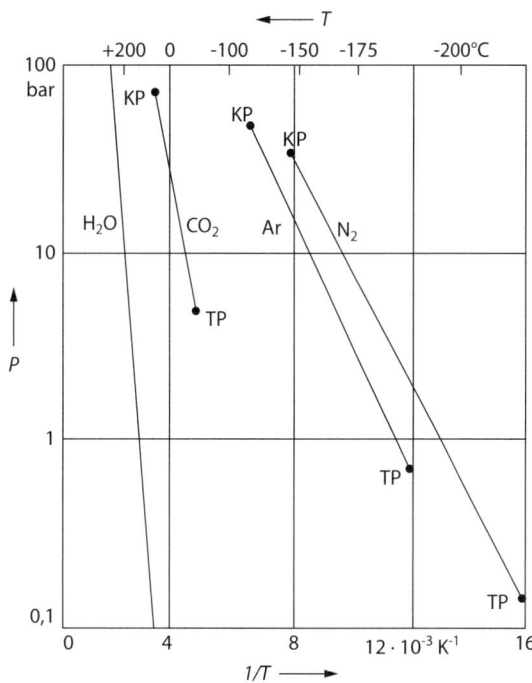

Abb. 8.11 Gemessene Dampfdruckkurven verschiedener Stoffe (Fehlergrenzen ca. 10 %). Sie bestätigen die Beziehung 8.9, $\ln P \sim (-1/T) + \text{const}$. TP ist der Tripelpunkt, KP der kritische Punkt. (Nach Baehr 1988)

dem kritischen Punkt aufgetragen. Aus der Steigung dieser Kurven erhält man zum Beispiel auch Zahlenwerte für ΔH_{LG}, ohne dafür Entropiemessungen zu machen.

8.4 Kritische Punkte

In Abb. 8.9 haben wir gesehen, dass bei manchen Phasenübergängen das Volumen einer Substanz sich sprunghaft ändert. Dasselbe gilt auch für die Entropie (s. Abb. 4.3d), für die innere Energie, für die Magnetisierung (Abb. 8.8) sowie für alle anderen extensiven Parameter der Energiebeiträge in Gl. 7.11. Das sind dort die unabhängigen Variablen. Die Größe dieser Sprünge hängt unter anderem von der Temperatur ab und sie verschwinden an den kritischen Punkten T_c (KP in Abb. 8.5 bis 8.8). Dies ist eine experimentelle Tatsache. Und sie ist trivial, denn bei T_c verschwindet der Unterschied zwischen Flüssigkeit und Gas in Abb. 8.5, oder zwischen aufwärts und abwärts gerichteter Magnetisierung in Abb. 8.8. An kritischen Punkten werden nämlich viele extensive Parameter der beiden Phasen gleich groß. In Abb. 8.12 ist das am Beispiel der Entropie S und ihrer Temperaturableitung $C = T(dS/dT)$ gezeigt. Bei einer Umwandlungstemperatur $T_u < T_c$ verläuft

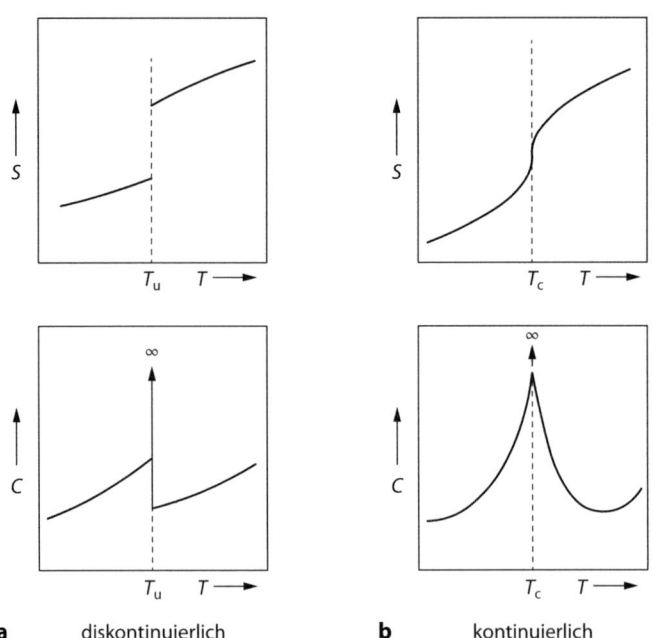

Abb. 8.12 Temperaturabhängigkeit der Entropie S und der Wärmekapazität $C = T(dS/dT)$ in der Nähe von diskontinuierlichen (**a**) und kontinuierlichen (**b**) Phasenübergängen. T_u ist die Umwandlungstemperatur, T_c ihr kritischer Wert. Ganz ähnlich sehen zum Beispiel die Bilder für das Volumen anstelle der Entropie und für den Ausdehnungskoeffizienten anstelle der Wärmekapazität aus

8.4 Kritische Punkte

S dagegen sprunghaft und C wird formal unendlich. Man spricht dann von einem **diskontinuierlichen Phasenübergang** oder von einem solchen **erster Art**. Bei T_c selbst dagegen verläuft S kontinuierlich mit einer senkrechten Tangente und C hat eine Spitze, die für T gegen T_c divergiert. Das ist dann ein **kontinuierlicher Phasenübergang** oder ein solcher **zweiter Art**. Dieses Verhalten von $S(T)$ und $C(T)$ findet man analog auch für die anderen extensiven Parameter in Gl. 7.11 und für die sogenannten **Suszeptibilitäten**, die Ableitungen der extensiven Größen nach den intensiven T, P, E, B usw. (Näheres im Kapitel 9). Außer der Wärmekapazität sind das die Kompressibilität, der thermische Ausdehnungskoeffizient, die elektrische und die magnetische Suszeptibilität usw. Alle diese Größen divergieren an kritischen Punkten bei kontinuierlichen Phasenübergängen. Soweit der experimentelle Tatbestand.

In der zweiten Hälfte des 20. Jahrhunderts hat man begonnen, die Eigenschaften der Stoffe in der Nähe ihrer kritischen Punkte genauer zu untersuchen. Das war erst möglich, als man die Temperatur der Proben sehr genau räumlich konstant halten und zeitlich regeln konnte, nämlich auf hundertstel bis tausendstel Kelvin. Denn dafür brauchte man hoch entwickelte elektronische Geräte. Die Ergebnisse dieser neueren Untersuchungen waren im Wesentlichen analytische Beziehungen für die Abhängigkeit verschiedener physikalischer Größen von der Temperatur und von anderen intensiven Parametern. Und zwar fand man die sogenannten **kritischen Potenzgesetze** in der Form

$$X = X_0 \left| \frac{T - T_c}{T_c} \right|^y . \tag{8.11}$$

Dabei steht X für eine der physikalischen Eigenschaften, und der **kritische Exponent** y ist eine positive oder negative kleine Zahl. Für positive y verschwindet X bei $T \to T_c$, für negative y divergiert X dort. Welche Eigenschaften der Gl. 8.11 genügen, das hängt natürlich von der Art der untersuchten Substanz ab. Beim Flüssig-Gas-Übergang ist es die Dichtedifferenz $\Delta \rho$ zwischen beiden Phasen, die für $T \to T_c$ mit $y = \beta = +0{,}35$ gegen Null geht:

$$\rho_F - \rho_G = \rho_0 \left| \frac{T - T_c}{T_c} \right|^\beta . \tag{8.12}$$

Beim Helium ist das der relative Anteil der Supraflüssigkeit, der sich so verhält. Beim Ferromagneten ist es die spontane Magnetisierung $M_s(T)$ (s. Abb. 8.8), und bei einem Supraleiter ist es die Wurzel aus der Anzahl der Cooper-Paare. Alle diese Größen bezeichnet man als **Ordnungsparameter**, weil sie ein Maß für die „Ordnung" in der Nähe von T_c darstellen. Diese sogenannte Ordnung ist eine Eigenschaft, die beide Phasen in charakteristischer Weise unterscheidet, zum Beispiel die spontane Magnetisierung oder die Konzentration bei Mischungen.

Eine andere Eigenschaft mit kritischem Verhalten ist die Wärmekapazität C_P bei konstantem Druck (s. Abb. 8.12). Sie folgt für die meisten Stoffe nahe T_c der Beziehung

$$C_P = C_{P0} \left| \frac{T - T_c}{T_c} \right|^\alpha \qquad (8.13)$$

mit $y = \alpha = -0{,}1$. Die Theorie (s. unten) sagt hier auch eine logarithmische Divergenz voraus mit $C_P \sim -\ln(|T - T_c|/T_c)$. Ferner divergieren die Suszeptibilitäten χ vieler Stoffe (s. Kapitel 9) am kritischen Punkt gemäß Gl. 8.11, nämlich

$$\chi = \chi_0 \left| \frac{T - T_c}{T_c} \right|^\gamma \qquad (8.14)$$

mit $y = \gamma = -1{,}33$. Das sind beim Flüssig-Gas-Gemisch die Kompressibilität $\kappa \equiv (\partial V/\partial P)/V$ und beim Magneten die magnetische Suszeptibilität $\chi_m \equiv (\mu \partial M/\partial B)$ mit der Permeabilität μ. Beim Elektret ist es die elektrische Suszeptibilität $\chi_e \equiv P_e/\varepsilon_0 E_e$ mit der elektrischen Polarisation P_e und dem elektrischen Feld E_e. Ein weiteres Beispiel für kritisches Verhalten findet man bei Mischungen von Flüssigkeiten, Festkörpern und Gasen. Die Abb. 8.13a zeigt das T-x-Diagramm der Mischung von Wasser (α) und Phenol (C_6H_5OH) (β) mit der relativen Konzentration $c = N_\beta/(N_\alpha + N_\beta)$. Oberhalb der Kurve sind die beiden Komponenten

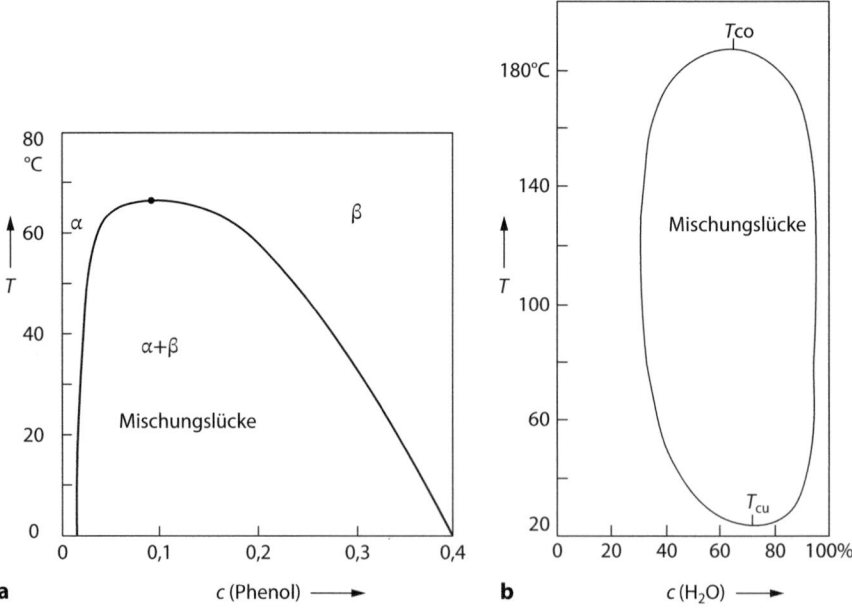

Abb. 8.13 Mischungsdiagramme für Flüssigkeiten. **a** Das System Wasser (α) und Phenol (β) beim Druck von 1,013 bar; **b** geschlossene Mischungslücke im System 2.4-Lutidin-Wasser. T_{co} und T_{cu} sind der obere und der untere kritische Punkt

vollständig mischbar. Unterhalb existiert eine **Mischungslücke** mit einer phenolarmen Phase () und einer phenolreichen (β). Bei $c = 0{,}08$ und $T = 63\,°C$ liegt ein kritischer Punkt. Oberhalb desselben kann man die beiden Phasen nicht mehr voneinander unterscheiden. In seiner Nähe folgt c einer Beziehung nach Gl. 8.11 mit $y = +0{,}35$, die Wärmekapazität verläuft nach Gl. 8.13. Es gibt auch Systeme, die nur zwischen zwei bestimmten Temperaturen eine Mischungslücke haben, aber oberhalb und unterhalb derselben vollständig mischbar sind. Ein Beispiel ist Wasser mit Lutidin (($CH_3)_2C_5H_3N$) in Abb. 8.13b.

Die hier geschilderte Ähnlichkeit des kritischen Verhaltens so unterschiedlicher Eigenschaften in so verschiedenen Stoffen bezeichnet man als **Universalität der kritischen Phänomene**. Universell sind dabei vor allem die kritischen Exponenten y in Gl. 8.11. Die Amplituden X_0 in dieser Gleichung sind natürlich jeweils andere Größen und ihre Werte sind oberhalb und unterhalb T_c etwas verschieden. Allerdings beobachtet man das kritische Verhalten nach Gl. 8.11 immer nur ganz dicht an den kritischen Punkten, nämlich in einem Temperaturbereich von $|T - T_c|/T_c \lesssim 10^{-2}$ um T_c herum. Das sind bei Wasser etwa 6 K, bei CO_2 etwa 3 K und bei Helium-4 etwa 0,02 K.

In der Mitte des 20. Jahrhunderts hat man lange darüber gerätselt, wie diese merkwürdige Universalität zustande kommt. Die Thermodynamik lieferte da zunächst keine Hinweise. Schließlich erinnerte man sich aber an ein altes Experiment von Thomas Andrews aus dem Jahr 1869, an die **kritische Opaleszenz**. Er fand, dass in der Nähe des kritischen Punkts von CO_2, bei 31 °C und 76 bar, ein durch die Probe gehender Lichtstrahl stark nach allen Seiten gestreut wird. Daraus schloss Andrews, dass in der Substanz Dichteschwankungen mit Durchmessern in der Größenordnung der Lichtwellenlänge existieren müssen, etwa $5 \cdot 10^{-7}$ m. Erst rund 100 Jahre später verfügte man aber über elektronische Hilfsmittel, um die Temperatur einer Probe auf weniger als ein Hundertstel Grad konstant zu halten. Außerdem verfügte man über Laser, Röntgenspektrometer und Neutronen, um gut auflösbare statische und dynamische Streuexperimente zu machen. Das Ergebnis solcher Messungen zeigt Abb. 8.14. Das Teilbild Abb. 8.14a ist eine Computerdarstellung der lokalen Magnetisierung in einem Ferromagneten bei verschiedenen Temperaturen oberhalb T_c. Die schwarzen Punkte bedeuten aufwärts gerichtete magnetische Momente („Spins"), die weißen abwärts gerichtete. Man erkennt gut, wie die Größe der einheitlich magnetisierten Bereiche mit Annäherung an T_c zunimmt. Die Größe dieser Fluktuationen, genauer gesagt die **Korrelationslänge**[1] ξ, divergiert bei T_c auch nach einem Potenzgesetz (Abb. 8.14b)

$$\xi = \xi_0 \left| \frac{T - T_c}{T_c} \right|^{-2/3} \qquad (8.15)$$

---

[1] Das ist in Abb. 8.14a derjenige Abstand vom Zentrum eines weißen oder schwarzen Bereichs, bei dem die „Ordnung", das heißt die Konzentration der weißen bzw. schwarzen Spins, auf $1/e \approx 0{,}37$ abgenommen hat.

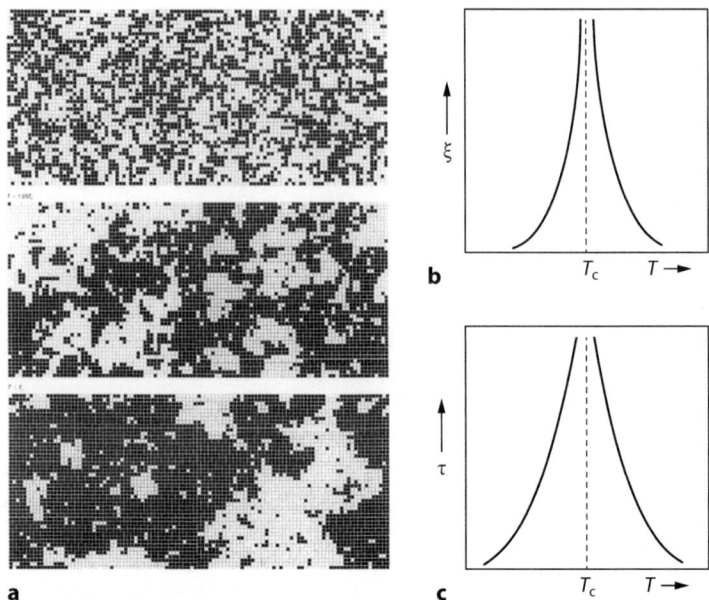

Abb. 8.14 Fluktuationen des Ordnungsparameters in der Nähe eines kritischen Punkts. **a** Computersimulation eines magnetischen Systems (Ising-Modell), aufwärts gerichtete Spins weiß, abwärts gerichtete schwarz; **b** und **c** Anwachsen von Radius (ξ) und Lebensdauer (τ) der Fluktuationen in der Nähe von T_c nach Gln. 8.15 und 8.16. (Nach Wilson 1979)

mit $\xi_0 \approx 10^{-9}$ m. Und die Lebensdauer bzw. die **Korrelationszeit** τ dieser Fluktuationen divergiert gemäß (Abb. 8.14c)

$$\tau = \tau_0 \left| \frac{T - T_c}{T_c} \right|^{-1/3} \tag{8.16}$$

mit $\tau_0 \approx 10^{-10}$ s. Dieses Verhalten der Schwankungen des Ordnungsparameters ist ebenfalls universell und wurde an vielen verschiedenen Stoffen in der Nähe ihrer kritischen Punkte beobachtet. Die Korrelationslänge beschreibt dabei die Reichweite der Wechselwirkung zwischen den Atomen, die Korrelationszeit ihre Zeitdauer. Beides wird bestimmt durch die Paarkorrelationsfunktion G_p:

$$G_p(r,t) \frac{e^{-r/\xi}}{r^{1+\eta}} e^{-t/\tau} \tag{8.17}$$

(η ist ein weiterer kritischer Exponent). Diese Funktion beschreibt die Wahrscheinlichkeit, im Abstand r zur Zeit t einen aufwärts oder abwärts gerichteten Spin zu finden, wenn sich zur Zeit Null am Ort Null ein anderer solcher befand.

8.4 Kritische Punkte

In unserer Beschreibung des kritischen Verhaltens kam das Wort „Thermodynamik" bisher noch nicht vor. Das soll jetzt nachgeholt werden, denn man braucht sie zur Berechnung der kritischen Exponenten. Die Theorie dazu ist umfangreich und kompliziert, sodass wir sie nur ganz kurz skizzieren können. Wie im Anhang A.6 beschrieben, lassen sich thermodynamische Größen aus Zustandssummen gewinnen. Und diese erhält man im Wesentlichen durch Summation oder Integration des Terms $e^{-E/(kT)}$ über alle Mikrozustände des Systems. Dazu muss man deren Energie E und deren Zahl kennen, und das ist nicht ganz einfach. Bei einem System von N magnetischen Momenten („Spins") wie in Abb. 2.6 sind das 2^N mögliche Konfigurationen, für 100 Momente also $2^{100} \approx 10^{30}$. Hier stößt der Rechenaufwand auch mit großen Computern schon an seine Grenzen. Und 100 Momente sind noch kein richtiger Magnet. Man braucht mindestens etwa 10^6 davon, denn so groß sind etwa die kritischen Fluktuationen bei $|T - T_c|/T_c = 10^{-2}$. Weil die Computerkapazität dafür aber nicht ausreicht, hat man ein Näherungsverfahren entdeckt, die sogenannte **Blockspin-Methode** der **Renormierungsgruppe**. Das haben Leo P. Kadanoff und Kenneth G. Wilson (Nobelpreis 1982) in den 70er Jahren des vergangenen Jahrhunderts gefunden. Das Verfahren beruht ganz kurz auf folgender Überlegung:

Um ein Potenzgesetz wie Gl. 8.11 zu erhalten, muss man die Zustandssumme in der Nähe von T_c kennen. Aus dieser folgt mit Gl. A.43 die innere Energie U und daraus die Wärmekapazität $C = dU/dT$. Für ein genügend großes System kennt man die Zustandssumme Z aber im Allgemeinen nicht analytisch. Die Blockspin-Methode besteht nun darin, mit einem kleinen magnetischen System von etwa 8 Spins anzufangen und Z dafür zu berechnen. Es gibt dann $2^8 = 256$ Mikrozustände, und das Ergebnis für die Wärmekapazität vergleicht man mit der Erfahrung. Stimmt es noch nicht, so ersetzt man die 8 Spins nun durch einen einzelnen größeren „Blockspin" und berechnet als Nächstes Z für 8 Stück von diesen. Dabei variiert man die Wechselwirkungsenergie zwischen ihnen und die Temperatur ein wenig und vergleicht das Ergebnis für die Wärmekapazität wieder mit der Erfahrung. Stimmt es immer noch nicht, so ersetzt man die Blockspins wieder durch einen noch größeren und fährt so weiter fort. Wenn man Glück hat, kommt nach genügend vielen Näherungen das Potenzgesetz für die Wärmekapazität nahe T_c richtig heraus. Kadanoff und Wilson hatten Glück und fanden zum Beispiel für den kritischen Exponenten in Gl. 8.13

$$\alpha = 2 - \frac{\ln 2}{\ln \tanh[4J/(kT_c)]} \approx 0{,}1 \,. \tag{8.18}$$

Dabei ist J die sogenannte Austauschenergie zwischen zwei benachbarten Elektronen mit der Größenordnung 10^{-21} bis 10^{-20} Joule. Ähnliche Beziehungen findet man für die andren kritischen Exponenten, die wir oben definiert hatten. Sie lassen sich mit der Renormierungsmethode auf vier Stellen genau berechnen, genauer als die meisten Messungen.

Führt man die Renormierung im Einzelnen durch, so findet man, dass die Werte der kritischen Exponenten von zwei Parametern abhängen: von der räumlichen

Dimension D des Systems und von der sogenannten Spindimension d. Dabei ist d die Anzahl der Richtungen, in denen die Spins miteinander wechselwirken. Sie tun das nämlich nach den Regeln der Quantenphysik nur in diskreten Richtungen relativ zum Magnetfeld. Dagegen hängen die Werte der kritischen Exponenten nicht wesentlich von der Art der Atome oder Moleküle ab, auch nicht von der Art der Wechselwirkung zwischen ihnen (elektrische, magnetische usw.) und auch nicht von der Gestalt des Kristallgitters in Festkörpern. *Genau dies ist das Phänomen der Universalität des kritischen Verhaltens*, wie es sich aus zahlreichen Experimenten ergab. Man kann sich nämlich gut vorstellen, dass die Art der Atome, der Wechselwirkung und des Kristallgitters keine Rolle mehr spielen, wenn die Korrelationslänge, die Reichweite der Kräfte, sehr groß gegen den mittleren Atomabstand wird. Und das geschieht nach Gl. 8.15 und Abb. 8.14 ja gerade bei Annäherung an den kritischen Punkt.

Damit beschließen wir diesen Abschnitt über die kontinuierlichen Phasenübergänge und kritischen Punkte. Dabei handelt es sich um eine der interessantesten Eigenschaften der Vielteilchenphysik, die wir heute kennen. Diese Eigenschaften haben viele Anwendungen in der Praxis gefunden, zum Beispiel in der physikalisch-chemischen Verfahrenstechnik. Im überkritischen Bereich, oberhalb T_c lassen sich nämlich Fluide leichter mischen und Metalle leichter legieren als unterhalb. Fremdstoffe lassen sich leichter lösen und Kolloide leichter präparieren. Die hohe magnetische Suszeptibilität nahe am Curie-Punkt kann man zur Temperaturregulierung verwenden und für magnetische Energiewandler nutzen usw.

Literatur

Stierstadt, K.: Thermodynamik. Springer, Berlin (2010)

9 Suszeptibilität und Response – Die Eigenschaften der Stoffe

Die uns umgebende Materie besitzt eine Fülle verschiedener Eigenschaften. Das sind ihre Form, ihre Masse, ihre Dichte, ihre Farbe, ihre Härte, ihre Elektrisierbarkeit, ihre Magnetisierung, ihr chemisches Verhalten usw. Alle diese Eigenschaften hängen von den thermodynamischen Bedingungen ab, bei denen sich die Materie befindet. Solche Bedingungen sind Temperatur, Druck, elektrisches oder magnetisches Feld usw. Der Zusammenhang zwischen den Eigenschaften der Materie und diesen Bedingungen wird durch ein thermodynamisches Potenzial bestimmt. Wir betrachten dazu den erweiterten Ersten Hauptsatz, den wir ähnlich schon in Gl. 7.11 kennen gelernt haben:

$$dU = T\,dS - P\,dV + \boldsymbol{F} \cdot d\boldsymbol{L} + \boldsymbol{E} \cdot d\boldsymbol{M}_\mathrm{e} + \boldsymbol{B} \cdot d\boldsymbol{M}_\mathrm{m}. \qquad (9.1)$$

U innere Energie, T Temperatur, S Entropie, P Druck, V Volumen, $\boldsymbol{F}$ mechanische Kraft, $\boldsymbol{L}$ Länge, $\boldsymbol{E}$ elektrisches Feld, $\boldsymbol{M}_\mathrm{e}$ elektrisches Moment, $\boldsymbol{B}$ Magnetfeld, $\boldsymbol{M}_\mathrm{m}$ magnetisches Moment

Der Erste Hauptsatz besteht aus einer Summe von Energietermen[1], deren jeweils erster Faktor die abhängige Variable ist, eine **intensive Feldgröße**, und deren zweiter Faktor, die unabhängige Variable, eine **extensive Mengengröße** ist. Die Mengengrößen sind proportional zur Teilchenzahl eines Körpers, die Feldgrößen dagegen nicht. Sie haben aber im Gleichgewicht in koexistierenden Phasen eines Systems immer denselben Wert. Der erste Term in Gl. 9.1 ist bekanntlich die Wärme, die übrigen bezeichnet man als Arbeit (s. Kapitel 3). Natürlich sind noch weitere Arbeitsterme denkbar, zum Beispiel die starke und die schwache Wechselwirkung

---

[1] Gegenüber Gl. 7.11 haben wir hier drei Terme weggelassen, weil sie für das Folgende nicht so wichtig sind.

Ergänzende Information Die elektronische Version dieses Kapitels enthält Zusatzmaterial, auf das über folgenden Link zugegriffen werden kann https://doi.org/10.1007/978-3-662-69771-9_9.

zwischen Elementarteilchen oder die Gravitationsenergie. Aber Erstere sind nur in Atomkernen wirksam und Letztere nur in der Astrophysik.

Die Gl. 9.1 hat für die Praxis einen Nachteil, wenn man Experimente mit der Theorie vergleichen will: Die unabhängigen Variablen S, V, $\boldsymbol{M}_\mathrm{e}$ usw. lassen sich experimentell nur schwer gezielt verändern oder konstant halten. Bei den abhängigen Variablen T, P, $\boldsymbol{E}$ usw. geht das viel einfacher. Daher vertauscht man für die Praxis abhängige und unabhängige Variable durch eine Legendre-Transformation, wie wir es schon in den Gln. 7.4 bis 7.10 getan haben. So erhält man ein neues Potenzial ϕ mit

$$\mathrm{d}\phi = -S\,\mathrm{d}T + V\,\mathrm{d}P - \boldsymbol{L}\cdot\mathrm{d}\boldsymbol{F} - \boldsymbol{M}_\mathrm{e}\cdot\mathrm{d}\boldsymbol{E} - \boldsymbol{M}_\mathrm{m}\cdot\mathrm{d}\boldsymbol{B}\,. \qquad (9.2)$$

Hier sind nun die Feldgrößen T, P, $\boldsymbol{E}$ usw. die leicht zu variierenden unabhängigen Variablen, und die abhängigen die zugehörigen Mengengrößen S, V, $\boldsymbol{M}_\mathrm{e}$ usw. Das Potenzial ϕ enthält hier fünf Energieterme, von denen in der Praxis aber oft nur einer oder zwei von Bedeutung sind. Damit wird der Vergleich mit theoretischen Beziehungen relativ einfach.

Wo sind nun im Ersten Hauptsatz die Eigenschaften der Stoffe verborgen? Das sieht man folgendermaßen: Differenziert man die einzelnen Energieterme von Gl. 9.2 nach den jeweiligen Feldgrößen und hält alle anderen konstant, so erhält man direkt die entsprechenden Mengengrößen

$$\frac{\partial\phi}{\partial T} = -S,\; \frac{\partial\phi}{\partial P} = +V,\; \frac{\partial\phi}{\partial F} = -L,\; \frac{\partial\phi}{\partial E} = -M_\mathrm{e},\; \frac{\partial\phi}{\partial B} = -M_\mathrm{m}\,. \qquad (9.3)$$

Hier ist zu beachten, dass bei den Skalarprodukten in Gl. 9.2 die Vektorregeln gelten. Die obige vereinfachte Schreibweise der Ableitungen gilt nur für parallele Vektoren $\boldsymbol{F}$ und $\boldsymbol{L}$, $\boldsymbol{E}$ und $\boldsymbol{M}_\mathrm{e}$, $\boldsymbol{B}$ und $\boldsymbol{M}_\mathrm{m}$. Differenziert man die Terme in Gl. 9.3 nun noch ein zweites Mal nach den jeweiligen Feldgrößen, dann erhält man die sogenannten **Suszeptibilitäten** oder **Response-Koeffizienten**. Es ergeben sich auf diese Weise die folgenden fünf Beziehungen:

1. $$\frac{\partial^2\phi}{\partial T^2} = -\frac{\partial S}{\partial T} = -\frac{1}{T}\frac{\partial Q}{\partial T} = -\frac{C}{T}\,. \qquad (9.4)$$

Hier haben wir nach Clausius $\partial S = \partial Q/T$ gesetzt (s. Gl. 4.3c) und die **Wärmekapazität** $C \equiv (\partial Q/\partial T)$ erhalten. Zahlenwerte für die *spezifische Wärmekapazität* bei konstantem Druck $c_P = C_P/m$ liegen bei den meisten Stoffen zwischen 0,1 für Blei und 15 J/(kg K) für Wasserstoffgas.

2. $$\frac{\partial^2\phi}{\partial P^2} = +\frac{\partial V}{\partial P} = -V\kappa\,. \qquad (9.5)$$

Hier ist $\kappa \equiv -(\partial V/\partial P)/V$ die isotherme Kompressibilität. Deren Zahlenwerte liegen zwischen 10^{-4} GPa für Luft und 500 GPa für Diamant (1 GPa = 10^4 bar). Der Kehrwert von κ heißt Kompressionsmodul.

9 Suszeptibilität und Response – Die Eigenschaften der Stoffe

3.
$$\frac{\partial^2 \phi}{\partial F^2} = -\frac{\partial L}{\partial F} = -\frac{1}{\hat{E}} \frac{L_0}{A} = -\hat{C} \frac{L_0}{A}. \quad (9.6)$$

Dies gilt für uniaxialen Zug mit der Kraft F senkrecht zur Querschnittsfläche A einer Probe der Länge L_0. Dabei ist $\hat{E}$ der **Elastizitätsmodul** und $\hat{C} = 1/\hat{E}$ die **Elastizitätskonstante**. Für den allgemeinen Fall von Zugspannungen σ und Dehnungen ε gilt die Tensorbeziehung $\sigma_{ij} = \hat{C}_{ijk}\varepsilon_{kj}$. Der Elastizitätsmodul hat Werte zwischen 1 GPa für PVC und 1000 GPa für Diamant (1 GPa = 10^4 bar).

4.
$$\frac{\partial^2 \phi}{\partial E^2} = -\frac{\partial M_e}{\partial E} = -\frac{V \partial P_e}{\partial E} = -\varepsilon_0 \chi_e V. \quad (9.7)$$

Dabei ist die elektrische Polarisation $P_e = M_e/V \equiv \varepsilon_0 \chi_e E$, χ_e die **elektrische Suszeptibilität** und die Influenzkonstante $\varepsilon_0 = 8{,}854\ldots \cdot 10^{-12}$ As/(Vm). Die Beziehung 9.7 beschreibt den uniaxialen Fall für P_e parallel zu E. Im Allgemeinen ist χ_e ein Tensor 2. Stufe, $P_{e,i} = \varepsilon_0 \chi_{e,ijk} E_j E_k$. Die relative **Permittivität** $\varepsilon_r = 1 + \chi_e$ beträgt zum Beispiel 1 für Luft und Wasser und 10.000 für ferroelektrisches BaTiO$_3$.

5.
$$\frac{\partial^2 \phi}{\partial B^2} = -\frac{\partial M_m}{\partial B} = -\frac{\chi_m V}{\mu_0}. \quad (9.8)$$

Hier ist $\chi_m \equiv \mu_0 \partial M_m/\partial B$ die **magnetische Suszeptibilität** und $\mu_0 = 4\pi \cdot 10^{-7}$ Vs/(Am) die Induktionskonstante. Die Beziehung 9.8 gilt für den uniaxialen Fall M_m parallel zu B. Im Allgemeinen ist χ_m aber ein Tensor 2. Stufe, $M_{m,i} = \chi_{m,ijk} H_j H_k$ mit $H = B/\mu_0$. Die relative Permeabilität $\mu_r = 1 + \chi_m$ beträgt zum Beispiel für Luft und Wasser ungefähr 1 und für ferromagnetische Stoffe 10 bis 500.000.

Soweit die doppelten zweiten Ableitungen $\partial^2 \phi/\partial Y_i^2$ des Potenzials ϕ nach den Feldgrößen T, P, F, E und B. Es gibt natürlich auch gemischte Ableitungen $\partial^2 \phi/(\partial Y_i \partial Y_k)$ nach zwei verschiedenen Feldgrößen (für $i \neq k$). Diese sind in Tab. 9.1 zusammengestellt.

Hier sind die Mengengrößen X in den Zeilen und die Feldgrößen Y in den Spalten angeordnet. In jedem Kästchen ist eine Suszeptibilität eingetragen, in der Hauptdiagonale die doppelten zweiten Ableitungen, Gln. 9.4 bis 9.8. Um den Text hier nicht zu überfrachten, sind die 20 gemischten zweiten Ableitungen und ihre Beschreibungen im Anhang A.7 zusammengestellt. Die Tabelle kann man natürlich noch um die drei Terme aus Gl. 7.11 erweitern, die wir in Gl. 9.2 weggelassen haben. Aber die entsprechenden Suszeptibilitäten sind in der Literatur nur schwer zu finden, obwohl solche Effekte schon oft untersucht wurden. Erstens haben sie keine eingeführten Namen oder Bezeichnungen. Zweitens sind die Effekte zum Teil sehr klein und bisher nur bei ganz speziellen Stoffen für bestimmte Anwendungen interessant.

Tab. 9.1 Suszeptibilitäten reiner Stoffe

Y \ X	T (K)	P (N/m²)	F (N)	E (V/m)	B (Vs/m²)
S (J/K)	Wärmekapazität $\partial S/\partial T \sim C_P$ 1	Piezokalorischer Effekt $\partial S/\partial P \sim C_V$ 8	Mechanokalorischer Effekt $\partial S/\partial F$ 9	Elektrokalorischer Effekt $\partial S/\partial E$ 11	Magentokalorischer Effekt $\partial S/\partial B$ 17
V (m³)	Thermische Volumenänderung $\partial V/\partial T \sim \gamma$ 6	Kompressibilität $\partial V/\partial P \sim \kappa$ 2	Volumenstriktion $\partial V/\partial F$ 25	Volumenelektrostriktion $\partial V/\partial E \sim \varepsilon_V$ 14	Volumenmagnetostriktion $\partial V/\partial B \sim \omega_V$ 20
L (m)	Thermische Längenänderung $\partial L/\partial T \sim \alpha$ 7	Kompressible Dehnung $\partial L/\partial P$ 24	Mechanische Dehnung $\partial L/\partial F \sim \hat{C}$ 3	Uniaxiale Elektrostriktion $\partial L/\partial E \sim \varepsilon_L$ 15	Uniaxiale Magnetostriktion $\partial L/\partial B \sim \omega_L$ 21
M_e (Asm)	Pyroektrischer Effekt $\partial M_e/\partial T$ 10	Piezoelektrischer Volumeneffekt $\partial M_e/\partial P$ 12	Uniaxialer piezoelektrischer Effekt $\partial M_e/\partial F$ 13	Elektrische Suszeptibilität $\partial M_e/\partial E \sim \chi_e$ 4	Magnetoelektrischer Effekt $\partial M_e/\partial B$ 23

Zu Tab. 9.1 ist noch eine Reihe von Anmerkungen zu machen:

- Aus der Zustandsgleichung eines Stoffes kann man die Suszeptibilitäten im Allgemeinen direkt berechnen. Solche Gleichungen in der Form $X_i = f(Y_k)$ kennt man in analytischer Form allerdings nur für wenige idealisierte Systeme, das ideale Gas, den idealen Magnet und den idealen Kristall (Gln. A.2, 2.26 und 2.35). Für das ideale Gas erhält man so zum Beispiel $\gamma_P = 1/T$, $\kappa_T = 1/P$ und $C_P = 5kN/2$. Für den idealen Magneten kann man den magnetokalorischen Effekt aus der Entropie nach Gl. 4.14 berechnen. Und die magnetische Suszeptibilität erhält man aus Gl. 2.26 zu $\chi_m = (\mu_0 N \mu^2)/(VkT) \cosh^{-2}(\mu B/kT)$ usw.
- Nähert man die Zustandsgleichungen durch Potenzreihen an, so lauten diese in allgemeiner Form etwa

$$X_i = \chi_1 Y_k + \chi_2 Y_k^2 + \chi_3 Y_k^3 + \ldots \tag{9.9}$$

Die Größen χ_2, χ_3 usw. sind dann Suszeptibilitäten zweiter, dritter Ordnung usw. Ihre Größe nimmt mit wachsender Ordnungszahl im Allgemeinen schnell ab. Bei der mechanischen Dehnung beträgt das Verhältnis χ_2/χ_1 der elastischen Konstanten etwa 10^{-10}.

- Die Suszeptibilitäten sind keine Material*konstanten*, wie man sie fälschlich nennt. Sie hängen nämlich ihrerseits von allen relevanten Feldgrößen ab. So ändert sich etwa die Wärmekapazität eines magnetischen Kristalls sowohl mit dem Druck als auch mit dem magnetischen Feld (s. z. B. Gl. 2.24). Die Wärmekapazität bei konstantem Druck, konstantem Volumen, konstanter Magnetisierung usw. sieht jeweils etwas anders aus. Der Zusammenhang zwischen diesen verschiedenen Formen der Suszeptibilitäten wird im Anhang A.8 behandelt.

9 Suszeptibilität und Response – Die Eigenschaften der Stoffe

- Eine Erweiterung der Response-Übersicht in Tab. 9.1 ergibt sich, wenn man zeitlich veränderliche Felder betrachtet. Führt die Feldgröße eine periodische Schwingung der Art $Y(t) \sim e^{i\omega t}$ aus, so reagiert die Mengengröße mit einer erzwungenen und eventuell gedämpften Schwingung $X(t) = X_0\, e^{-\beta\, t} e^{i(\omega t - \varphi)}$ mit einer Dämpfungskonstante β und einem Phasenfaktor φ. Die Suszeptibilität ist dann formal eine komplexe Größe $\chi = \chi' + i\chi''$ mit einem Anteil χ', der mit $Y(t)$ in Phase ist und einem um 90° dagegen verschobenen χ''. Wenn sich darüber hinaus eine Mengengröße χ wellenförmig in z-Richtung ausbreitet, so folgt das oft einer Wellengleichung der Art

$$\frac{\partial^2 X}{\partial t^2} = v^2 \frac{\partial^2 X}{\partial z^2} + \gamma_w \frac{\partial^3 X}{\partial z^2 \partial t} \qquad (9.10)$$

mit der Phasengeschwindigkeit v und der Dämpfungskonstante γ_w. Die Intensität bzw. der Energiefluss lautet dann $I(z) = I_0 e^{-\alpha(\gamma_w) z}$. Für Schwingungen und Wellen gibt es also *dynamische Response-Größen*, die vor allem bei mechanischen und elektromagnetischen Phänomenen eine Rolle spielen.

Teil II
Anwendungen der Thermodynamik

Vom Gas zur Flüssigkeit

10.1 Reale Gase

Der größte Teil der Materie in unserem Weltall befindet sich in einem mehr oder weniger idealen Gaszustand. Viele der wichtigsten und interessantesten Eigenschaften der Stoffe, die wir im vorigen Kapitel besprochen haben, treten aber erst auf, wenn die Materie kondensiert, das heißt, flüssig oder fest wird. Dann kommen sich nämlich die Atome oder Moleküle bei niedrigem Druck und tiefer Temperatur für einige Zeit so nahe, dass die Kräfte zwischen ihnen wirksam werden können. Wie wir in Abschn. 8.2 besprochen haben, sind das vor allem elektrische Kräfte zwischen den Ladungen in den Atomen und zum kleinen Teil auch magnetische Wechselwirkungen. Der Einfluss dieser Kräfte äußert sich in den Zustandsdiagrammen (s. Abschn. 8.1) in folgender Weise: Die Isothermen eines idealen Gases sind weit oberhalb des kritischen Punkts (T_c) perfekte Parabeln, $P \sim 1/V$ (s. Abb. A.1). Bei Annäherung an T_c verformen sich diese langsam zu Kurven dritter Ordnung. Das ist in Abb. 10.1 für CO_2 zu sehen. Am kritischen Punkt selbst hat die Isotherme gerade eine horizontale Wendetangente. Und unterhalb desselben beginnt das Zwei-Phasen-Gebiet, begrenzt durch die punktierte Koexistenzkurve zwischen Flüssigkeit (L) und Gas (G).

Die Isothermen in Abb. 10.1 sind experimentell gewonnen. Will man sie theoretisch beschreiben und damit „verstehen", so muss man die Zustandsfunktion Ω des Gases kennen. Man kann sie analog zum Verfahren im Anhang A.3 berechnen, um daraus wie beim idealen Gas eine Zustandsgleichung $P(V, T)$ zu erhalten. Dazu muss man der kinetischen Energie ε der Atome und Moleküle (Gl. A.19) ihre gegenseitige potenzielle Energie φ hinzufügen. Diese ist eine Funktion der Ladungsverteilungen, wie sie in Abb. 8.2 und 8.3 zu sehen sind. Mit einer entsprechenden Gesamtenergie $\varepsilon + \varphi$ müsste man die Zustandsfunktion eines realen Gases

Ergänzende Information Die elektronische Version dieses Kapitels enthält Zusatzmaterial, auf das über folgenden Link zugegriffen werden kann https://doi.org/10.1007/978-3-662-69771-9_10.

Abb. 10.1 Isothermen von Kohlendioxid. Innerhalb des punktierten Zwei-Phasen-Gebiets sind die Isothermen instabil bzw. metastabil. Sie folgen dann den gestrichelten Linien. KP ist der kritische Punkt, V_m das Molvolumen

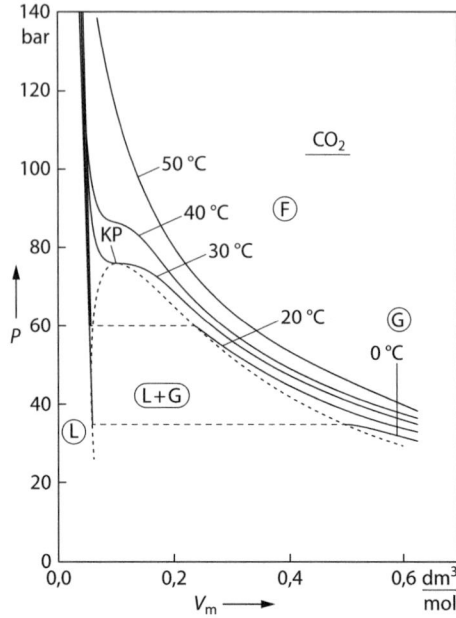

dann berechnen können. Leider ist das nicht in geschossener Form möglich und es ist numerisch mit großem Rechenaufwand verbunden.

Um einfach etwas auszusagen, erweitert man daher die Zustandsgleichung A.2 des idealen Gases in eine Taylor-Reihe nach Potenzen von $1/V$, eine sogenannte **Virialgleichung** (vom lateinischen *vires* für „Kräfte"). Sie hat die Form

$$PV = nRT\left(1 + \frac{B(T)}{V/n} + \frac{C(T)}{(V/n)^2} + \ldots\right) \qquad (10.1)$$

mit temperaturabhängigen Koeffizienten B, C usw. Hier ist n die Stoffmenge bzw. die Anzahl der Mole und $R = 8{,}315\ldots$ J/(mol K) die allgemeine Gaskonstante. Die **Virialkoeffizienten** B und C lassen sich als Funktionen der interatomaren potenziellen Energie φ berechnen. Man braucht dazu die Zustandssumme (s. Gl. A.40) des realen Gases und erhält daraus nach Gl. A.50 den Druck als Funktion von V und T. Die Herleitung ist etwas langwierig (s. Stierstadt 2010). Wir schreiben daher

10.1 Reale Gase

hier nur das Ergebnis hin:

$$B(T) = 2\pi N_A \int_0^\infty r^2 \left(1 - e^{-\varphi(r)/(kT)}\right) dr \tag{10.2}$$

$$C(T) = \frac{8\pi^2}{3} N_A^2 \int_0^\infty dr_{12} \int_0^\infty dr_{23} \int_0^\infty dr_{31} \left(r_{12} r_{23} r_{31} \begin{bmatrix} \left(1 - e^{-\varphi_{12}(r)/(kT)}\right) \\ \times \left(1 - e^{-\varphi_{23}(r)/(kT)}\right) \\ \times \left(1 - e^{-\varphi_{31}(r)/(kT)}\right) \end{bmatrix} \right) + \Delta C_3 \tag{10.3}$$

Dabei beschreibt B die Wechselwirkung zwischen je zwei und C diejenige zwischen drei Atomen oder Molekülen, und ΔC_3 ist eine Korrektur für die Paarpotenziale $\varphi_{ik}(r)$ bezüglich der Anwesenheit eines dritten Teilchens. Zur Berechnung der Virialkoeffizienten braucht man also vor allem die Abstandsabhängigkeit der potenziellen Energie $\varphi(r)$.

Diese kann man messen, indem man die Teilchen in einer Molekularstrahlanordnung aneinander streut. Aus der Winkelverteilung der gestreuten Intensität erhält man dann durch Fourier-Transformation den Verlauf $\varphi(r)$ (Näheres in Lehrbüchern der Atomphysik). Das Ergebnis für Argon zeigt Abb. 10.2. Diese Funktion besteht offenbar aus einem anziehenden Beitrag ($\varphi < 0$) für große Abstände ($r \geq 0{,}34$ nm) und einem abstoßenden ($\varphi > 0$) für kleinere ($r < r_0$). Genau das erwartet man auch: Bei größeren Abständen ziehen die Atome bzw. Moleküle aufgrund vorhandener elektrischer Ladungen oder gegenseitiger Polarisation einander an. Sobald

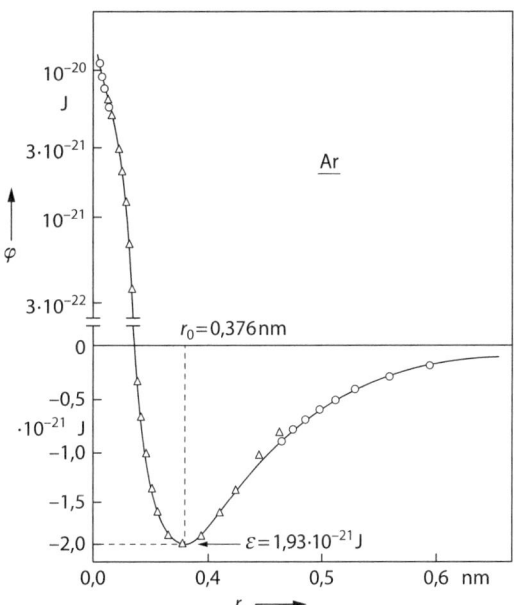

Abb. 10.2 Messkurve für die interatomare potenzielle Energie von Argonatomen. Die positive Ordinate ist logarithmisch geteilt, die negative linear. (Nach Maitland et al. 1981)

sie sich aber berühren oder durchdringen, stoßen sich die gleichnamigen Ladungen in den Elektronenhüllen und Atomkernen voneinander ab. Eine gute Näherung an dieses Verhalten liefert das sogenannte **Lennard-Jones-Potenzial**[1] (nach John E. Lennard-Jones):

$$\varphi(r) = \varepsilon\left[\left(\frac{r_0}{r}\right)^{12} - 2\left(\frac{r_0}{r}\right)^6\right]. \tag{10.4}$$

Dabei ist ε die Energie im Minimum und r_0 dessen Lage, der ungefähre Molekülradius. Der erste Term in der eckigen Klammer beschreibt die Abstoßung, wenn die Teilchen sich sehr nahe kommen, der zweite die Anziehung bei größeren Abständen. In Abb. 10.3 und 10.4 sind die potenzielle Energie φ und die Kraft $F = d\varphi/dr$ als Funktion des Abstands nach Gl. 10.4 skizziert.

Wenn man das aus der Streuung gewonnene Potenzial in die Virialkoeffizienten B und C nach Gln. 10.2 und 10.3 einsetzt, und diese in die Reihenentwicklung 10.1, dann bekommt man die thermische Zustandsgleichung eines realen Gases. Man erhält auch annähernd die richtigen Isothermen in der Nähe des kritischen Punkts mit einer horizontalen Wendetangente bei T_c (s. Abb. 10.1). Innerhalb des Zwei-Phasen-Gebiets liefert die Theorie allerdings ein merkwürdiges Ergebnis: Die Kurven haben dort Maxima und Minima und dazwischen eine positive Steigung. Das heißt, mit wachsendem Druck nähme das Volumen zu, und die Kompressibilität $\kappa = -(\partial V/\partial P)/V$ würde negativ! Ein solches Verhalten ist instabil und würde zur Explosion der Substanz führen. Das ist unphysikalisch. Das Experiment zeigt auch, dass so etwas in normalen Stoffen nicht vorkommt. Stattdessen verläuft die gemessene Isotherme im Zwei-Phasen-Gebiet isobar längs einer horizontalen ge-

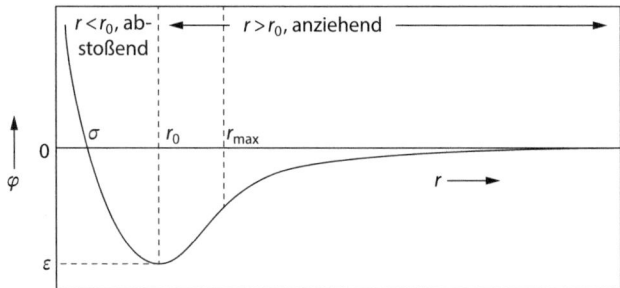

Abb. 10.3 Potenzielle Energie φ zwischen zwei Gasmolekülen als Funktion ihres Abstands r nach Lennard-Jones (vgl. Abb. 8.4)

---

[1] Achtung: Die potenzielle Energie wird in der Literatur fälschlich oft als „Potenzial" bezeichnet. Beides sind aber ganz verschiedene Dinge. Im elektrischen Feld zum Beispiel ist ein Potenzial (Einheit Volt) die potenzielle Energie (Einheit Joule) zweier Ladungen *dividiert* durch eine derselben.

10.1 Reale Gase

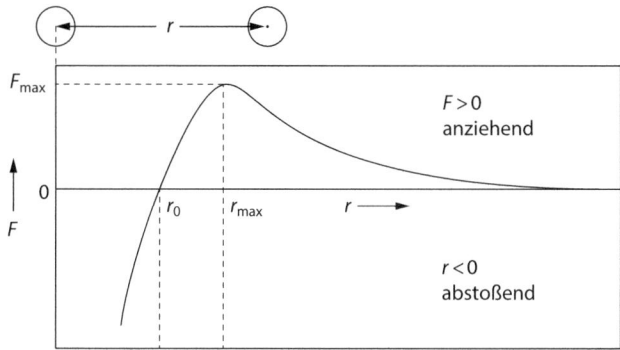

Abb. 10.4 Kraft F zwischen zwei Gasmolekülen als Funktion ihres Abstands r (vgl. Abb. 8.4)

strichelten Geraden wie in Abb. 10.1. Die Theorie versagt hier also und liefert nur oberhalb der Koexistenzkurve eine näherungsweise richtige Lösung. Betrachtet man die Isotherme im dreidimensionalen P-V-T-Diagramm jedoch genauer (Abb. 10.5), so sieht man, dass die Isothermen hier aus der Gleichgewichtsfläche hinauslaufen (schraffierte Bereiche). Solche Zustände sind metastabil und relaxieren im Lauf der Zeit auf die Gleichgewichtsfläche. Verändert man das Volumen auf einer Isotherme zu schnell, so sinkt der Druck kurzzeitig unter den Gleichgewichtswert bzw. steigt über denselben an (ΔP). Und auf einer Isobare bei konstantem Druck überhitzt sich die Flüssigkeit, bevor sie verdampft, und beim Kondensieren unterkühlt sich das Gas (ΔT). Diese metastabilen Zustände liegen im Inneren der sogenannten **Spinodale**, der Verbindungskurve von Maxima und Minima der theo-

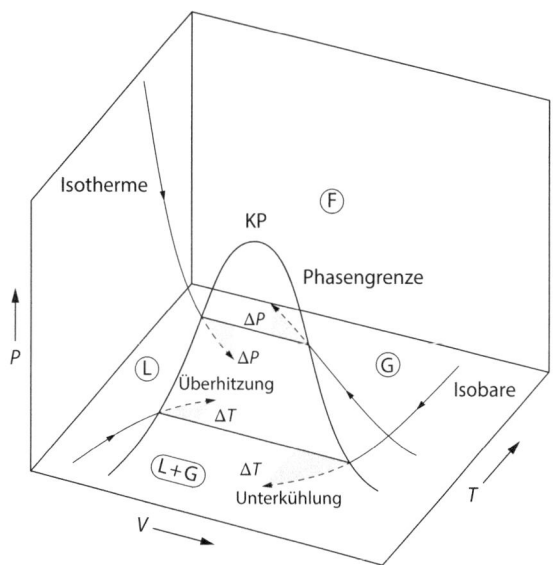

Abb. 10.5 Metastabile Zustände (– – – –) beim Flüssig-Gas-Übergang. Die schraffierten Bereiche liegen außerhalb der Gleichgewichtsfläche. Die analytische Fortsetzung der Isothermen in das Zwei-Phasen-Gebiet führt aus der Zustandsfläche heraus

retischen Isothermen. Bei Normaldruck kann man zum Beispiel flüssiges Wasser bis zu 50 K überhitzen, bis es verdampft (Siedeverzug bis $+150\,°C$). Und man kann es bis zu 10 K unterkühlen, bevor es zu Eis gefriert (Gefrierverzug bis $-10\,°C$). Diese metastabilen Zustände sind allerdings nur unter besonders sorgfältigen Bedingungen erreichbar. Kleinste Störungen wie Verunreinigungen oder Erschütterungen führen zur Relaxation auf die Gleichgewichtsfläche.

Die Beschreibung des Flüssig-Gas-Übergangs durch eine Virialentwicklung wie in Gl. 10.1 ist, wie gesagt, nur eine Näherung, die im Zwei-Phasen-Gebiet zu unphysikalischen Erscheinungen führt. Es gab jedoch noch einen anderen theoretischen Zugang zur Frage, wie aus Gasen Flüssigkeiten werden. Um 1869 hat Jan D. Van der Waals sich überlegt, wie man die offensichtlichen Unterschiede zwischen Gas und Flüssigkeit in der Zustandsgleichung von dichten Gasen formal berücksichtigen könnte. Diese Unterschiede sind einmal der Zusammenhalt der Moleküle im flüssigen Zustand, das heißt ihre „Festigkeit", und andererseits die geringe Kompressibilität gegenüber der von Gasen. Van der Waals konnte diese beiden Phänomene durch zwei Zusatzterme in der idealen Gasgleichung $PV = nRT$ (Gl. A.2) berücksichtigen. Die kleine Kompressibilität hat er damit begründet, dass die Moleküle einer Flüssigkeit nicht mehr das ganze Volumen der Probe zur Verfügung haben wie beim Gas. Das Eigenvolumen der Moleküle verkleinert den für sie verfügbaren Raum um ein sogenanntes **Kovolumen** b, etwa das Vierfache des Eigenvolumens selbst: $V \to V' = V - nb$. Den Zusammenhalt der Moleküle beschrieb Van der Waals durch einen zusätzlichen Druck, den **Kohäsionsdruck**, der entsteht, weil die Moleküle sich mit elektrischen Kräften untereinander anziehen. Dadurch wirkt auf die Moleküle in der äußeren Schicht eines Volumens eine nach innen gerichtete Kraft, was wie ein zusätzlicher Druck aussieht. Der Gesamtdruck ist dann $P \to P' = P + a(n/V)^2$ mit der Konstante a. Die quadratische Abhängigkeit von der Dichte kommt durch das Zusammenwirken aller Moleküle in zwei Teilvolumina zustande. Die **Van-der-Waals-Gleichung** eines Fluids lautet dann

$$\left(P + a\left(\frac{n}{V}\right)^2\right)(V - nb) = nRT. \tag{10.5}$$

Mit geeignet gewählten Konstanten a und b beschreibt sie die Isothermen etwa ebenso gut wie die Virialgleichung 10.1 mit B und C und mit der potenziellen Energie φ aus Gl. 10.4. Van der Waals hat seine phänomenologische Theorie formuliert, 40 Jahre bevor man wusste, dass es Atome wirklich gibt, und er hat 1910 dafür den Nobelpreis erhalten.

Aber woher bekommt man die Konstanten a und b für die Gl. 10.5? Auch das hat Van der Waals gefunden. Man kannte damals schon den kritischen Punkt eines Flüssig-Gas-Gemischs, zum Beispiel von CO_2 (Abb. 10.1). An diesem Punkt sollen die Isothermen eine waagrechte Wendetangente haben. Das heißt, es gilt $\partial P/\partial V = 0$ und $\partial^2 P/\partial V^2 = 0$. Damit ergibt sich aus Gl. 10.5 mit dem kritischen Druck P_c und

Tab. 10.1 Gemessene Van-der-Waals-Konstanten und kritische Daten einiger Gase[a]

Gas	a (J m^3/mol^2)	$b \cdot 10^5$ (m^3/mol)	T_c (K)	P_c (bar)
He-4	0,0034	2,37	5,2	2,27
Ne	0,021	1,71	44,4	27,3
Ar	0,135	3,22	150,8	50,3
Kr	0,232	3,98	209,4	55,1
Xe	0,411	5,16	289,7	58,42
H$_2$	0,025	2,66	33,3	13,40
O$_2$	0,136	3,18	154,9	52,5
N$_2$	0,141	3,91	126,3	35,0
CH$_4$	0,226	4,28	190,6	45,99
CO$_2$	0,360	4,27	304,2	76,3
H$_2$O	0,548	3,05	647,3	224,1

[a] Werte überwiegend nach D'Ans-Lax 2013. Die Angaben verschiedener Autoren differieren um einige Prozent.

der kritischen Temperatur T_c:

$$a = \frac{27}{64}\frac{(RT_c)^2}{P_c} \quad \text{und} \quad b = \frac{RT_c}{8P_c}. \tag{10.6}$$

(Bitte rechnen Sie das nach.)

Die Größen P_c und T_c kann man messen, und man erhält für a und b die Werte in Tab. 10.1.

Vergleicht man die mit diesen Zahlen aus Gl. 10.5 berechneten Isothermen mit den Messungen, so findet man Folgendes: In einem Bereich von etwa einem Zehntel der kritischen Werte um KP herum beträgt die Übereinstimmung außerhalb des Zwei-Phasen-Bereichs im Mittel 10 %. Die Van-der-Waals-Gleichung liefert in dieser Form also keine besseren Ergebnisse als die Virialgleichung 10.1 mit den experimentell gefundenen Werten für φ nach Gl. 10.4. Trotzdem wird die Van-der-Waals-Gleichung heute noch häufig verwendet und in allen Lehrbüchern besprochen. Das hat zwei Gründe: Zum einen ist sie anschaulicher als die Virialentwicklung, weil die beiden Ursachen der Abweichungen vom idealen Gaszustand separat durch die beiden Konstanten a und b gekennzeichnet sind. Bei den Virialkonstanten ist das nicht der Fall. Hier enthält B sowohl den Einfluss des Kohäsionsdrucks als auch des Kovolumens. Zum anderen ist die Van-der-Waals-Gleichung durch ihre geschlossene Form ein Lieblingsobjekt für Rechen- und Prüfungsaufgaben. So kann man zum Beispiel die innere Energie und die Entropie eines einatomigen realen Gases näherungsweise mit den Konstanten a und b ausdrücken:

$$U \approx \frac{3}{2}nRT - \frac{an^2}{V} \tag{10.7}$$

und

$$S \approx nR\left\{\ln\left[\left(\frac{2\pi mkT}{h^2}\right)^{3/2}(V-nb)\right] + \frac{5}{2}\right\}. \tag{10.8}$$

10.2 Gase als Kühlmittel

Die Expansion eines Gases ist die wirkungsvollste und am weitesten verbreitete Methode zur Erzeugung tiefer Temperaturen. Bis $-30\,°C$ gelangt man zwar mit Peltier-Geräten und mit der Gefrierpunktserniedrigung von Lösungen (s. Gl. 7.36). Noch tiefer geht es aber nur mit Gasexpansion. Auf diese Weise lassen sich auch alle Gase verflüssigen, sodass man sie in Druckbehältern konzentriert transportieren kann. Durch gezielte Expansion kommt man bis auf 1 K an den absoluten Nullpunkt heran. Dafür gibt es drei verschiedene Prozesse:

- adiabatische Expansion des Gases ins Vakuum ohne Arbeitsleistung und bei konstanter Energie,
- adiabatische Expansion mit Arbeitsleistung bei konstanter Entropie und
- adiabatische Expansion über ein Druckgefälle bei konstanter Enthalpie.

Wir besprechen diese Methoden nun der Reihe nach.

Zunächst zur **Expansion ins Vakuum**. Dieser sogenannte **Gay-Lussac-Effekt** oder **Joule-Effekt** ist in Abb. 10.6 skizziert. Eine Trennwand zwischen Gas und Vakuum wird ohne Arbeitsleistung entfernt. Das Gas verteilt sich dann gleichmäßig auf das gesamte Volumen. Hierbei sind ΔU, ΔQ und ΔW gleich Null. Für ein ideales Gas bleibt also nach Gl. 2.11 mit $U = 3NkT/2$ auch die Temperatur konstant. Bei einem realen Gas wird jedoch Arbeit gegen die anziehenden Kräfte zwischen den Atomen bzw. Molekülen geleistet. Da kein Energieaustausch mit der Umgebung stattfindet, muss die entsprechende Zunahme der potenziellen Energie des Gases durch Abnahme seiner kinetischen kompensiert werden. Wir wollen die Größe dieses Effekts abschätzen: Die innere Energie eines einatomigen realen Gases ist nach Gl. 10.7 $U = 3nRT/2 - an^2/V = nC_V^{\mathrm{mol}}T - an^2/V$ mit der Molwärme $C_V^{\mathrm{mol}} = 3R/2$. Die Energieänderung bei der Expansion beträgt also

$$\Delta U = nC_V^{\mathrm{mol}}\Delta T - an^2 \Delta\left(\frac{1}{V}\right). \tag{10.9}$$

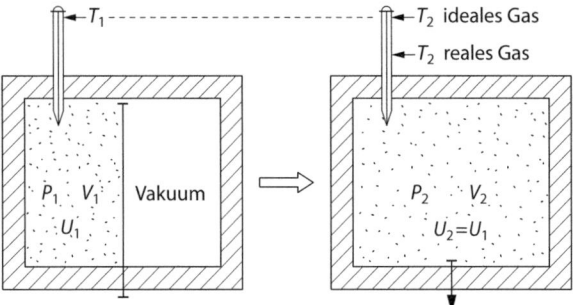

Abb. 10.6 Skizze des Versuchs von Gay-Lussac und Joule zur Expansion von Gasen ins Vakuum

10.2 Gase als Kühlmittel

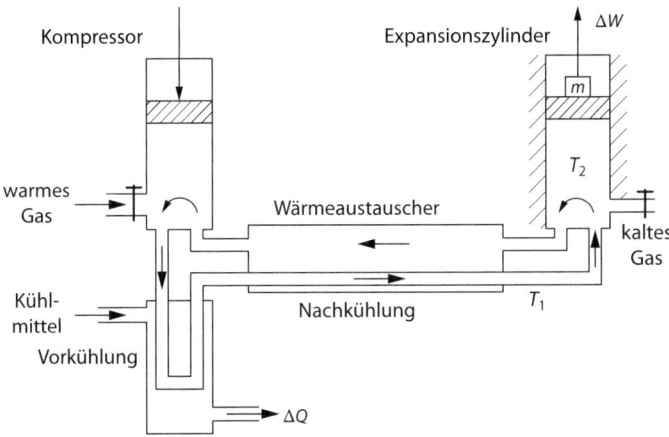

Abb. 10.7 Anordnung zur Abkühlung eines Gases bei konstanter Entropie. Das Gas wird links komprimiert, wobei es sich erwärmt, dann zweimal gekühlt und schließlich adiabatisch expandiert. Bei der damit verbundenen Arbeitsleistung kühlt es sich dann weiter ab. Die Anordnung wird durch Ventile so gesteuert, dass sie zyklisch arbeitet

Setzen wir dies gleich Null, so ergibt sich für ein reales Gas:

$$\Delta T = T_2 - T_1 = \frac{an}{C_V^{\text{mol}}} \left(\frac{1}{V_2} - \frac{1}{V_1} \right). \qquad (10.10)$$

Dies ist wegen $V_2 > V_1$ negativ, und folglich sinkt die Temperatur. Der Effekt beträgt zum Beispiel für 1 Mol Argon bei $T_1 = 300\,\text{K}$ und einer Expansion von 1 auf 2 Liter mit $C_V^{\text{mol}} = 12{,}6\,\text{J/(K mol)}$ und $a = 0{,}135\,\text{Jm}^3/\text{mol}^2$ (s. Tab. 10.1) $\Delta T = -5{,}4\,\text{K}$. Für ein ideales Gas ($a = 0$) gibt es natürlich keine Abkühlung bei der Expansion ins Vakuum.

Die zweite Möglichkeit zur Gaskühlung, die **adiabatische Expansion mit Arbeitsleistung**, ist in Abb. 10.7 beschrieben. Hier wird das Gas zunächst komprimiert, wobei es sich erwärmt, dann vor- und nachgekühlt, und schließlich in einem Expansionszylinder adiabatisch entspannt ($\Delta Q = 0$). Dabei leistet es dort Arbeit gegen eine äußere Kraft, zum Beispiel durch Heben einer Masse m. Die dabei stattfindende Temperaturänderung lässt sich aus der sogenannten **Adiabatengleichung** $T_1 V_1^{\gamma-1} = T_2 V_2^{\gamma-1}$ berechnen:

$$\Delta T = T_2 - T_1 = T_1 \left[\left(\frac{V_1}{V_2} \right)^{\gamma-1} - 1 \right]. \qquad (10.11)$$

Die Adiabatengleichung kann man folgendermaßen erhalten: Für eine adiabatische Zustandsänderung ist $\Delta Q = 0$, also nach dem Ersten Hauptsatz $\Delta U = \Delta W$. Mit $\Delta U = C_V \Delta T$ und $\Delta W = -P \Delta V$ heißt das

$$C_V \, dT = -P \, dV. \qquad (10.12)$$

Mit $P = NkT/V$ und $Nk = C_P - C_V$ wird daraus

$$C_V \frac{dT}{T} = -(C_P - C_V)\frac{dV}{V}. \tag{10.13}$$

Die Integration liefert

$$C_V \ln \frac{T_1}{T_2} = -(C_P - C_V) \ln \frac{V_1}{V_2}. \tag{10.14}$$

Mit dem Adiabatenexponent $\gamma \equiv C_P/C_V$ folgt dann

$$\ln \frac{T_1}{T_2} = \ln \left(\frac{V_2}{V_1}\right)^{\gamma-1}. \tag{10.15}$$

Exponenzieren dieser Gleichung liefert die Adiabatengleichung

$$T_1 V_1^{\gamma-1} = T_2 V_2^{\gamma-1}. \tag{10.16}$$

Bei einatomigen idealen Gasen ist bekanntlich $C_V = 3nR/2$, $C_P = 5nR/2$ und $\gamma = 5/3$.

In Gl. 10.11 muss man für V und γ die aus der Van-der-Waals-Gleichung folgenden Größen einsetzen: $V_{\text{real}} = V_{\text{ideal}} - nb$ und

$$\gamma_{\text{real}} \approx \gamma_{\text{ideal}} + \frac{2Ra}{C_{V,\text{ideal}}^{\text{mol}} P(V/N)^2}. \tag{10.17}$$

Setzt man in Gl. 10.11 die Zahlen für ein Mol Argon unter den nach Gl. 10.10 genannten Bedingungen ein, so erhält man eine Abkühlung von -111 K. Das ist 20-mal so viel wie bei der Expansion ins Vakuum, die ja ohne Arbeitsleistung erfolgt. Der Prozess nach Abb. 10.7 funktioniert sowohl mit idealen als auch mit realen Gasen. Nur verwendet man in der Praxis keine Kolbenmaschine, sondern lässt das Gas in einer Turbine Arbeit leisten. Der Prozess hat jedoch einen Nachteil: Je niedriger die Anfangstemperatur T_1 ist, desto kleiner der Kühleffekt nach Gl. 10.11. Zur Erzielung möglichst tiefer Temperaturen eignet er sich daher nicht.

Dafür kommt dann der dritte anfangs erwähnte Prozess zum Tragen, die **Expansion bei konstanter Enthalpie**. Bei ihm ist, wie wir sehen werden, ΔT proportional zu $1/T_1$. Diesen Effekt kennt jeder vom Fahrradschlauch. Entfernt man das Ventil und lässt die Luft schnell ausströmen, so kühlt sie sich merklich ab. Dabei durchläuft sie ein Gefälle vom hohen Reifendruck zum niedrigen Außendruck. In Abb. 10.8 ist eine analoge Anordnung skizziert. Das Gas durchströmt hier ein Druckgefälle in einer als Drossel wirkenden porösen Wand. Dabei kühlt es sich ab, weil die Atome bzw. Moleküle voneinander entfernt werden, wenn das Volumen zunimmt. Diese Abkühlung wurde von Joule und Thomson (Graf Kelvin) um 1850 systematisch untersucht und heißt daher **Joule-Thomson-Effekt** oder **Joule-Kelvin-Effekt**. Wir wollen nun die dabei erzeugte Temperaturänderung berechnen. Der entsprechende Differenzialquotient heißt **Joule-Thomson-Koeffizient**:

$$\mu_{\text{JT}} = \left(\frac{\partial T}{\partial P}\right)_H. \tag{10.18}$$

10.2 Gase als Kühlmittel

Abb. 10.8 Prinzip des Joule-Thomson- bzw. Joule-Kelvin-Effekts

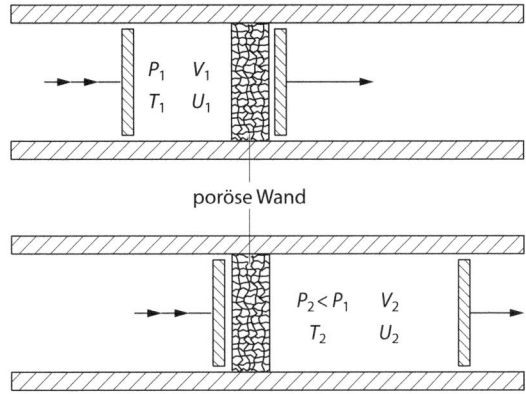

Wenn die Drosselanordnung thermisch isoliert ist wie in Abb. 10.8, dann ist $\Delta Q = 0$ bzw. $\Delta U = \Delta W$. Die Arbeit $\Delta W_1 = +P_1 V_1$ wird dem Gas durch Kompression links von der Drossel zugeführt, und $\Delta W_2 = -P_2 V_2$ wird ihm rechts durch Expansion entzogen. Mit $\Delta W = \Delta W_1 + \Delta W_2$ lautet dann der Erste Hauptsatz

$$\Delta U + \Delta(PV) = \Delta(U + PV) = 0. \tag{10.19}$$

Die Größe $H = U + PV$ heißt Enthalpie (s. Gl. 7.9) und soll bei dem hier betrachteten Vorgang konstant bleiben. Mit $dH = T\,dS + V\,dP$ aus Gl. 7.10 folgt dann $T\,dS + V\,dP = 0$. Nun drücken wir dS durch das vollständige Differenzial von $S(T, P)$ aus und erhalten so

$$T\left[\left(\frac{\partial S}{\partial T}\right)_P dT + \left(\frac{\partial S}{\partial P}\right)_T dP\right] + V\,dP = 0. \tag{10.20}$$

Die hier vorkommenden partiellen Ableitungen von S haben wir schon früher kennengelernt: $(\partial S/\partial T)_P = C_P/T$ in Gl. 4.9 und $(\partial S/\partial P)_T = -(\partial V/\partial T)_P \equiv -\gamma_P V$ in Gln. A.54 und A.84. Damit wird aus Gl. 10.20

$$C_P\,dT = \left[T\left(\frac{\partial V}{\partial T}\right)_P - V\right] dP \tag{10.21}$$

und hieraus schließlich

$$\mu_{\text{JT}} = \left(\frac{\partial T}{\partial P}\right)_H = \frac{1}{C_P}\left[T\left(\frac{\partial V}{\partial T}\right)_P - V\right] = \frac{V}{C_P}(\gamma_P T - 1). \tag{10.22}$$

Dabei ist T die Anfangstemperatur T_1, C_P die isobare Wärmekapazität und γ_P der thermische Ausdehnungskoeffizient des realen Gases, den man aus der Van-der-Waals-Gleichung berechnen kann. (Nicht zu verwechseln mit dem Adiabatenexponent γ in Gl. 10.15.)

Wir wollen nun den Joule-Thomson-Koeffizienten durch die Parameter B und C sowie a und b von Gln. 10.1 und 10.5 ausdrücken. Dabei ist die Beschreibung durch die Virialkoeffizienten etwas genauer als durch die Van-der-Waals-Konstanten, weil Erstere temperaturabhängig sind, Letztere per Definition nicht. Wir gehen von der Virialgleichung 10.1 aus, beschränken uns näherungsweise auf die ersten beiden Glieder und lösen nach dem Volumen auf:

$$V = \frac{nRT}{P} + \frac{n^2 RTB}{PV}. \tag{10.23}$$

Im Nenner des zweiten Terms rechts ersetzen wir PV durch nRT aus der idealen Gasgleichung. Das ist die zweite Näherung, und sie ist erlaubt, weil dieser Term tausendmal kleiner ist als der erste. Dann lautet die letzte Gleichung

$$V = \frac{nRT}{P} + nB \tag{10.24}$$

und ihre Ableitung nach der Temperatur bei konstantem Druck

$$\left(\frac{\partial V}{\partial T}\right)_P = \frac{nR}{P} + n\left(\frac{\partial B}{\partial T}\right)_P. \tag{10.25}$$

Nun können wir die letzten beiden Beziehungen in Gl. 10.22 für den Joule-Thomson-Koeffizienten einsetzen. Das ergibt

$$\mu_{\text{JT}}(B) = \frac{n}{C_P}\left[T\left(\frac{\partial B}{\partial T}\right)_P - B\right]. \tag{10.26}$$

Jetzt ersetzen wir B und $\partial B/\partial T$ noch durch die Van-der-Waals-Konstanten mittels $B = b - a/(RT)$ und $\partial B/\partial T = a/(RT^2)$, was man durch Gleichsetzen von Gln. 10.1 und 10.5 finden kann. Dann erhalten wir

$$\mu_{\text{JT}}(a,b) = \frac{n}{C_P}\left(\frac{2a}{RT} - b\right). \tag{10.27}$$

Hier ist die Wirkung der anziehenden und abstoßenden Kräfte getrennt zu erkennen. In den letzten beiden Beziehungen ist T die Anfangstemperatur T_1. Sie sind wegen der gemachten Vereinfachungen wohlgemerkt eine Näherung für kleine Drücke.

Zunächst wollen wir die Größenordnung von μ_{JT} abschätzen. Für unser obiges Beispiel (1 Mol Argon bei $T_1 = 300$ K, $V_1 = 1$ dm^3, $V_2 = 2$ dm^3, $P_1 = 2{,}44 \cdot 10^6$ Pa, $P_2 = 1{,}22 \cdot 10^6$ Pa, a und b aus Tab. 10.1 und $C_P = 5R/2$) erhalten wir aus Gl. 10.27 $\mu_{\text{JT}} = 0{,}37$ K/bar und aus Gl. 10.18 eine Temperaturerniedrigung von $-4{,}5$ K. Das erscheint wenig im Vergleich zur oben berechneten adiabatischen Expansion mit Arbeitsleistung von -111 K. Trotzdem hat die isenthalpe Abkühlung Vorteile, wie wir gleich sehen werden. Ihr Kühleffekt ΔT wird nämlich mit abnehmender Anfangstemperatur T_1 größer, im Gegensatz zur isentropen Expansion.

10.2 Gase als Kühlmittel

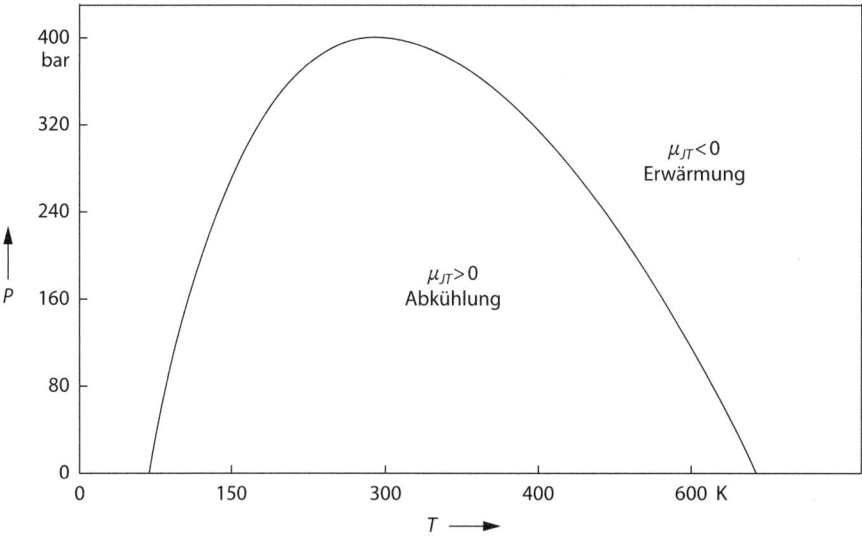

Abb. 10.9 Die Inversionskurve Gl. 10.28 für Stickstoff; μ_{JT} ist der Joule-Thomson-Koeffizient

Bei Betrachtung von Gln. 10.26 und 10.27 fällt auf, dass auf der rechten Seite zwei positive Terme mit verschiedenen Vorzeichen stehen. Daher kann μ_{JT} positiv oder negativ werden, je nachdem, ob die anziehenden oder die abstoßenden Kräfte zwischen den Atomen bzw. Molekülen stärker sind. Es kann also eine Erwärmung oder eine Abkühlung des Gases entstehen. Und das hängt von der Temperatur T_1 ab, bei der man den Prozess beginnt. Die Grenze zwischen den beiden Möglichkeiten liegt bei der sogenannten **Inversionstemperatur** $T_{\text{inv}} = 2a/Rb$. Das ist wieder eine Näherung für kleine Drücke! Unterhalb von T_{inv} gibt es nach Gl. 10.27 eine Abkühlung ($\mu_{JT} > 0$), weil die anziehenden Kräfte überwiegen, oberhalb eine Erwärmung ($\mu_{JT} < 0$), weil die abstoßenden stärker sind. Die Druckabhängigkeit der Inversionstemperatur ist in Abb. 10.9 dargestellt. Man erhält sie, wenn man die Van-der-Waals-Gleichung um ein von a und b abhängiges Ergänzungsglied erweitert oder die Virialgleichung bis zum dritten Glied ausnutzt. Wir wollen hier nur das Ergebnis betrachten:

$$P = \frac{2R}{3b} T_{\text{inv}} - \frac{R^2}{3a} T_{\text{inv}}^2 . \qquad (10.28)$$

Die Maxima $T_{\text{inv}}^{\text{max}}$ der Inversionskurve sind für einige Gase in Tab. 10.2 zusammengestellt, ebenso die Joule-Thomson-Koeffizienten für $T_1 = 300$ K. Die Inversionstemperatur liegt nur für Wasserstoff, Helium und Neon unterhalb der Raumtemperatur. Diese Gase muss man also bis auf T_{inv} vorkühlen, bevor man sie durch isenthalpische Expansion abkühlen und verflüssigen kann. Bei Raumtemperatur erwärmen sie sich, wenn sie aus einem Druckbehälter ausströmen. Das ist besonders gefährlich bei Wasserstoff, denn er kann dabei so heiß werden, dass mit dem Sauerstoff der Luft eine Knallgasreaktion einsetzt.

Tab. 10.2 Gemessene maximale Inversionstemperaturen einiger Gase und Joule-Thomson-Koeffizienten bei Raumtemperatur[a]

Gas	$T_{\text{inv}}^{\max}$ (K)	μ_{JT} (K/bar)
He	43	−0,060
H_2	204	−0,03
Ne	228	−0,001
N_2	607	0,27
CO	644	0,29
O_2	764	0,31
Ar	785	0,43
CO_2	1275	1,29
Xe	1486	1,90

[a] Die Werte verschiedener Autoren schwanken um bis zu 20 %.

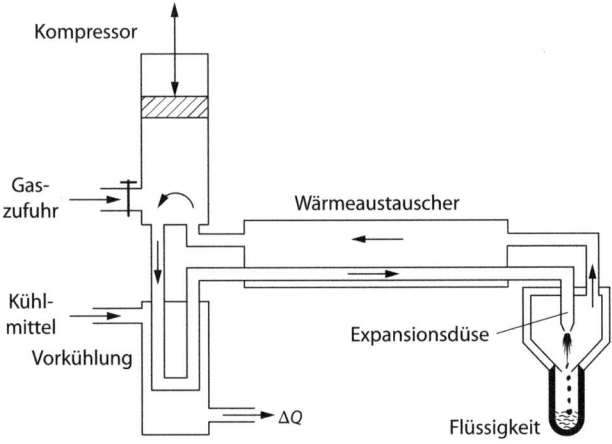

Abb. 10.10 Prinzip des Linde-Verfahrens zur Gasverflüssigung

Um die Verflüssigung eines Gases zu erreichen, genügt oft nicht eine einmalige Joule-Thomson-Abkühlung. Man muss sie mehrmals hintereinander mit jeweils niedrigerer Anfangstemperatur durchführen. Um das zu erreichen, hat Carl von Linde ein elegantes Verfahren erfunden. Er ersetzte die poröse Wand aus Abb. 10.8 durch eine Düse, an welcher der Druckabfall stattfindet (Abb. 10.10). Und die Vorkühlung wird in einem geschlossenen Kreislauf sukzessive erledigt. Mit diesem **Linde-Verfahren** lassen sich alle Gase verflüssigen, sofern man unter der druckabhängigen Inversionstemperatur beginnt.

10.3 Flüssigkeiten

Bis heute gibt es keine analytische Theorie, die beschreibt, wie sich eine Flüssigkeit zwischen ihrem Tripelpunkt und ihrem kritischen Punkt verhält. Woran liegt das? Offenbar daran, dass die Flüssigkeit sich etwa in der Mitte zwischen dem idealen Gaszustand und dem idealen Kristall befindet. Für diese beiden Grenzgebiete haben

Abb. 10.11 Ein zweidimensionales Momentbild der Atome bzw. Moleküle in einer Flüssigkeit. Für $\delta r \ll r$ beträgt das Volumen der Kugelschale zwischen r und δr dann $4\pi r^2 \delta r$

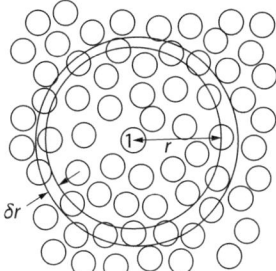

wir jeweils eine kalorische Zustandsgleichung (Gl. 2.11): $U = (f/2)NkT$ für das Gas[2] und Gl. 2.35 $U = 3Nh\nu[(e^{h\nu/(kT)} - 1)^{-1} + 1/2]$ für den Kristall. Für eine Flüssigkeit muss es irgendetwas dazwischen geben. Aber was, das ist nicht leicht zu erraten. Im Kristall sind die Moleküle vollständig regelmäßig angeordnet, im Gas vollständig unregelmäßig. Mit einer nur teilweisen räumlichen Anordnung kann man offenbar nicht so einfach umgehen wie mit den beiden Grenzfällen.

Die Abb. 10.11 zeigt eine Momentaufnahme der Moleküle in einer Flüssigkeit. Aufgrund ihrer thermischen Bewegung stoßen sie alle 10^{-12} bis 10^{-11} Sekunden zusammen und wechseln dabei ihre Plätze. Um thermodynamische Größen zu berechnen, braucht man die potenzielle Energie φ zwischen je zwei Molekülen als Funktion ihres Abstands r, wie zum Beispiel in Gl. 10.4. Weil diese Abstände aber weitgehend ungeordnet verteilt sind, kann man nur die Wahrscheinlichkeit $W(r)$ für einen bestimmten Abstand angeben. Diese ist zum Beispiel proportional zur mittleren Anzahl $N(r)$ der Moleküle in einer Kugelschale vom Radius r und der Dicke δr in Abb. 10.11.

$$W(r) \sim dN(r) = 4\pi \rho_0 r^2 dr \,. \tag{10.29}$$

Dabei ist $\rho_0 = N/V$ die mittlere Moleküldichte. Die Wahrscheinlichkeit $g_P(r,t)$, ein bestimmtes Molekül am Ort r zur Zeit t zu finden, heißt **Paarkorrelationsfunktion** und ist in Abb. 10.12 in Abhängigkeit vom Molekülabstand und der Zeit dargestellt. Man erkennt eine gewisse Teilordnung um das Zentralmolekül bei $r = 0$

Abb. 10.12 Paarkorrelationsfunktion $g_p(r)$ proportional zur Anzahldichte von Atomen bzw. Molekülen in einer Flüssigkeit als Funktion ihres Abstands und der Zeit. Die Funktion ist für große Abstände auf 1 normiert

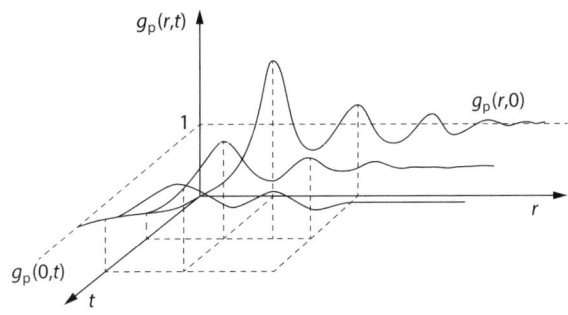

---

[2] f ist die Zahl der Freiheitsgrade der Moleküle.

Abb. 10.13 Normierte Anzahldichte der Atome in flüssigem Argon an verschiedenen Punkten der Dampfdruckkurve (s. Abb. 8.10). Die Schmelztemperatur beträgt 84,0 K, der Atomdurchmesser $3,66 \cdot 10^{-10}$ m. (Nach Walton 1983)

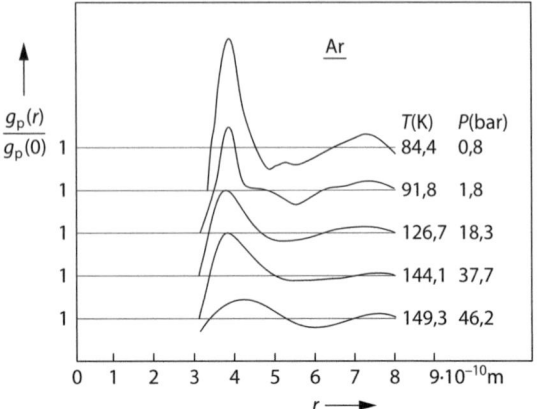

herum wie in Abb. 10.11. Die Paarkorrelationsfunktion beschreibt genauer gesagt die nichtnormierte Wahrscheinlichkeit dafür, dass sich ein Molekül zur Zeit t am Ort r befindet, wenn ein anderes zur Zeit Null am Ort Null ist. Für diese Funktion gibt es keinen geschlossenen Ausdruck. Man findet dafür jedoch eine Reihenentwicklung mit Gliedern der Art $(e^{-\varphi(r)/(kT)} - 1)$, die sogenannte Mayer-Funktion. Dabei ist die experimentell ermittelte Abstandsabhängigkeit von φ einzusetzen. In Abb. 10.13 ist die Temperaturabhängigkeit der Funktion $g_P(r)$ dargestellt. Man sieht, dass die Wahrscheinlichkeit, ein Molekül im Abstand r vom Zentrum zu finden, mit wachsender Temperatur abnimmt, weil die Dichte der Flüssigkeit im gleichen Sinne kleiner wird. Um sich die Korrelationsfunktion besser vorzustellen, ist in Abb. 10.14 ihre Gestalt für verschiedene Aggregatzustände skizziert.

Um thermodynamische Größen zu berechnen, muss man das Paarpotenzial $\varphi(r)$ und die Paarkorrelationsfunktion $g_P(r)$ über das gesamte Volumen einer Probe integrieren. Das ergibt für die potenzielle Energie

$$U_{\text{pot}} = \frac{N}{2V} \int_V \varphi(r) g_P(r) 4\pi r^2 \, d^3r \, . \tag{10.30}$$

Der Faktor 1/2 vermeidet, dass jedes Paar doppelt gezählt wird. Zu diesem Ausdruck muss man noch die kinetische Energie aller Moleküle $U_{\text{kin}} = fNkT/2$ addieren, um die gesamte innere Energie zu erhalten. Will man die Zustandsgleichung $P(V, T)$ finden, so braucht man noch die Zustandssumme $Z(V, T)$ der Flüssigkeit. Nach Gl. A.50 gilt nämlich $P = kT(\partial \ln Z/\partial V)_T$. Auch für $Z = \sum e^{-\varphi/(kT)}$ gibt es keinen geschlossenen Ausdruck. Mit der oben genannten Reihenentwicklung für $g_P(r)$ erhält man jedoch eine Virialgleichung für Z. Und mit der freien Energie $F = -kT \ln Z$ (Gl. A.49) sowie $P = -(\partial F/\partial V)_T$ (Gl. 7.8) ergibt sich schließlich

10.3 Flüssigkeiten

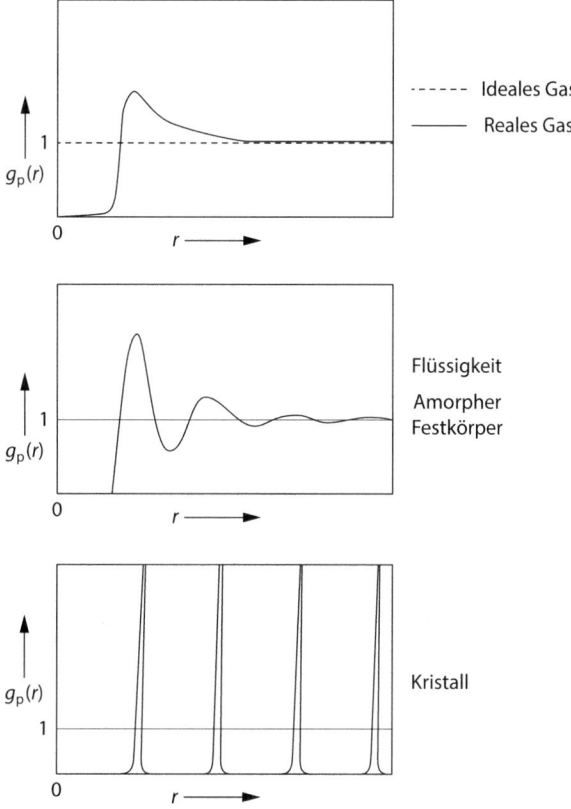

Abb. 10.14 Schematische Darstellung der Paarverteilungsfunktion für die drei Aggregatzustände eines normalen Stoffes

für die Flüssigkeit

$$P = \frac{nRT}{V}\left(1 + \frac{\alpha_1(T)}{V/n} + \frac{\alpha_2(T)}{(V/n)^2} + \ldots\right). \tag{10.31}$$

Dies ist eine Virialgleichung ähnlich derjenigen für das reale Gas (Gl. 10.1). Wie gut die mit $\varphi(r)$ aus Experimenten gewonnene Korrelationsfunktion die gemessene innere Energie als Funktion von Dichte und Temperatur beschreibt, das zeigt Abb. 10.15. Und dies ist so ungefähr schon alles, was wir auf unserem Niveau über die Thermodynamik der Flüssigkeiten sagen können (Näheres z. B. in Schroeder 2003).

Außer den „normalen" Flüssigkeiten mit einfachen, kleinen Molekülen gibt es noch viele sogenannte „komplexe" Fluide. Das sind zum Beispiel polymere Flüssigkeiten (Öle, Seifen, Kautschuk), elektrisch leitende Flüssigkeiten (Säuren, Laugen), kristalline Fluide (Nematen, Smekten, Cholestere), amorphe Festkörper (Gläser, Polyethylen), magnetische Flüssigkeiten (Helium-3 und -4) usw. Alle diese lassen sich nach den oben skizzierten Methoden behandeln. Man muss nur die richtige potenzielle Energie zwischen den Molekülen kennen, um ihre Korrelationsfunktio-

Abb. 10.15 Innere molare Energie U_m als Funktion des Molvolumens V_m von Kaliumchlorid oberhalb seines Schmelzpunkts von 1140 K. Die Kreise sind Messpunkte, die durchgezogenen Linien sind Ergebnisse einer numerischen Berechnung. (Nach Walton 1983)

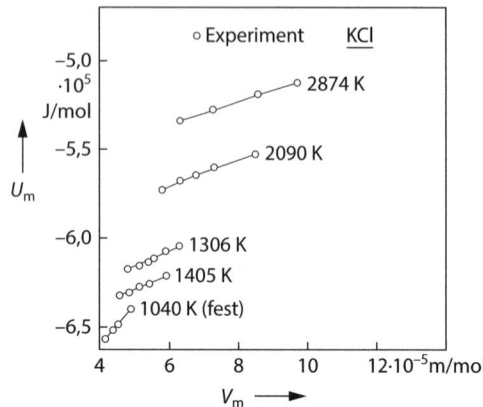

nen zu berechnen. Schließlich gehören zu den Flüssigkeiten auch die Suspensionen und Kolloide sowie die Supraflüssigkeiten Helium-3 und Helium-4, die Bose- und Fermi-Kondensate und in gewisser Weise auch die Quantengase (Phononen und Photonen). Einzelheiten über die Thermodynamik dieser Stoffe findet man in der entsprechenden Fachliteratur.

Literatur

Schroeder, D.V.: An Introduction to Thermal Physics, 3. Aufl. Addison-Wesley, San Francisco (2003)

Stierstadt, K.: Thermodynamik. Springer, Berlin (2010, 2018)

# Kristalline Festkörper

In Abschn. 2.4 hatten wir einen idealen Kristall besprochen und seine innere Energie sowie seine Wärmekapazität aus dem quantenhaften Verhalten seiner Atome abgeleitet. Dieser sogenannte Einstein-Kristall war dadurch gekennzeichnet, dass seine Atome unter dem Einfluss ihrer thermischen Energie alle mit der gleichen Frequenz harmonische Schwingungen ausführen. Damit ließ sich die Wärmekapazität bei tiefer Temperatur recht genau reproduzieren, auf etwa 10 %. Allerdings liefert diese Theorie keine mechanischen Eigenschaften, wie zum Beispiel die thermische Ausdehnung oder die Kompressibilität. Denn dazu müsste die Ortsabhängigkeit der potenziellen Energie der Atome in die Berechnung einbezogen werden. Und die Schwingungen wären dann nicht mehr harmonisch, das heißt ihre rücktreibende Kraft ist nicht proportional zur Auslenkung. Das sieht man zum Beispiel in Abb. 10.4 für die elektrische Kraft zwischen zwei Atomen. Bei derartigen nichtharmonischen Bewegungen liefert die Quantenphysik keine geschlossenen Ausdrücke für die Schwingungsenergie. Man kann daher die Zustandszahlen auch nicht einfach abzählen wie beim Einstein-Kristall. Was man jedoch bei genauer Überlegung berechnen kann, das sind die Frequenzen der schwingenden Atome. Diese bewegen sich in Wirklichkeit nicht unabhängig voneinander, sondern vielfach gekoppelt. Und ihre Schwingungen breiten sich im Kristall in Form mechanischer Wellen aus. Das hat Peter Debye im Jahr 1912 näher untersucht. Und es gelang ihm so, die Temperaturabhängigkeit der Wärmekapazität von Kristallen auch bei tiefen Temperaturen mit großer Genauigkeit zu berechnen.

Wir wollen Debyes Überlegungen hier kurz wiedergeben. Er nahm an, dass sich die räumlichen Schwingungen einer Kette von Atomen in einem Kristall in drei zueinander senkrechte Komponenten zerlegen lassen. Das ist in Abb. 11.1 skizziert, eine longitudinale Schwingung in x-Richtung (Abb. 11.1b) und zwei vertikale in y- bzw. z-Richtung (Abb. 11.1c). Nimmt man an, dass die Enden einer solchen

Ergänzende Information Die elektronische Version dieses Kapitels enthält Zusatzmaterial, auf das über folgenden Link zugegriffen werden kann https://doi.org/10.1007/978-3-662-69771-9_11.

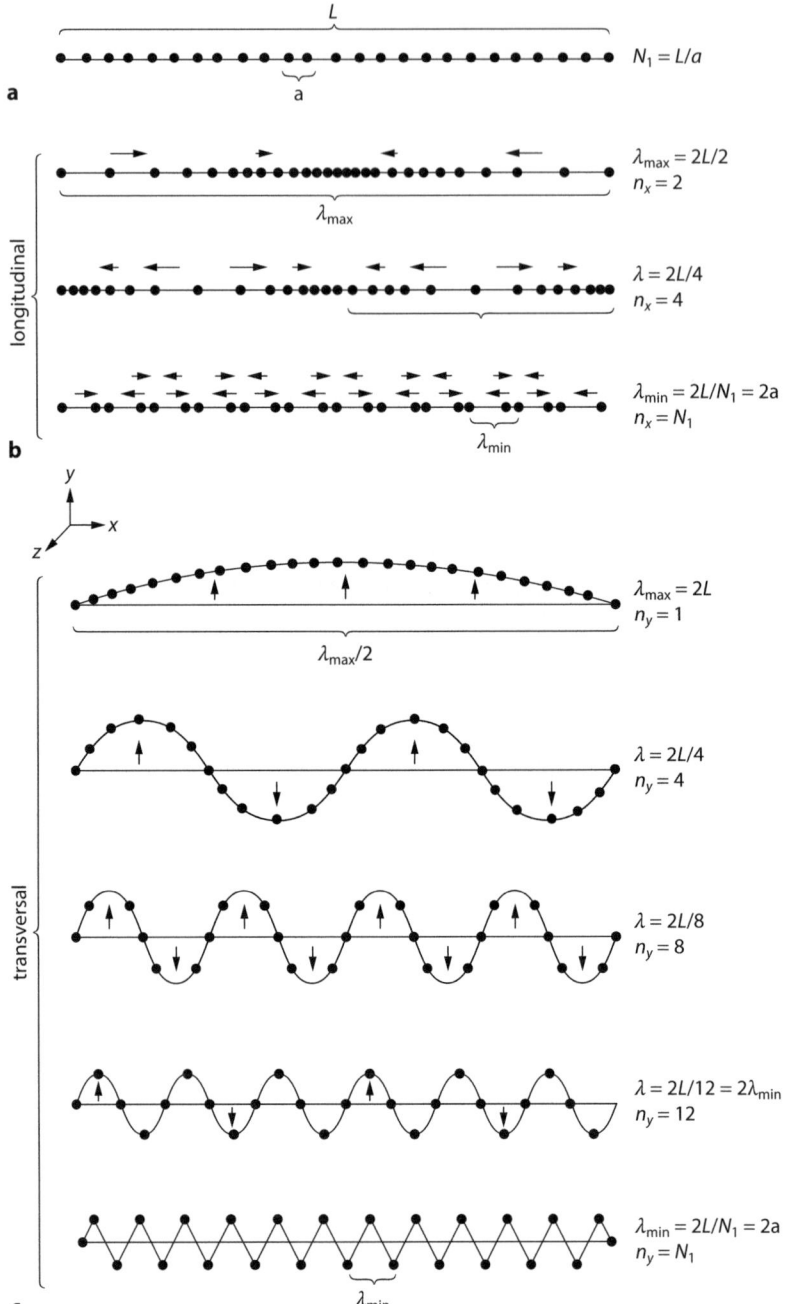

Abb. 11.1 Schwingungsformen einer linearen Atomkette mit festen Enden. **a** Ruhezustand; **b** Longitudinalschwingungen; **c** Transversalschwingungen. Die Pfeile bezeichnen die Richtung der Auslenkungen der Atome aus der Ruhelage

Kette der Länge L mit N Atomen dabei in Ruhe bleiben, dann müssen dort Schwingungsknoten sein. Wenn die Enden frei schwingen, dann sind dort Bäuche. Beides führt aber zum gleichen Ergebnis: Es sind nämlich dann nur solche Schwingungen möglich, deren Wellenlänge λ ein ganzzahliger Bruchteil von $2L$ ist. Dann gilt $\lambda = 2L/n$ mit $n = 1, 2, 3, \ldots, N$. Das ist ganz ähnlich wie bei den Materiewellen in Abb. A.5b. Wir können solche Schwingungen auch als stehende Wellen betrachten, die aus zwei gegeneinander laufenden Wellen bestehen. Aus der Mechanik wissen wir, dass die Frequenz ν einer harmonischen Welle mit der Wellenlänge λ über ihre Geschwindigkeit v zusammenhängt:

$$\nu = \frac{v}{\lambda}. \tag{11.1}$$

Dabei soll v die Schallgeschwindigkeit in Kristallen sein. Die in der Atomkette möglichen Frequenzen sind dann

$$\nu_n = \frac{v}{2L} n \tag{11.2}$$

mit $n = 1, 2, 3, \ldots, N$.

Nun geht man von einer linearen Atomkette zu einem dreidimensionalen würfelförmigen Kristall mit der Kantenlänge L und der Atomzahl N^3 über. Debye machte dazu folgende Annahme: Eine beliebige Schwingung in diesem Kristall lässt sich analog durch Überlagerung von drei Schwingungen solcher Ketten in Achsenrichtung zusammensetzen: $n = \sqrt{n_x^2 + n_y^2 + n_z^2}$. Die Quantenzahl n in Gl. 11.2 hat dann drei Komponenten und es gilt

$$\nu_n = \frac{v}{2L} \sqrt{\sum_{i=x,y,z} n_i^2}. \tag{11.3}$$

Trägt man n in einem dreidimensionalen n_x-n_y-n_z-Raum auf, so entspricht jedem Zahlentripel ein Gitterpunkt mit der Quantenzahl n (Abb. 11.2). Die Einheitszelle in diesem Raum hat das Volumen $V_e = [v/(2L)]^3$. Gitterzellen mit Zahlen n_i zwischen n und $n + dn$ liegen im ersten Oktanten einer Kugelschale der Dicke $dR \sim dn \sim d\nu$ mit dem Radius $R \sim n \sim \nu$. Ihre Zahl dz ist gleich dem Volumen dV_{sch} dieses Oktanten, dividiert durch das Zellenvolumen V_e

$$dz = \frac{(1/8) 4\pi \nu^2 \, d\nu}{[v/(2L)]^3} = \frac{4\pi V \nu^2 \, d\nu}{v^3} \equiv g(\nu) d\nu \tag{11.4}$$

mit dem Kristallvolumen $V = L^3$. Die Größe dz entspricht der Anzahl der möglichen Schwingungszustände des Kristalls für jede der drei Moden in Abb. 11.1, für die longitudinale und die beiden transversalen. Der Ausdruck $g(\nu) = dz/d\nu$ ist dann die **Zustandsdichte** der Schwingungen. Setzen wir in Gl. 11.4 Zahlen ein, $V = 1 \, \text{dm}^3$, $\nu = 10^{13} \, \text{s}^{-1}$, $d\nu = 10^3 \, \text{s}^{-1}$ und $v = 3 \cdot 10^3 \, \text{m/s}$ (Schallgeschwindigkeit in Messing), so erhalten wir eine Zustandszahl von $0{,}44 \cdot 10^{17}$ bzw. eine Zustandsdichte von $0{,}47 \cdot 10^{14} \, \text{s}$.

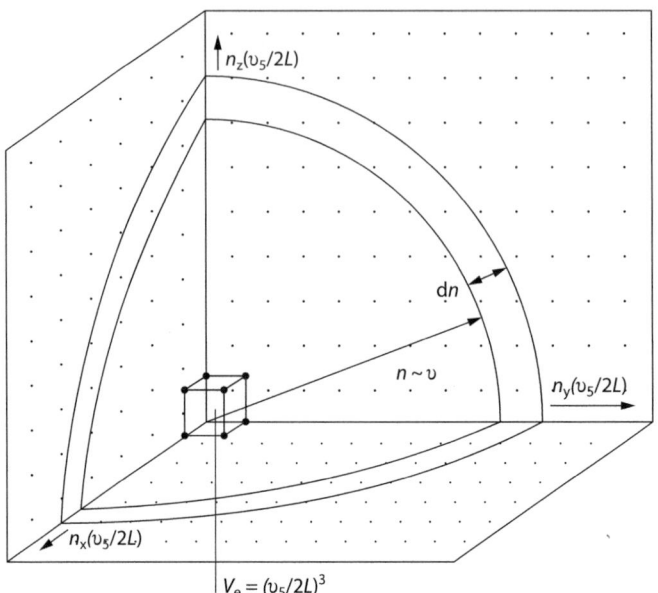

Abb. 11.2 Dreidimensionaler n-Raum zur Abzählung der Schwingungsmoden nach Gl. 11.4

Nun kommen wir zurück zur Thermodynamik eines realen Kristalls. Wir beginnen mit der inneren Energie, wie wir sie in Abschn. 2.4 für den idealen Einstein-Kristall erhalten haben (s. Gl. 2.35):

$$U = 3Nh\nu \left(\frac{1}{e^{h\nu/(kT)} - 1} + \frac{1}{2} \right) \equiv U_\text{th} + U_\text{np}. \tag{11.5}$$

Das gilt für N Atome, die alle mit der gleichen Frequenz schwingen. Dabei ist U_th die thermische Energie, die umverteilt werden kann und U_np die Nullpunktsenergie, bei der das nicht möglich ist (s. Abschn. 2.4). Schwingen die Atome mit verschiedenen Frequenzen, so muss die Zahl N durch die Summe der Anzahlen der verschiedenen Schwingungszustände ersetzt werden, das heißt, durch $\sum \mathrm{d}z = \sum g(\nu)\,\mathrm{d}\nu$ aus Gl. 11.4. Und diese Summe kann man in ein Integral über die Frequenz von $\nu = 0$ bis zu einem Maximalwert ν_max umwandeln. Aus Gl. 11.5 wird dann

$$U = \int_0^{V_\text{max}} \frac{3h\nu}{e^{h\nu/(kT)} - 1} g(\nu)\,\mathrm{d}\nu + U_\text{np}. \tag{11.6}$$

Setzt man hier die Zustandsdichte $g(\nu)$ aus Gl. 11.4 ein, so folgt

$$U = \frac{12\pi h V}{v^3} \int_0^{\nu_\text{max}} \frac{\nu^3\,\mathrm{d}\nu}{e^{h\nu/(kT)} - 1} + U_\text{np} \tag{11.7}$$

11 Kristalline Festkörper

und mit der Abkürzung $h\nu/(kT) = x$

$$U = \frac{12\pi V(kT)^4 x_{\max}}{v^3 h^3} \int_0^{} \frac{x^3 \, dx}{e^x - 1} + U_{np}. \qquad (11.8)$$

Differenzieren wir das nach der Temperatur, so erhalten wir die Wärmekapazität bei konstantem Volumen:

$$C_V = \left(\frac{\partial U}{\partial T}\right)_V = \frac{12\pi V k^4 x_{\max}}{v^3 h^3} \int_0^{} \frac{x^4 e^x}{(e^x - 1)^2} \, dx. \qquad (11.9)$$

Dieses Integral lässt sich leider nur numerisch auswerten.

Wir müssen dazu noch wissen, wie groß $x_{\max}$ bzw. die höchste Frequenz $\nu_{\max}$ in Gln. 11.6 bis 11.9 ist, mit der die Atome schwingen können. Dazu hat Debye Folgendes überlegt: Die Gesamtzahl der Schwingungsmöglichkeiten eines Kristalls aus N Atomen müsste $3N$ sein. Dann wird nämlich bei hoher Temperatur, wenn alle Schwingungen angeregt sind, die gesamte Schwingungsenergie gleich $3NkT$. Und die Wärmekapazität nimmt den klassischen Wert $3kN$ an bzw. $3R$ pro Mol (s. Abb. 2.10). Das Integral von $3g(\nu) \, d\nu$ für eine longitudinale und zwei transversale Schwingungen von Null bis $\nu_{\max}$ muss also gleich $3N$ sein:

$$\int_0^{\nu_{\max}} 3 \frac{4\pi V}{v^3} \nu^2 \, d\nu = \frac{4\pi V}{v^3} \nu_{\max}^3 = 3N. \qquad (11.10)$$

Das liefert uns

$$\nu_{\max} = \left(\frac{3N}{4\pi V}\right)^{1/3} v \qquad (11.11)$$

und diese Größe heißt **Debye-Frequenz**, $\nu_{\max} \equiv \nu_D$. Je größer die Dichte N/V des Kristalls ist und je höher seine Schallgeschwindigkeit, desto höher ist auch diese maximale Frequenz. In Abb. 11.3 ist nun die Zustandsdichte nach Einstein und nach Debye skizziert, g_E bzw. g_D. Nach Gl. 11.4 steigt g_D quadratisch mit ν an und erreicht bei ν_D ihren Höchstwert. Dagegen entspricht g_E einer Deltafunktion bei ν_E. Beide Flächen über der ν-Achse haben denselben Wert $3N$. Die Größe der Debye-Frequenz für Diamant beträgt $3{,}87 \cdot 10^{13}/\text{s}$, diejenige von ν_E etwa $4{,}4 \cdot 10^{12}/\text{s}$.

Nun kommen wir zurück zu Gl. 11.9 für die Wärmekapazität eines realen Kristalls. Bei ihrer Herleitung haben wir eine Reihe von Näherungen gemacht und wollen sehen, wie gut sie die Wirklichkeit beschreiben. Weil sich Gl. 11.9 nicht geschlossen integrieren lässt, machen wir zwei weitere Näherungen, für hohe und für tiefe Temperaturen. Für $T \to \infty$ können wir im Nenner von Gl. 11.7 $e^{h\nu/(kT)}$ durch $1 + h\nu/(kT)$ ersetzen. Dann wird

$$U(T \to \infty) = \frac{12\pi V kT}{v^3} \int_0^{\nu_D} \nu^2 \, d\nu = \frac{4\pi V kT}{v^3} \nu_D^3. \qquad (11.12)$$

Abb. 11.3 Zustandsdichten $g(\nu)$ nach Einstein und Debye im Vergleich. Die Flächen unter den beiden Kurven sollen gleich groß sein, wobei aber g_E sehr groß und $d\nu_E$ sehr klein ist

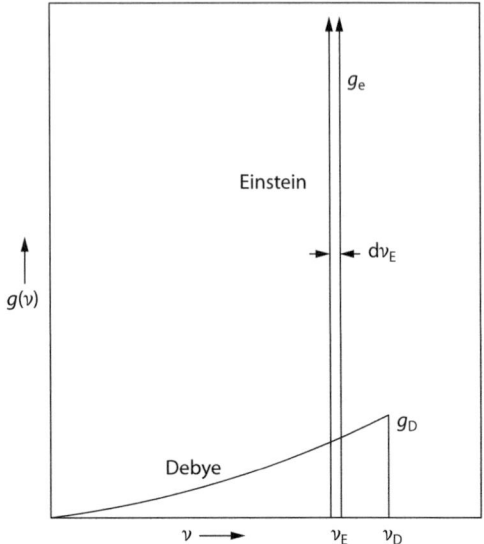

Setzt man hier $(\nu_D/\upsilon)^3 = 3N/(4\pi V)$ aus Gl. 11.11 ein, so folgt

$$U(T \to \infty) = 3NkT \tag{11.13}$$

und

$$C_\upsilon(T \to \infty) = 3Nk. \tag{11.14}$$

Das ist der klassische Wert von Dulong und Petit für hohe Temperatur, wie wir ihn in Abb. 2.10 gesehen haben, $C_V^{\mathrm{mol}} = 3R$.

Als Nächstes betrachten wir die Tieftemperaturnäherung der Gl. 11.9. Für $T \to 0$ wird $x_{\max} = h\nu_{\max}/(kT)$ sehr groß, und wir können die obere Grenze des Integrals gegen unendlich gehen lassen. Dann findet man in einer Integraltafel seinen Wert, nämlich $\pi^4/15$. Damit wird

$$U(T \to 0) = \frac{4\pi^5 k^4 V}{5h^3 v^3} T^4 \tag{11.15}$$

und

$$C_V(T \to 0) = \frac{16\pi^5 k^4 V}{5h^3 v^3} T^3. \tag{11.16}$$

Dies ist das berühmte **Debye'sche T^3-Gesetz**, das die Mängel von Einsteins vereinfachter Beziehung 2.36 in Abb. 2.10 aufhebt. Das Ergebnis beider Näherungen

11 Kristalline Festkörper

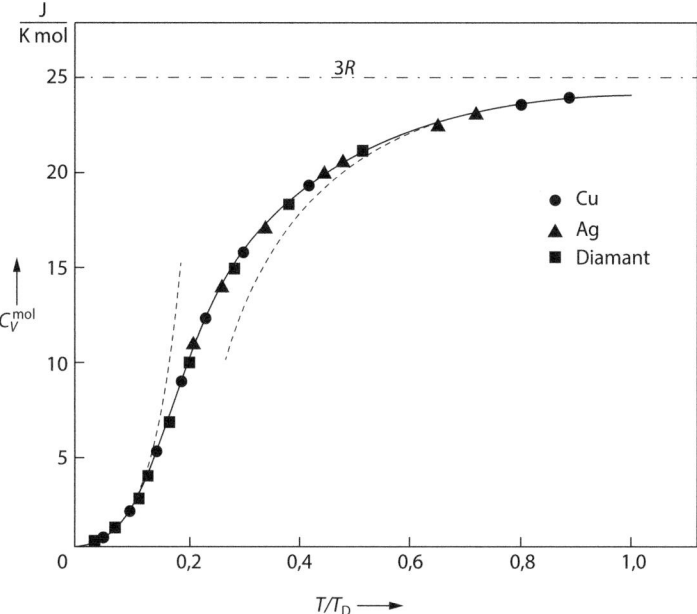

Abb. 11.4 Messwerte der molaren Wärmekapazität C_V^{mol} von Festkörpern als Funktion der reduzierten Temperatur. Die durchgezogene Kurve entspricht Gl. 11.9. Die gestrichelte für hohe Temperatur ist eine Näherung derselben für $C_V^{\text{mol}} = 3R\left[1 - 0{,}05(T_D/T)^2\right]$. Bei tiefer Temperatur entspricht die gestrichelte Kurve der Gl. 11.16. (Nach Demtröder 1996)

zeigt Abb. 11.4 für verschiedene Substanzen. Dabei ist die Temperatur auf die sogenannte **Debye-Temperatur** $T_D = h\nu_D/k$ normiert. Die Übereinstimmung für die beiden Grenzfälle $(T \to 0)$ und $(T \to \infty)$ ist hervorragend. Besonders gut ist sie zum Beispiel für festes Argon unterhalb von wenigen Kelvin (Abb. 11.5).

Abb. 11.5 Messwerte der Temperaturabhängigkeit der Molwärme von festem Argon bei tiefer Temperatur. Die durchgezogene Kurve entspricht Gl. 11.16. (Nach Baierlein 1999)

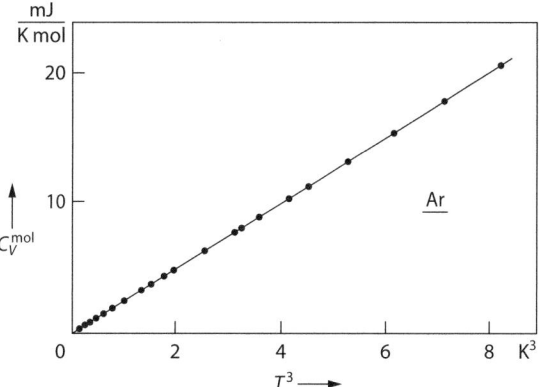

Abb. 11.6 Zustandsdichte $g(\nu)$ von Aluminium in relativen Einheiten, berechnet aus Messungen der Röntgenstreuung bei 300 K. Gestrichelt ist die Debye-Näherung eingetragen mit einer aus Messungen der Wärmekapazität bestimmten Debye-Frequenz. (Nach Reif 1975)

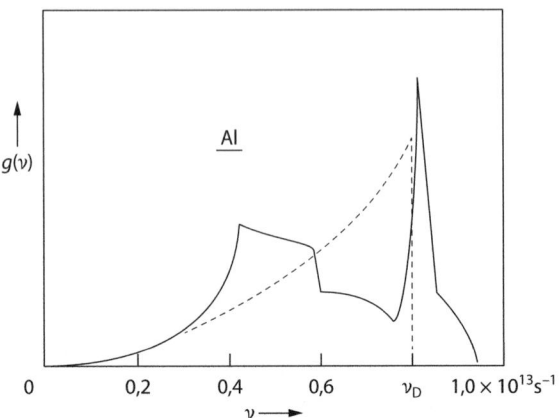

Debyes Theorie beruht auf zwei wesentlichen Vereinfachungen: Zum einen auf der Beziehung $\lambda \nu = v$, die streng genommen nur für *harmonische* Wellen gilt. Dies führt zum Anstieg der Zustandsdichte mit ν^2 in Abb. 11.3. Andererseits ist die Schallgeschwindigkeit in einem Kristall nicht isotrop. Beide Vereinfachungen kompensieren sich offenbar teilweise zu dem guten Ergebnis in Abb. 11.4. Schließlich verläuft die Zustandsdichte keineswegs so einfach quadratisch wie in Abb. 11.3, sondern hat als Funktion der Frequenz eine kompliziertere Gestalt mit Maxima und Minima wie in Abb. 11.6. Man kann diese Funktion messen, indem man Röntgenstrahlen oder Neutronen an Gitterschwingungen bzw. Phononen streut. Aus der Energieabhängigkeit der Streuintensität lässt sich die Frequenzabhängigkeit der Zustandsdichte berechnen (Näheres in Lehrbüchern der Festkörperphysik).

Trotz des Erfolgs von Debyes Theorie gibt es immer noch eine kleine Diskrepanz zu den Messwerten, und zwar bei Metallen. Hier existiert ein kleiner, in T linearer Beitrag zur Wärmekapazität. Diesen sieht man, wenn man bei tiefer Temperatur C_V/T gegen T^2 aufträgt, um das T^3-Gesetz (Gl. 11.16) zu prüfen. Dann erhält man eine Gerade, die nicht genau durch den Nullpunkt geht, wie beim Nichtmetall in Abb. 11.5. Das zeigt Abb. 11.7 für verschiedene Metalle. Der kleine Ordinatenabschnitt bei $T^2 = 0$, nämlich $\tilde{\gamma}$, hat die Größe einiger mJ/K² pro Mol. Er rührt von der kinetischen Energie der Leitungselektronen her. Das hat man um 1930 bewiesen, nachdem es eine Quantentheorie der Metallelektronen gab. Diese liefert die Beziehung

$$\tilde{\gamma} = \left(\frac{\pi}{3}\right)^{2/3} \frac{V^{2/3} N_e^{1/3} m_e k^2}{h^2} \qquad (11.17)$$

mit der Dichte N_e/V der Leitungselektronen und ihrer effektiven Masse m_e.

Wie anfangs bemerkt, können wir mit den hier benutzten Methoden der Gitterdynamik keine thermomechanischen Effekte beschreiben, wie zum Beispiel die Wärmeausdehnung oder die Kompressibilität. Denn dafür bräuchte man die Zustandssumme Z des Systems als Funktion der Ortsabhängigkeit des interatomaren Potenzials. Mit der freien Energie $F = -kT \ln Z$ (Gl. A.49) und dem Druck $P =$

11 Kristalline Festkörper

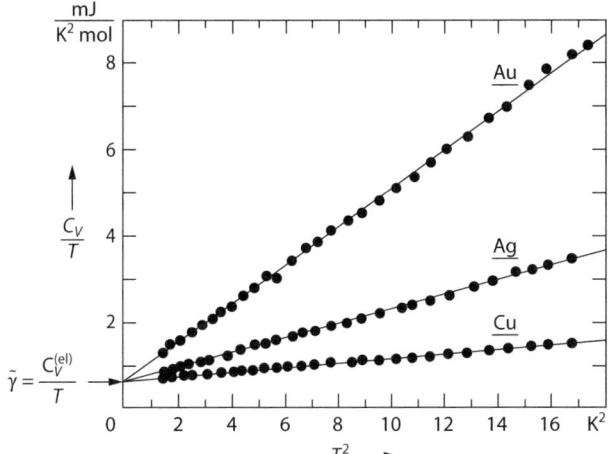

Abb. 11.7 Gemessene Temperaturabhängigkeit der molaren Wärmekapazität C_V^{mol} von drei Metallen bei tiefer Temperatur. Die Achsenabschnitte auf der Ordinate sind die elektronischen Anteile $\tilde{\gamma}$ nach Gl. 11.17. Die durchgezogenen Linien entsprechen dem Debye'schen T^3-Gesetz (Gl. 11.16) mit einem Zusatzterm. (Nach Schroeder 1999)

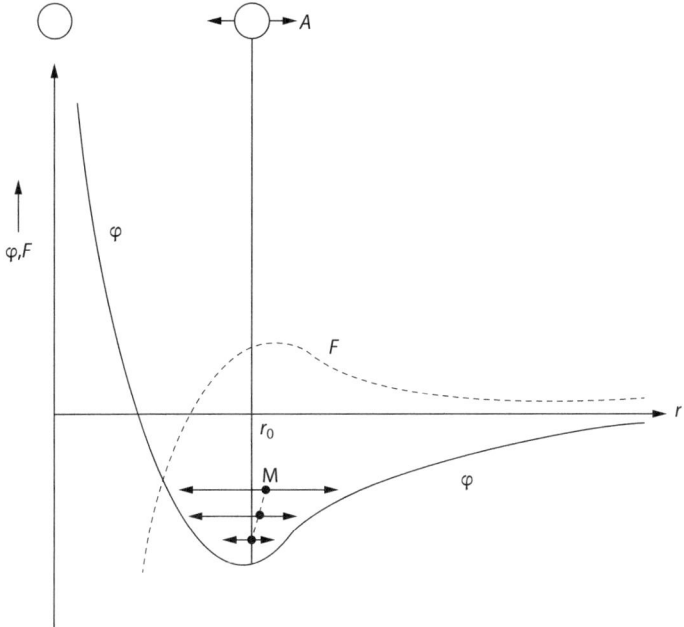

Abb. 11.8 Potenzielle Energie φ (——) und Kraft F (– – –) zwischen zwei Atomen als Funktion ihres Abstands r; r_0 ist der Gleichgewichtsabstand

$-(\partial F/\partial V)_T$ (Gl. A.50) könnte man dann die thermischen Ausdehnungskoeffizienten γ und α berechnen sowie die Kompressibilität κ. Weil wir die Zustandssumme aber nicht in geschlossener Form zur Verfügung haben, begnügen wir uns mit einer anschaulichen Erklärung: Wir betrachten in Abb. 11.8 die potenzielle Energie $\varphi(r)$ und die Kraft $F = \partial \varphi/\partial r$ zwischen zwei Atomen als Funktion ihres Abstands (vgl. Abb. 10.3 und 10.4). Mit wachsender Temperatur nimmt die kinetische Energie der Atome zu und damit auch ihre Auslenkung aus dem Minimum des Potenzials. Dieses Minimum ist keineswegs eine reine Parabel, und die Kraft daher keineswegs proportional zur Auslenkung, wie es für eine harmonische Schwingung sein sollte. Die Auslenkung ist vielmehr unsymmetrisch zum Mittelpunkt M der Amplitude A. Er wandert mit wachsendem A in der Abbildung nach rechts. Das bedeutet größeren Atomabstand mit wachsender Temperatur, also positiven thermischen Ausdehnungskoeffizienten. Ganz ähnlich ist es mit der Kompressibilität. In Abb. 11.9 ist die potenzielle Energie $\varphi(r)$ für zwei verschiedene mittlere Atomabstände skizziert, $r'_0 < r_0$. Drückt man den Kristall isotrop zusammen, so nimmt r_0 und damit sein Volumen ab. Das bedeutet positive Kompressibilität $\kappa = -(\partial V/\partial P)/V$, wie man es bei fast allen Festkörpern findet.

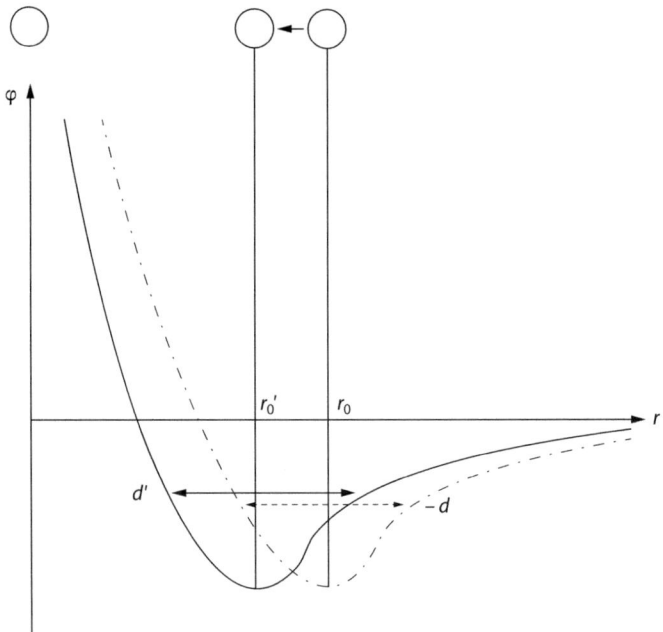

Abb. 11.9 Potenzielle Energie φ zwischen zwei Atomen als Funktion ihres Abstands r für zwei verschiedene Gleichgewichtsabstände r_0 und r'_0

Reale Magnete

12.1 Der Magnetismus der Atome

Neben den klassischen Phasen, Gas, Flüssigkeit und Festkörper, ist wohl der Magnetismus der bekannteste und technisch bedeutsamste Aggregatzustand der Materie. Er war schon den alten Chinesen und Griechen vertraut. Und er existiert deswegen, weil die Elementarteilchen, Elektron und Proton, außer ihrer Masse und ihrer elektrischen Ladung noch ein **magnetisches Moment** besitzen. Wir können es uns wie eine kleine Kompassnadel vorstellen mit zwei Magnetpolen, Nord und Süd. Alle Atome haben solche magnetischen Momente und makroskopische Körper ebenfalls. Nur merkt man oft nichts davon. Heute findet man magnetische Werkstoffe in zahlreichen technischen Geräten wie Elektromotoren, Dynamomaschinen, Haftmagneten, Datenspeichern, Tonbändern, Festplatten von Computern usw. Aber nur einige chemischen Elemente und Verbindungen sind „magnetisch" in dem Sinne, dass sie bei Raumtemperatur merkliche Kräfte aufeinander ausüben. Bekannt ist das nur von Eisen, Nickel, Gadolinium und Kobalt sowie einigen ihrer Verbindungen. Alle anderen Stoffe sind nur sehr schwach magnetisch. Wie kommt diese magnetische Kraft in nur wenigen Stoffen zustande, wo doch alle Materie magnetische Momente der gleichen Größenordnung besitzt, nämlich diejenigen der Elektronen und Atomkerne?

Um das zu verstehen, betrachten wir zunächst die Energieverhältnisse zwischen den Momenten der Atome. Jeder magnetische Dipol mit dem Moment μ erzeugt in seiner Umgebung ein magnetisches Feld B:

Ergänzende Information Die elektronische Version dieses Kapitels enthält Zusatzmaterial, auf das über folgenden Link zugegriffen werden kann https://doi.org/10.1007/978-3-662-69771-9_12.

$$B(r) = \frac{\mu_0}{4\pi r^2}\left(\frac{3r(\mu \cdot r) - \mu r^2}{r^3}\right) \tag{12.1}$$

($\mu_0 = 4\pi \cdot 10^{-7}$ Vs/Am ist die Induktionskonstante). Dieses Feld übt auf einen zweiten Dipol in seiner Umgebung eine Kraft $F = \nabla(\mu \cdot B)$ aus. Und die potenzielle Energie $\varepsilon = -\mu \cdot B$ zweier Dipole beträgt dann

$$\varepsilon(r) = \frac{\mu_0}{4\pi}\left[\frac{\mu_1 \cdot \mu_2}{r^3} - \frac{3(\mu_1 \cdot r)(\mu_2 \cdot r)}{r^5}\right]. \tag{12.2}$$

Das ist in Abb. 12.1 für verschiedene Orientierungen der Dipole skizziert. Setzt man in Gl. 12.2 Zahlen für atomare Dipole ein, $\mu_{1,2} \approx 10^{-23}$ Am^2 (s. Abschn. 2.3) und $r \approx 2 \cdot 10^{-10}$ m, so ergibt sich für Parallelstellung $\varepsilon_{\max} \approx 2{,}5 \cdot 10^{-24}$ J. Das entspricht einer Temperatur $T \approx \varepsilon/k$ von etwa 0,18 K. Bei diesem Wert ist die thermische Energie $\varepsilon_{\text{th}} \approx kT$ von der gleichen Größe wie die magnetische. Die Brown'sche Bewegung der Atome stört dann die magnetische Ausrichtung der Momente. Bei Raumtemperatur ist ε_{th} etwa 1000-mal größer, ungefähr $4 \cdot 10^{-21}$ J. Die dabei beobachtete magnetische Ordnung mancher Stoffe kann also nicht von der magnetostatischen Kraft der atomaren Dipole herrühren. In Abschn. 12.3 besprechen wir, worauf dieser makroskopische Magnetismus beruht. Zunächst behandeln wir aber den sogenannten Paramagnetismus, nämlich die magnetischen Eigenschaften wechselwirkungsfreier magnetischer Momente.

12.2 Paramagnetismus

In Abschn. 2.3 hatten wir die thermodynamischen Eigenschaften eines idealen Zwei-Zustands-Magneten besprochen. Das war ein System von frei im Raum schwebenden magnetischen Momenten, die nur parallel und antiparallel zu einem Magnetfeld ausgerichtet sein können (s. Abb. 2.6). Ihrer Orientierung mit der magnetischen Energie $\varepsilon = -\mu \cdot B$ wirkt die thermische Energie $\varepsilon_{\text{th}} \approx kT$ der die Momente tragenden Atome entgegen. Im Gleichgewicht nimmt die Orientierung dann einen Mittelwert an. Und es existiert eine Magnetisierung $M = \sum \mu/V$, deren Feld- und Temperaturabhängigkeit durch Gl. 2.26 gegeben ist:

$$M(B, T, N) = \frac{N\mu}{V}\tanh\frac{\mu B}{kT}. \tag{12.3}$$

12.2 Paramagnetismus

Abb. 12.1 Zur Wechselwirkung zweier magnetischer Momente μ_1 und μ_2 im Abstand r. **a** und **b** zeigen die Energie ε, dividiert durch $\mu_0/4\pi$ nach Gl. 12.2, in der Zeichenebene für verschiedene Orientierungen. Abstoßende Kraft für $\varepsilon > 0$, anziehende für $\varepsilon < 0$. In **c** ist der Verlauf von ε für **a** in zwei zueinander senkrechten Richtungen skizziert

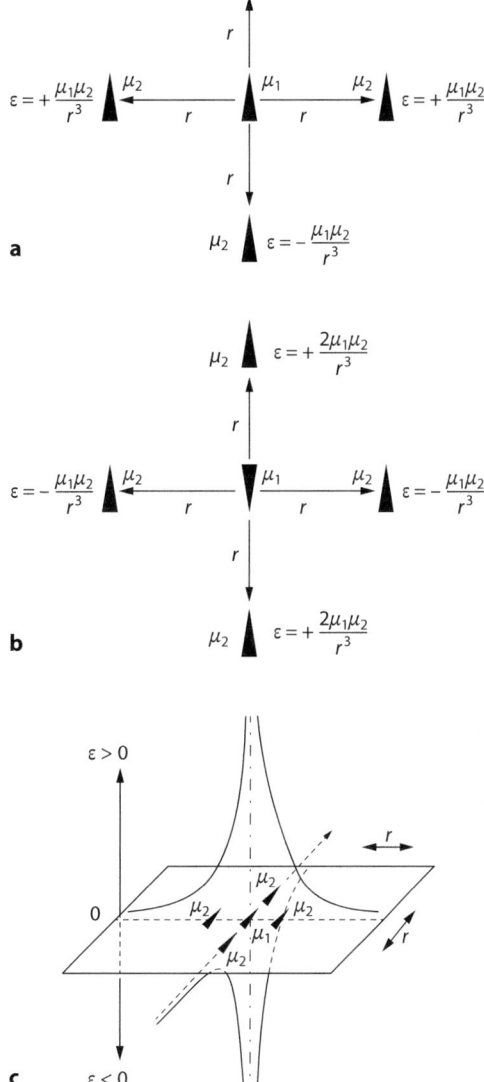

Nun wollen wir die Idealisierungen aus Abschn. 2.3 nacheinander aufheben. Zunächst sollen die Momente jetzt unter verschiedenen Winkeln zum Feld stehen können. Das führt zu einer anderen Abhängigkeit der Magnetisierung von B und T, die wir in diesem Abschnitt besprechen werden. Im nächsten lassen wir dann die Wechselwirkung zwischen den Momenten zu und erhalten die ferromagnetischen Eigenschaften. Das sind zum einen die spontane Magnetisierung im Feld Null und zum anderen die makroskopischen Momente der Dauermagnete.

Abb. 12.2 Richtungsquantisierung von atomaren Drehimpulsen J und den damit verbundenen magnetischen Momenten μ in einem Magnetfeld B parallel zur z-Richtung

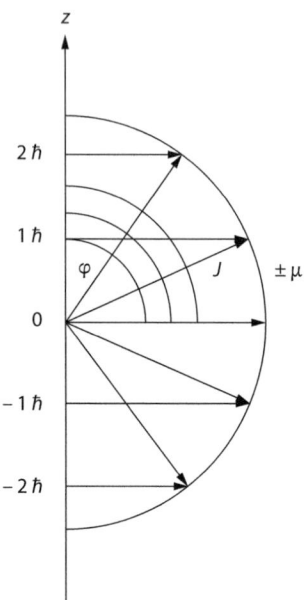

Die Erfahrung zeigt, dass mit jedem atomaren magnetischen Moment μ ein mechanischer Drehimpuls J verbunden ist. Dabei kann μ parallel oder antiparallel zu J stehen. Die Quantentheorie verlangt, dass J und μ nur unter ganz bestimmten Winkeln zu einem Magnetfeld orientiert sein können, die sogenannte **Richtungsquantelung**. Und zwar können sie nur so stehen, dass die Projektion von J auf die Feldrichtung ein ganzzahliges Vielfaches von $\hbar = h/2\pi$ beträgt (Abb. 12.2). Andere Richtungen sind nicht erlaubt und kommen in der Natur nicht vor. Dafür gibt es keine anschauliche Erklärung. Die genaue Berechnung für $M(B,T)$ für in dieser Art quantisierte Richtungen ist etwas umfangreich. Wir begnügen uns daher zunächst mit der Näherung, dass ganz beliebige Richtungen zwischen μ und B erlaubt sind. Dieses Modell wurde 1905 von Paul Langevin entwickelt und es beschreibt die Magnetisierung M und die Suszeptibilität χ vieler Stoffe einigermaßen befriedigend.

Wir beginnen mit der Berechnung des thermischen Mittelwerts $\langle \mu \rangle \equiv \mu \langle \cos \vartheta \rangle$ für das magnetische Moment in der Probe in einem Wärmebad, wobei ϑ der Winkel zwischen μ und B ist (s. Abb. 12.2). Mit der Boltzmann-Wahrscheinlichkeit $\mathcal{P} = e^{-\varepsilon/(kT)}/Z$ (s. Gl. 6.8) und $\varepsilon = -\mu B \cos \vartheta$ (Gl. 2.14) gilt

$$\langle \mu \rangle = \mu \sum \mathcal{P}_i \cos \vartheta_i \approx \frac{\mu \int_0^\pi \cos \vartheta \, e^{\mu B \cos \vartheta / (kT)} \, d(\cos \vartheta)}{\int_0^\pi e^{\mu B \cos \vartheta / (kT)} d(\cos \vartheta)}. \tag{12.4}$$

12.2 Paramagnetismus

Mit den Abkürzungen $\cos\vartheta = x$ und $\mu B/(kT) = \alpha$ wird daraus

$$\langle\mu\rangle = \mu\int_{-1}^{+1} x^{\alpha x}\,\mathrm{d}x\,. \tag{12.5}$$

In einer Integraltafel findet man dafür

$$\mathcal{L}(\alpha) =: \frac{\langle\mu\rangle}{\mu} = \coth\alpha - \frac{1}{\alpha}\,, \tag{12.6}$$

die sogenannte **Langevin-Funktion** (nach Paul Langevin). Erweitert man μ bzw. $\langle\mu\rangle$ mit N, so erhält man das makroskopische Moment m bzw. $\langle m\rangle = m(\alpha)$ und seinen spezifischen Wert $M(\alpha) = m(\alpha)/V$, die sogenannte **Magnetisierung**. Dabei ist $M_\mathrm{s} = \mu N/V$ die **Sättigungsmagnetisierung**, wenn alle Momente parallel stehen, und es gilt für die relative Magnetisierung

$$\mathcal{L}(\alpha) =: \frac{M(\alpha)}{M_\mathrm{s}}\,. \tag{12.7}$$

Wir vergleichen dieses Ergebnis nun mit demjenigen des idealen Magneten in Abschn. 2.3. Dort hatten wir in Gl. 2.26 die Zwei-Zustands-Funktion

$$\mathcal{D}(\alpha) =: \frac{M(\alpha)}{M_s} = \tanh\alpha \tag{12.8}$$

gefunden. Die beiden Beziehungen Gln. 12.6 und 12.8 sehen sich sehr ähnlich. Entwickelt man sie in Taylor-Reihen, so ergibt sich

$$\mathcal{D}(\alpha) = \alpha - \frac{\alpha^3}{3} \pm \ldots \tag{12.9}$$

und

$$\mathcal{L}(\alpha) = \frac{\alpha}{3} - \frac{\alpha^3}{45} \pm \ldots\,. \tag{12.10}$$

Die Langevin-Funktion hat dieselbe Gestalt wie $\mathcal{D}(\alpha)$, nur steigt sie etwas flacher an (Abb. 12.3). Etwas anders sieht die relative Magnetisierung aus, wenn man sie nur für die erlaubten diskreten Orientierungen von μ und B nach Abb. 12.2 berechnet. Dann erhält man die **Brillouin-Funktion** $\mathcal{B}(\alpha)$ (nach Léon Brillouin)

$$\mathcal{B}(\alpha) =: \frac{M(\alpha)}{M_\mathrm{s}} = \frac{2J+1}{2J}\coth\left(\frac{2J+1}{2J}\alpha\right) - \frac{1}{2J}\coth\frac{\alpha}{2J}\,. \tag{12.11}$$

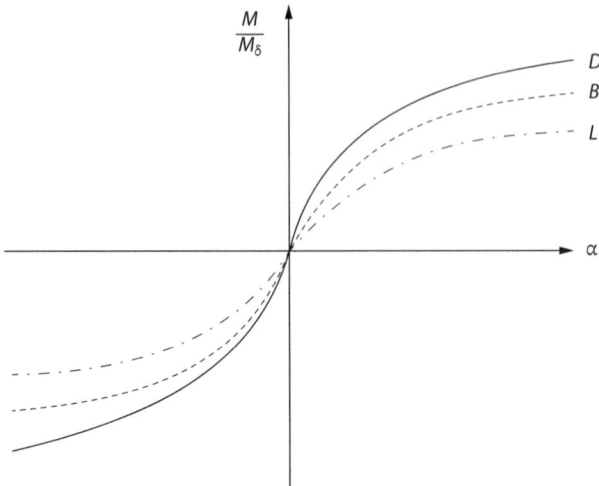

Abb. 12.3 Die drei verschiedenen Magnetisierungsfunktionen $\mathcal{D}$ (Gl. 12.8), $\mathcal{L}$ (Gl. 12.6) und $\mathcal{B}$ (Gl. 12.11) in Abhängigkeit vom Parameter $\alpha = \mu B/(kT)$

Dabei ist J die **Drehimpulsquantenzahl** eines Teilchens, $J = 0, 1/2, 1, 3/2$ usw. Sie hängt mit seinem magnetischen Moment μ wie folgt zusammen:

$$\mu = g\mu_B J\,. \tag{12.12}$$

Dabei ist $\mu_B = 9{,}27\ldots \cdot 10^{-24}\,\text{Am}^2$ das **Bohr'sche Magneton** (nach Niels Bohr), die elementare Einheit des magnetischen Moments, und g der sogenannte **Landé-Faktor** (nach Alfred Landé). Dieser liegt je nach Teilchenart zwischen $-3{,}8$ (Neutron), $+2$ (Elektron) und $+5{,}6$ (Proton). Die Brillouin-Funktion verläuft je nach dem Betrag von J zwischen der Langevin- und der Zwei-Zustands-Funktion (s. Abb. 12.3). Wie nicht anders zu erwarten, werden die experimentellen Werte der $M(\alpha)$-Kurven am genauesten von der Brillouin-Funktion wiedergegeben. Eine solche Magnetisierungskurve hatten wir schon in Abb. 2.8 gesehen.

Außer der Magnetisierung ist für die Praxis vor allem die **magnetische Suszeptibilität** $\chi =: \mu_0 \partial M/\partial B$ von Bedeutung (s. Gl. 9.8). Es ist die wichtigste Materialeigenschaft für viele technische Zwecke. Man erhält χ aus Gl. 12.10 zu

$$\chi = \mu_0 \frac{\partial M}{\partial B} = \mu_0 M_s \frac{\partial \mathcal{L}}{\partial B} = \mu_0 M_s \frac{\partial \mathcal{L}}{\partial \alpha}\frac{\partial \alpha}{\partial B} \approx \mu_0 M_s \frac{1}{3}\frac{\mu}{kT}\,. \tag{12.13}$$

Bei der letzten Teilgleichung haben wir das zweite Glied der Entwicklung (s. Gl. 12.10) vernachlässigt, denn α ist bei Raumtemperatur von der Größenordnung $1/300$. Mit $M_s = \mu N/V$ folgt dann

12.2 Paramagnetismus

$$\chi = \frac{\mu_0 (N/V) \mu^2}{3kT}, \qquad (12.14)$$

das **Curie-Gesetz** für Paramagnetika (nach Pierre Curie). Die Größenordnung von χ beträgt mit $N/V = 3 \cdot 10^{28}\,\mathrm{m}^{-3}$, wie für viele Festkörper, $\chi \approx 3 \cdot 10^{-4}$. In Abb. 12.4 ist die auf ein Mol bezogene Suszeptibilität $\chi_{\mathrm{mol}} = \chi V_{\mathrm{mol}}$ für verschiedene Stoffe dargestellt. Mit einem typischen Molvolumen von $10\,\mathrm{cm}^3/\mathrm{mol}$ ergibt sich die Größenordnung $\chi_{\mathrm{mol}} \approx 3 \cdot 10^{-9}\,\mathrm{m}^3/\mathrm{mol}$. In Abb. 12.4a erkennt man,

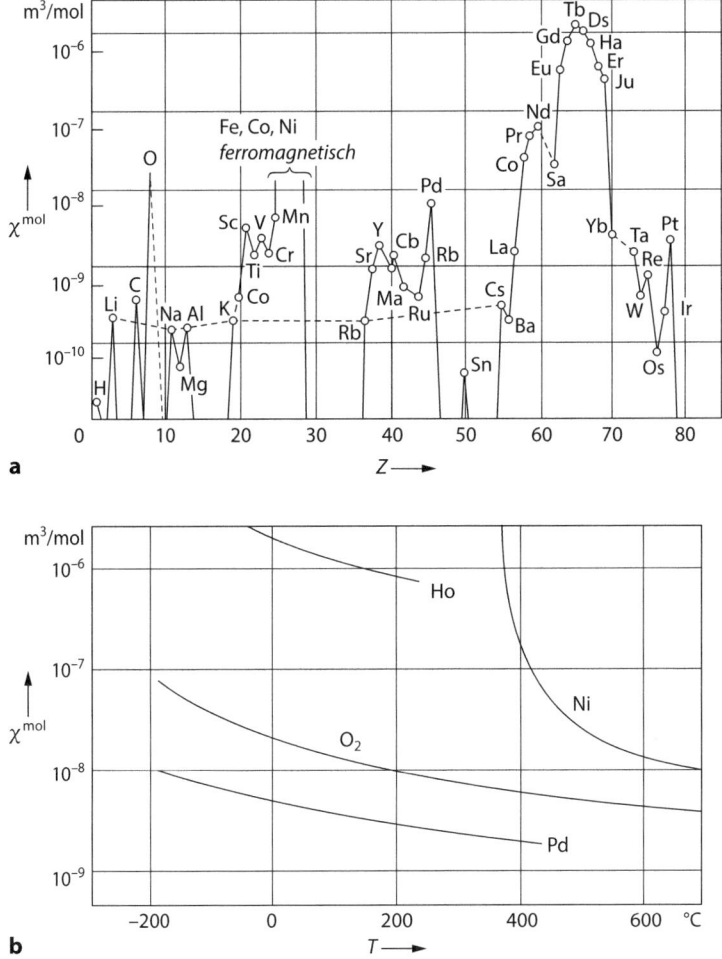

Abb. 12.4 Molsuszeptibilität $\chi^{\mathrm{mol}} = \chi V_{\mathrm{m}}$ paramagnetischer Elemente. **a** Als Funktion der Ordnungszahl Z bei Raumtemperatur und **b** als Funktion der Temperatur. (Nach Kneller 1962)

wie χ_{mol} als Funktion der Ordnungszahl schwankt, und man sieht den Einfluss des Atombaus im Periodensystem. Die seltenen Erdmetalle haben besonders hohe Atommomente μ, weil bei ihnen die innere N-Elektronenschale aufgefüllt wird. Die Temperaturabhängigkeit von $\chi \sim 1/T$ nach Gl. 12.14 ist ebenfalls gut erfüllt: In Abb. 12.4b liegen die Messwerte auf ein Promille genau auf den theoretischen Kurven. Nur Nickel als Ferromagnet macht hier eine Ausnahme (s. Abschn. 12.3). Dort muss T im Nenner von Gl. 12.14 durch $(T - T_c)$ ersetzt werden, mit T_c für Nickel gleich 358 °C.

12.3 Ferromagnetismus

Nun nähern wir uns noch weiter der Wirklichkeit an, indem wir die Wechselwirkung zwischen den atomaren magnetischen Momenten berücksichtigen. Dabei betrachten wir nur die Elektronen im Festkörper, denn die Momente der Nukleonen und Atomkerne sind etwa 2000-mal kleiner. Die Wechselwirkung zwischen den Elektronen besteht aus drei Komponenten:

- Zunächst die elektrostatische **Coulomb-Energie** zwischen zwei Teilchen (vgl. Gl. 8.1a)

$$\varepsilon = \frac{1}{4\pi\varepsilon_0}\frac{e^2}{r}. \tag{12.15}$$

Sie hat die Größenordnung 10^{-18} J für $r = 10^{-10}$ m.

- Der zweite Anteil ist eine Kraft aufgrund des **Pauli-Prinzips** der Quantentheorie (nach Wolfgang Pauli). Sie wirkt abstoßend, wenn zwei *Fermionen*, und das sind die Elektronen, in allen Quantenzahlen übereinstimmen, sofern sie sich zum Beispiel mit gleichem Drehimpuls am selben Ort befinden. Die Gesamtwellenfunktion ψ der beiden Elektronen 1 und 2 muss dann antisymmetrisch sein:

$$\psi(r_1, S_1; r_2, S_2) = -\psi(r_2, S_2; r_1, S_1). \tag{12.16}$$

Hier ist r die Orts- und s die Spinkoordinate, und ψ ist proportional zur Wurzel aus der Wahrscheinlichkeit, die Teilchen an ihrem Ort zu finden (s. Gl. A.13).

- Der dritte Anteil der Wechselwirkung ist die sogenannte **Austauschenergie** A. Durch sie wird die Gesamtenergie eines Systems zweier *nichtunterscheidbarer* Elektronen a und b um folgenden Betrag abgesenkt:

$$A = \frac{e^2}{4\pi\varepsilon_0} \iint \frac{\psi_a(r_1)\psi_b^*(r_1)\psi_b(r_2)\psi_a^*(r_2)}{|r_1 - r_2|} \, d^3r_1 \, d^3r_2. \tag{12.17}$$

Dieser Effekt kommt zustande, weil sich die Wellenfunktionen der beiden Teilchen bei kleinen Abständen überlagern, wie es in Abb. 4.4 skizziert ist. Für nichtunterscheidbare Fermionen ist das Austauschintegral negativ und A von der Größenordnung 10^{-18} J.

12.3 Ferromagnetismus

Das Resultat dieser drei Komponenten der Wechselwirkung zwischen Elektronen hängt natürlich von der räumlichen Struktur der Orbitale im Festkörper ab und ist nicht leicht vorherzusagen (s. z. B. Abb. 8.3). In bestimmten Fällen wird die Gesamtenergie minimal, wenn die magnetischen Momente benachbarter Elektronen parallel ausgerichtet sind. Dann entsteht ein makroskopisches Moment bzw. eine **spontane Magnetisierung** $M_{sp} = N\langle\mu\rangle/V$, ohne dass ein magnetisches Feld zugegen ist. Die Momente richten sich sozusagen gegenseitig aneinander aus. Und das ist die Erscheinung des **Ferromagnetismus**. Man findet ihn in einer Reihe von Metallen und Verbindungen schon bei Raumtemperatur, zum Beispiel bei Eisen, Nickel, Kobalt, Gadolinium, Magnetit (Fe_3O_4), Chromdioxid (CrO_2) usw. Das makroskopische Moment $\langle m \rangle = N\langle\mu\rangle$ kann in solchen Stoffen die Größenordnung 10^5 A m^2 haben bzw. die Magnetisierung $M = m/V$ 10^5 A/m. Das ist das 10^{28}-fache eines atomaren Moments! Allerdings wirkt der spontanen Ausrichtung der Momente auch in den ferromagnetischen Stoffen die thermische Bewegung der Atome entgegen, genauso wie in den Paramagnetika. Sie überträgt sich durch die **Spin-Bahn-Wechselwirkung** auf die atomaren magnetischen Momente. So bezeichnet man die Kopplung der Eigenmomente der Elektronen an ihre Orbitalbewegung. Der ferromagnetische Zustand ist daher nur unterhalb einer bestimmten Temperatur stabil, der **Curie-Temperatur**. Das entsprechende Phasendiagramm im M-B-T-Raum für einen solchen Stoff zeigt Abb. 12.5 (s. auch Abb. 8.8). Bei Temperaturen oberhalb des Curie-Punkts KP erkennt man den Verlauf der Langevin-Kurven $\mathcal{L} = M(B)$ im paramagnetischen Gebiet P. Der Curie-Punkt ist ein kritischer Punkt T_c (s. Abschn. 8.4). Unterhalb desselben gibt es zwei magnetische Phasen F_+ und F_- mit aufwärts bzw. abwärts gerichteter Magnetisierung. Dazwischen liegt das Koexistenzgebiet beider Phasen. Es wird durch die Kurve $M_{sp}(T)$ der spontanen Magnetisierung begrenzt.

Eine genauere theoretische Beschreibung des ferromagnetischen Teils der Zustandsfläche würde uns hier zu weit führen. Für viele Zwecke ist jedoch eine phänomenologische Beziehung nützlich. Sie stammt von Pierre Weiss 1907 und ersetzt die quantenphysikalischen Kräfte, welche die spontane Magnetisierung bewirken, durch ein hypothetisches inneres Magnetfeld $B_i \equiv WM$. Die **Weiss-Konstante** W hat die Größenordnung 10^{-4} Vs/Am und lässt sich aus der Curie-Temperatur bestimmen. Mit dieser Annahme ersetzt man das von außen auf eine Probe wirkende Magnetfeld B_a durch $B' = B_a + B_i$. Aus der Variable α in Gln. 12.6 und 12.11 wird dann $\alpha' = \mu B'/(kT)$ mit $B' = B_a + WM$. Die Brillouin-Funktion ist dann eine implizite Gleichung für $M(B_a, T)$, die sich grafisch oder numerisch lösen lässt. Damit erhält man unter anderem die Temperaturabhängigkeit der spontanen Magnetisierung. Diese ist in Abb. 12.6 mit Messungen an verschiedenen Stoffen und mit theoretischen Beziehungen verglichen (Gln. 12.6 und 12.11). Die Temperaturableitung dieser Kurve ist übrigens der pyromagnetische Effekt nach Gl. A.64.

Die Abb. 12.6 zeigt, dass auch die Brillouin-Funktion die Wirklichkeit noch nicht perfekt wiedergibt. Das liegt an der „Weiss'schen" Näherung mit konstantem W. Die Feldabhängigkeit der $M(T)$-Kurven ist in Abb. 12.7 skizziert. Die Suszeptibilität der Ferromagnetika zeigt oberhalb des Curie-Punkts das paramagnetische Verhalten ähnlich Gl. 12.14. Nur im Nenner muss T durch $T - T_c$ ersetzt

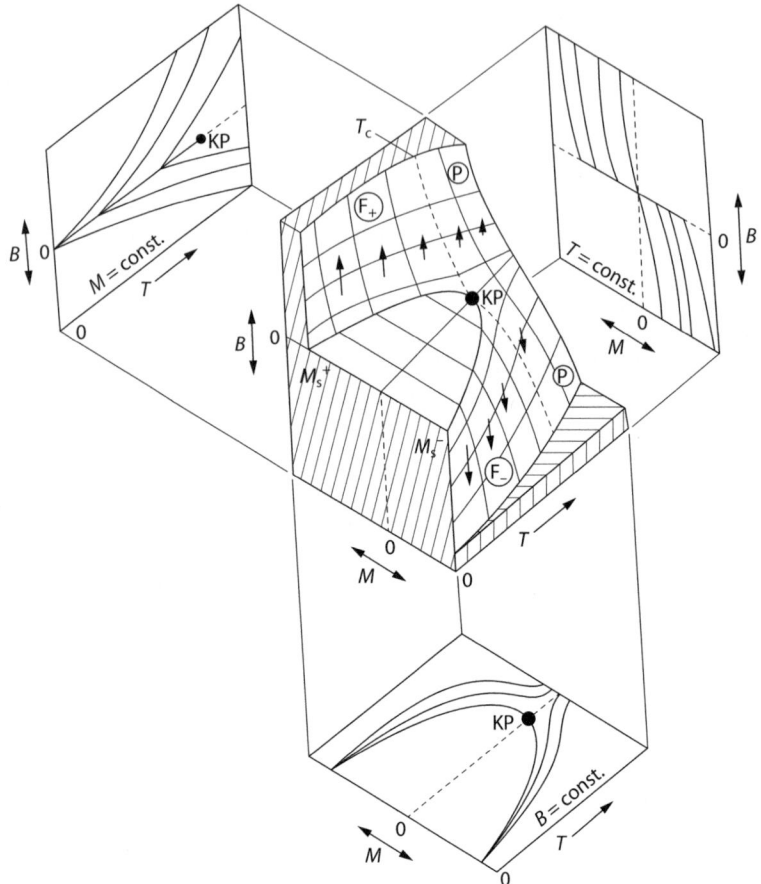

Abb. 12.5 MBT-Zustandsfläche einer hysteresefreien magnetischen Substanz, zum Beispiel reines Eisen. P ist die paramagnetische Phase, F_+ und F_- sind die beiden ferromagnetischen und KP ist der kritische Punkt. Die dünnen Linien sind Isothermen und Kurven gleicher Feldstärke (Isopedien), die dicke Linie ist die Koexistenzkurve, die Grenze des Zwei-Phasen-Gebiets ($F_+ + F_-$). Die einfachen Pfeile bezeichnen Magnetisierungsstärke und -richtung. Die drei Projektionen auf die Koordinatenebenen zeigen die typischen Merkmale der Ferromagnetika

werden. Das sieht man in Abb. 12.4b für Nickel mit einem Curie-Punkt von 358 °C. Unterhalb desselben ist die Suszeptibilität eine komplizierte Funktion der Feldstärke und der Temperatur und wird durch die magnetische Bereichsstruktur und Hysterese bestimmt, auf die wir hier nicht näher eingehen.

Wir besprechen jetzt noch zwei thermomagnetische Eigenschaften der Ferromagnetika, ihre Wärmekapazität und den magnetokalorischen Effekt. Die **Wärmekapazität** erhält man mit $C = \partial U/\partial T$ für $U = MB$ und mit der Brillouin-Funktion (Gl. 12.11) für $M(T)$. Die Temperaturabhängigkeit davon ist in Abb. 12.8 für einige Ferromagnetika dargestellt.

12.3 Ferromagnetismus

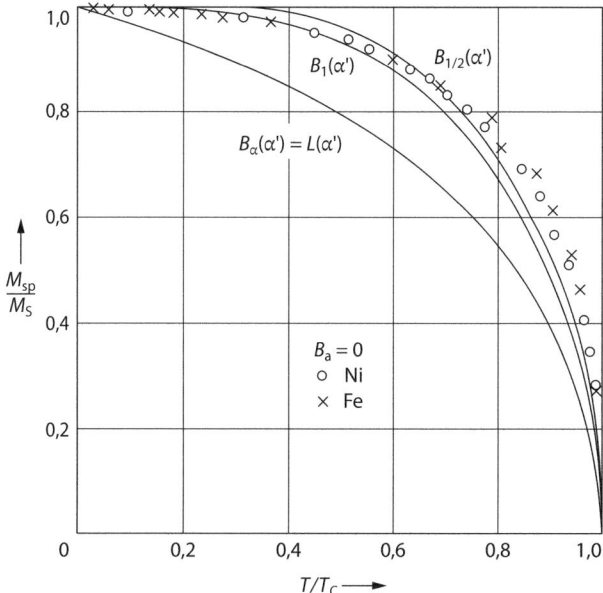

Abb. 12.6 Temperaturverlauf der normierten spontanen Magnetisierung M_{sp}/M_s mit Messwerten an Nickel (o) und Eisen (×). Die durchgezogenen Kurven sind Berechnungen der Brillouin-Funktion (Gl. 12.11) für verschiedene J-Werte. (Nach Kneller 1962)

Abb. 12.7 Temperaturverlauf der reduzierten Magnetisierung M/M_s für verschiedene Feldstärken B, schematisch

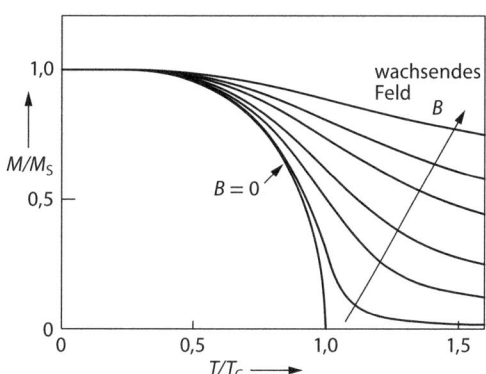

Den **magnetokalorischen Effekt** hatten wir schon in Gl. A.65 definiert, nämlich

$$\frac{\partial T}{\partial B} = \frac{T}{C}\frac{\partial S}{\partial B}. \tag{12.18}$$

Es handelt sich um die Temperaturänderung einer Probe beim Anlegen oder Entfernen eines magnetischen Feldes. Und das ist eine Folge des Zweiten Hauptsatzes der Thermodynamik. In Abb. 12.9 ist erklärt, warum. Bringt man ein Ferromagnetikum in einem *abgeschlossenen* System in ein Magnetfeld, so richten sich die

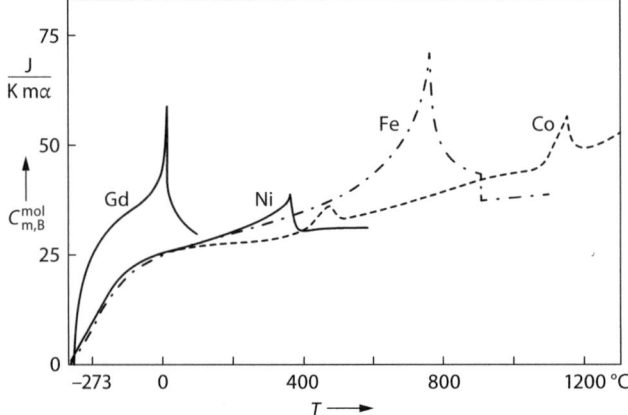

Abb. 12.8 Messungen der Molwärme C_m^{mol} verschiedener Ferromagnetika bei konstantem Druck im äußerem Feld Null. (Nach Kneller 1962)

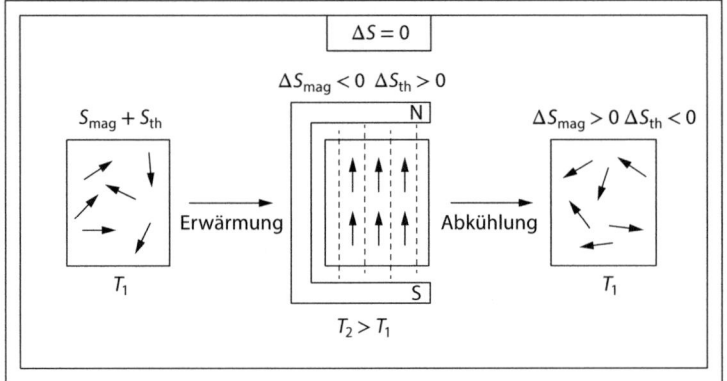

Abb. 12.9 Magnetokalorischer Effekt in einem abgeschlossenen System

magnetischen Momente entsprechend aus. Dabei sinkt ihre Entropie, denn sie haben weniger mögliche Energiezustände $\varepsilon = -\boldsymbol{\mu} \cdot \boldsymbol{B}$ zur Verfügung als vorher. Der magnetische Anteil der Entropie nimmt ab: $\Delta S_{mag} < 0$ (s. Gl. 4.14). Weil die Gesamtentropie im abgeschlossenen System aber konstant bleiben muss, nimmt dafür ihr thermischer Anteil zu: $\Delta S_{th} > 0$. Das heißt, die kinetische Energie der Atome und damit die Temperatur wächst: $T_2 > T_1$. Beim Herausnehmen der Probe aus dem Feld geschieht das Umgekehrte, die Probe kühlt sich ab. In Abb. 12.10 sind Messungen des magnetokalorischen Effekts an Nickel dargestellt. In der Nähe des Curie-Punkts T_c erscheint eine Spitze, die zum Teil auf dem kritischen Verhalten beruht (s. Abschn. 8.4), zum anderen Teil auf der Temperaturabhängigkeit der Wärmekapazität. Der magnetokalorische Effekt hat zwei wichtige Anwendungen gefunden. Zum einen kann man bei Benutzung des Magnetismus der Atomkerne

12.3 Ferromagnetismus

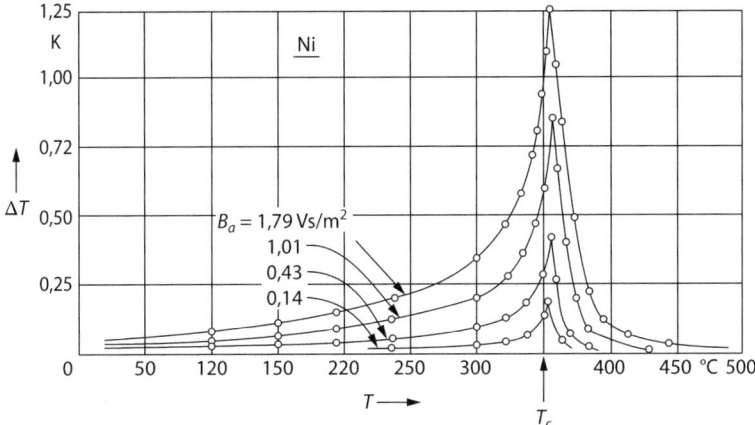

Abb. 12.10 Magnetokalorischer Effekt von Nickel bei verschiedenen Feldstärken als Funktion der Temperatur. (Nach Chikazumi 1964)

sehr tiefe Temperaturen unter einem Millikelvin erreichen. Zum anderen verwendet man den Effekt zum Heizen und Kühlen mit einer magnetischen Wärmepumpe in empfindlichen Messgeräten und in Satelliten.

Ausblick

Aus Platzgründen können wir hier nicht auf die zahlreichen anderen Erscheinungen des Magnetismus eingehen, die thermodynamisch interessant sind und viele Anwendungsmöglichkeiten haben. Das sind zum einen die Phasen des Diamagnetismus, Antiferromagnetismus, Ferrimagnetismus sowie die magnetischen kleinen Teilchen und dünnen Schichten. Zum anderen sind es die Erscheinungen der magnetischen Bereichsstruktur und Hysterese sowie die magnetische Resonanz.

Strömung und Transport 13

13.1 Lineare Transportvorgänge

Wir verlassen jetzt das thermodynamische Gleichgewicht, das uns bisher so gute Dienste geleistet hat. Denken Sie nur an die Grundannahme der statistischen Physik in Abschn. 2.1 oder an das Prinzip maximaler Entropie in Abschn. 5.2. Ein System ist bekanntlich dann im Gleichgewicht, wenn makroskopisch im Lauf der Zeit keinerlei Veränderungen in ihm messbar sind. Insbesondere ist es im Gleichgewicht, wenn Temperatur, Druck, chemisches und elektrisches Potenzial räumlich konstant sind. Falls das nicht zutrifft, dann beobachtet man Ströme von Teilchen, Energie, Masse, elektrischer Ladung usw. von einem Ort zu einem anderen. Aus Natur und Technik kennen wir zahlreiche Beispiele dafür. Ja praktisch alle beobachtbaren Vorgänge sind irgendwie mit dem Transport von Energie verbunden. Das reicht vom Wettergeschehen über Fließprozesse in Pflanzen und Tieren bis zu chemischen Reaktionen und zu elektrischen Strömen in technischen Geräten. Auch Verkehr und Kommunikation gehören dazu. In diesem Kapitel wollen wir solche Strömungsvorgänge untersuchen und sehen, was die Thermodynamik dazu sagt.

Ein allgemeines Schema für den Transport einer Größe X von einem Ort zum anderen zeigt Abb. 13.1. Hier ist der Fluss $\boldsymbol{J}_X$, das heißt die Stromdichte von X (Einheit X m^{-2} s^{-1}), zwischen zwei Reservoiren mit der Eigenschaft Y dargestellt. Beispielsweise ist X eine elektrische Ladung q und Y das elektrische Potenzial ϕ_e. Dann fließt positive Ladung q^+ von einer Anode zu einer Kathode. Und der Fluss ist eine Funktion der Potenzialdifferenz bzw. des elektrischen Feldes $\boldsymbol{E} = -\nabla\phi_\mathrm{e}$. Wie die Erfahrung zeigt, sind $\boldsymbol{J}_q$ und $\boldsymbol{E}$ in erster Näherung einander proportional:

$$J_q = -\sigma \nabla \phi_\mathrm{e} = \sigma E \ . \tag{13.1}$$

Ergänzende Information Die elektronische Version dieses Kapitels enthält Zusatzmaterial, auf das über folgenden Link zugegriffen werden kann https://doi.org/10.1007/978-3-662-69771-9_13.

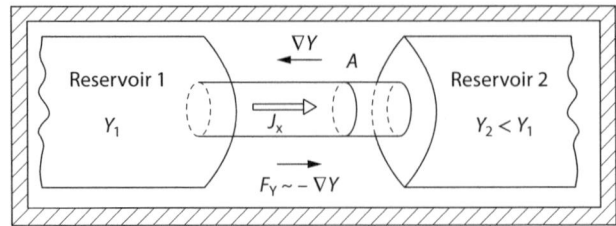

Abb. 13.1 Der Fluss J_x durch die Fläche A wird von der Triebkraft $\mathcal{F}_Y = -\nabla Y$ angetrieben

Das ist das Ohm'sche Gesetz, nach Georg Simon Ohm. Der **Transportkoeffizient** σ ist die elektrische Leitfähigkeit (Einheit $\Omega^{-1}\,m^{-1}$). Die einfache lineare Beziehung 13.1 ist nur eine Näherung für kleine Feldstärken. In der Realität hängt die Stromdichte auch von höheren Potenzen der Feldstärke ab und σ ist ebenfalls feldabhängig.

Was wir hier am Beispiel des Ladungstransports gesehen haben, gilt in ähnlicher Weise auch für die Strömung anderer Größen. Für die Wärmeenergie Q fand Jean B. Fourier um 1800 die folgende Beziehung:

$$J_Q = -\lambda \nabla T \tag{13.2}$$

mit der Temperatur T und der Wärmeleitfähigkeit λ (Einheit $W\,m^{-1}\,K^{-1}$). Auch diese Gleichung ist eine Näherung für kleine Temperaturdifferenzen.

Der Fluss J_N von N Teilchen irgendeiner Art durch Materie wurde von Adolf Fick um 1860 in ähnlicher Weise beschrieben

$$J_N = -D \nabla c \tag{13.3}$$

mit der Teilchenkonzentration c (m^{-3}) und dem Diffusionskoeffizienten D (Einheit $m^2\,s^{-1}$). Oft wird die Beziehung 13.3 auch mit dem chemischen Potenzial anstelle der Konzentration beschrieben, denn dieses ist in erster Näherung proportional zum Logarithmus der Konzentration (s. Gl. 7.25).

Und der Fluss J_μ magnetischer Momente μ in einem inhomogenen Magnetfeld B folgt in erster Näherung einer ähnlichen Beziehung.

$$J_\mu = D_\mu \nabla B \,. \tag{13.4}$$

Hier ist D_μ der Spindriftkoeffizient (Einheit $A\,m^3\,V^{-1}\,s^{-2}$).

Schließlich haben wir von Isaac Newton noch eine Beziehung für den Impulsfluss J_p in einer Scherströmung:

$$J_p = -\eta \nabla v_y \,. \tag{13.5}$$

Dabei ist η die Scherviskosität (Einheit $Pa \cdot s = N\,s\,m^{-2}$) und v_y die Geschwindigkeitskomponente senkrecht zur Richtung der Impulsströmung.

13.1 Lineare Transportvorgänge

Alle diese linearen Transportgleichungen sind, wie gesagt, nur eine Näherung für kleine, den Strom antreibende Kräfte. Was „klein" in diesem Zusammenhang bedeutet, das besprechen wir demnächst weiter unten. Werden die Kräfte zu groß, dann passieren dramatische Veränderungen in den Strömen. Aus einem stationären elektrischen Strom wird eine Funkenentladung oder ein Durchschlag, aus einer laminaren Scherströmung wird eine turbulente, aus einer geordneten Diffusion wird Konvektion usw. Alle diese sogenannten Instabilitäten sind mit einer qualitativen Änderung der Entropieproduktion verbunden, wie wir im Anhang A.11 sehen können. Deren Berechnung wurde möglich, indem man die linearen Transportgleichungen 13.1 bis 13.5 durch eine einheitliche Formulierung beschrieb, die Lars Onsager um 1950 eingeführt hat. Sie lautet

$$\boldsymbol{J}_X = -L_{XY}\nabla Y = L_{XY}\boldsymbol{\mathcal{F}}_Y. \tag{13.6}$$

Dabei ist der Fluss $\boldsymbol{J}_X$ gleich einem **kinetischen Koeffizienten** L_{XY}, multipliziert mit einer **Triebkraft** $\boldsymbol{\mathcal{F}}_Y$. Und diese ist eine Funktion der die Strömung antreibenden Größe Y. Die Triebkraft darf man nicht mit einer Newton'schen Kraft $\boldsymbol{F}$ verwechseln, denn $\boldsymbol{\mathcal{F}}$ hat die Einheit Y/m und nicht N(ewton). Hier sei vorweg erwähnt, dass sich für die Entropieproduktionsdichte eines Transportvorgangs die Beziehung $dS/(V\,dt) = \boldsymbol{J}_X \cdot \boldsymbol{\mathcal{F}}_Y$ ergibt (s. Anhang A.10).

Zu allen Transportprozessen sind noch einige Anmerkungen zu machen, bevor wir die betreffenden Koeffizienten genauer betrachten:

- Die linearen Beziehungen sind Näherungen für kleine Triebkräfte und müssen gegebenenfalls durch Glieder höherer Ordnung in $\boldsymbol{\mathcal{F}}$ ergänzt werden.
- Die Stromdichten hängen nicht nur von einer bestimmten Triebkraft ab, sondern oft von mehreren verschiedenen. Zum Beispiel ist ein elektrischer Strom nicht nur eine Funktion der Spannungsdifferenz zwischen den Elektroden, sondern auch von einem Temperaturunterschied zwischen diesen, oder auch von einem Magnetfeldgradienten. Man schreibt dann

$$J_X = L_{XY_1}\mathcal{F}_{Y_1} + L_{XY_2}\mathcal{F}_{Y_2} + \ldots \tag{13.7}$$

- Die Transportkoeffizienten sind im Allgemeinen Tensoren, denn Fluss und Triebkraft können verschiedene Richtungen haben, wie in Kristallen.
- Die Transportkoeffizienten hängen selbst oft von den intensiven Größen Temperatur, Druck usw. ab, nicht nur die Ströme von deren Gradienten.

Nun erhebt sich noch die Frage: Sind die in den Gln. 13.1 bis 13.5 beschriebenen Phänomene schon alle bekannten Transportprozesse oder gibt es noch mehr davon? Tatsächlich gibt es noch recht viele, zum Beispiel die Thermodiffusion, den Peltier-Effekt, den Thermospinstrom usw. Eine Übersicht über das, was es alles gibt, zeigt Tab. 13.1.

Tab. 13.1 Lineare Transportprozesse nach Gl. 13.6

$\mathcal{F}_Y$ \ J_X	$\nabla(1/T)$ (K^{-1}m^{-1})	$-(\nabla_\perp v)/T$ (K^{-1}s^{-1})	$-(\nabla\mu)/T$ (JK^{-1}m^{-1})	$-(\nabla\phi_e)/T$ (VK^{-1}m^{-1})	$(\nabla\boldsymbol{E})/T$ (VK^{-1}m^{-2})	$(\nabla\boldsymbol{B})/T$ (VsK^{-1}m^{-3})
J_Q (Jm^{-2}s^{-1})	Wärmeleitung $L_{QT} \sim \lambda$	Scher-Thermo-Effekt L_{Qv}	Diffusions-Thermo-Effekt $L_{Q\mu}$	Elektrokalorischer Effekt $L_{Q\phi e}$	L_{QE}	Spin-Peltier-Effekt L_{QB}
J_p (Jm^{-3})	Thermo-Impulsstrom L_{pT}	Viskose Scherströmung $L_{pv} \sim \eta$	Diffusions-Impulsstrom $L_{p\mu}$	Elektro-Impulsstrom $L_{p\phi e}$	L_{pE}	L_{pB}
J_N (m^{-2}s^{-1})	Thermodiffusion L_{NT}	Scherdiffusion L_{Nv}	Diffusion $L_{N\mu} \sim D$	Elektrokinese $L_{N\phi e}$	L_{NE}	L_{NB}
J_q (Am^2)	Thermostrom (Seebeck-Effekt) L_{qT}	Scher-elektrischer Effekt L_{qv}	Diffusionselektrischer Effekt $L_{q\mu}$	Elektrische Leitung $L_{q\phi e} \sim \sigma$	L_{qE}	L_{qB}
J_{Me} (Am^{-1})	Thermo-Polarisationsstrom L_{MeT}	Scher-Polarisationsstrom L_{Mev}	Polarisations-Diffusion $L_{Me\mu}$	Elektro-Polarisationsstrom $L_{Me\phi e}$	Polarisationsdrift $L_{MeE} \sim D_e$	L_{MeB}
J_{Mm} (As^{-1})	Spin-Seebeck-Effekt L_{MmT}	Scher-Spinstrom L_{Mmv}	Spindiffusion $L_{Mm\mu}$	Elektro-Spinstrom $L_{Mm\phi e}$	L_{MmE}	Spindrift L_{MmB}

In der ersten Spalte stehen die verschiedenen Stromdichten $\boldsymbol{J}_X$, in der ersten Zeile die zugehörigen Triebkräfte $\mathcal{F}_Y$. Dabei steht X für Wärme Q, Impuls $\boldsymbol{p}$, Teilchenzahl N, elektrische Ladung q, elektrisches Moment $\boldsymbol{M}_e$ oder magnetisches Moment $\boldsymbol{M}_m$. Und Y steht für die Temperatur T, Geschwindigkeit v, chemisches Potenzial μ, elektrisches Potenzial ϕ_e und elektrische bzw. magnetische Feldstärke $\boldsymbol{E}$ bzw. $\boldsymbol{B}$. Die Vorzeichen von $\mathcal{F}_Y$ sind so gewählt, dass die Entropieproduktion positiv wird (s. Anhang A.10). L_{XY} sind die kinetischen Koeffizienten. Bei den Diagonaleffekten von links oben nach rechts unten sind auch die konventionellen Transportkoeffizienten verzeichnet.

Diese 36 Transportprozesse sind heute erst zum Teil gründlich erforscht. Manche kommen nur in speziellen Substanzen vor, und manche haben noch gar keinen Namen. Natürlich sind auch nicht alle Effekte in allen Aggregatzuständen zu finden. Im Anhang A.9 wird eine interessante Beziehung zwischen den kinetischen Koeffizienten verschiedener Transportvorgänge erläutert, nämlich die Reziprozitätsregel $L_{XY} = L_{YX}$.

13.2 Die mikroskopische Transportgleichung

Wir wollen jetzt die makroskopische Transportgleichung 13.6 auf eine atomistische Grundlage stellen. Dazu betrachten wir in Abb. 13.2 das Verhalten von Atomen, Molekülen oder anderen kleinen Teilchen mit der Eigenschaft X beim Durchgang

13.2 Die mikroskopische Transportgleichung

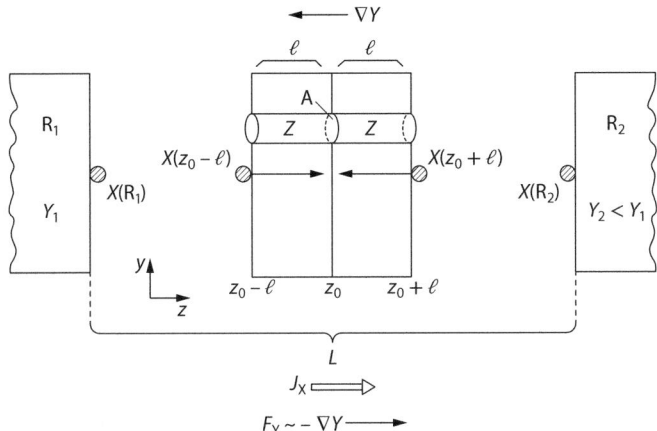

Abb. 13.2 Mikroskopisches Schema für Transportprozesse. Die Mengengröße X wird durch den Fluss $\boldsymbol{J}_X$ unter der Wirkung der Triebkraft $\boldsymbol{\mathcal{F}}_Y$ vom Reservoir R_1 nach R_2 befördert. Die Größe ℓ ist die freie Weglänge der Atome bzw. Moleküle. Z ist ein Zylinder mit Querschnitt A

durch eine Fläche A senkrecht zur Strömungsrichtung zwischen zwei Reservoiren mit der Eigenschaft Y. Die Teilchen mit der Anzahldichte $\rho_T = N/V$ können Masse, Energie, Impuls, elektrische Ladung usw. mit sich führen. Aufgrund ihrer Brown'schen Bewegung stoßen sie ab und zu aneinander und tauschen dabei die Größe X, das heißt einige ihrer Eigenschaften oder ihrer Bestandteile aus. Wir müssen nun feststellen, wie viele Atome oder Teilchen und welche Mengen der Größe X in einer bestimmten Zeit durch die Ebene bei z_0 senkrecht zur Strömungsrichtung transportiert werden. Die Reservoire sollen so groß sein, dass sich der Wert von ∇Y zeitlich praktisch nicht ändert. Dann bildet sich eine stationäre Strömung aus. In der Mitte von Abb. 13.2 sind rechts und links der Ebene z_0 zwei Zylinder Z skizziert mit der Länge ℓ und dem Querschnitt A. Sie haben folgende Bedeutung: Die Größe ℓ ist die Strecke, die ein Teilchen im Mittel zwischen zwei Zusammenstößen mit anderen zurücklegt, die sogenannte **freie Weglänge**. Es ist plausibel, dass der Transport von X umso schneller erfolgt, je seltener zwei Teilchen zusammenstoßen und aus ihrer Bahn gelenkt werden, das heißt, je größer die freie Weglänge ist. Wir werden sie etwas weiter unten berechnen, aber zuerst das mikroskopische Transportschema fertig diskutieren.

In Abb. 13.2 ist der Fluss $\boldsymbol{J}_X$ von links nach rechts gerichtet, weil Y_1 größer als Y_2 ist. Wir betrachten nun den Durchgang der Teilchen durch die Fläche A in der Mitte der Anordnung. Durch sie bewegen sich aus jedem der beiden Zylinder Z Teilchen der Menge $N_Z = (N/V)V_Z = \rho_T A\ell = \rho_T A\langle v\rangle\Delta t$. Dabei ist $\langle v\rangle$ die mittlere thermische Geschwindigkeit der Teilchen und Δt die Flugzeit entlang ℓ. Von den Teilchen bewegen sich im Mittel je $1/6$ nach rechts und nach links, die übrigen $4/6$ nach vorn und hinten, oben und unten. Dann treffen in Δt je $(1/6)\rho_T\langle v\rangle$ von beiden Seiten auf die Fläche A bei $z = z_0$. Die von links kommenden tragen jedes bei z_0 die Menge $X(z_0 - \ell)$ mit sich, die von rechts kommenden die Menge $X(z_0 + \ell)$. Der gesamte Fluss von X durch die Ebene bei z_0 ist dann mit $J = N_Z/(A\,dt)$:

$$J_X = \frac{1}{6}\rho_T \langle v \rangle [X(z_0 - \ell) - X(z_0 + \ell)]z_e \qquad (13.8)$$

(z_e Einheitsvektor in z-Richtung). Wenn sich die Größe X auf der Strecke ℓ nur wenig verändert, dann können wir die eckige Klammer entwickeln:

$$X(z_0 - \ell) \approx X(z_0) - \left(\frac{\partial X}{\partial z}\right)_{z_0} \ell, \quad X(z_0 + \ell) \approx X(z_0) + \left(\frac{\partial X}{\partial z}\right)_{z_0} \ell. \qquad (13.9)$$

Setzt man das in Gl. 13.8 ein, so folgt

$$\boldsymbol{J}_X = -\frac{1}{3}\rho_T \langle v \rangle \ell \left(\frac{\partial X}{\partial z}\right)_{z_0} \boldsymbol{z}_e. \qquad (13.10)$$

Das ist unser Ergebnis für den Fluss der Größe X, der durch Zusammenstöße der Teilchen transportiert wird. Die Maßeinheit von $\boldsymbol{J}_X$ ist $Xm^2\,s^{-1}$. Wenn $(\partial X/\partial z)$ negativ ist, wie in Abb. 13.2, dann fließt X in die positive z-Richtung. Wir werden die Beziehung 13.10 gleich für verschiedene Arten von X spezifizieren, für Energie, Impuls, Teilchen, elektrische Ladung und magnetisches Moment. Vorher müssen wir jedoch noch die freie Weglänge ℓ näher betrachten.

Der Weg eines Teilchens mit thermischer Geschwindigkeit $\langle v \rangle$ zwischen zwei Zusammenstößen mit anderen Teilchen wird umso länger sein, je kleiner die Teilchendichte ρ_T ist und je kleiner die Teilchen selbst sind (Durchmesser d). In Abb. 13.3a ist der Weg eines Teilchens während mehrerer Zusammenstöße skizziert (s. auch Abb. A.20). Der Mittelwert $\langle \ell \rangle$ der i einzelnen Weglängen entspricht der Gesamtlänge $\sum \ell_i$ während einer Zeit Δt, dividiert durch die Zahl N_i der Stöße. Es gilt $\sum \ell_i = \langle v \rangle \Delta t$. In Abb. 13.3b ist die Situation vergrößert dargestellt. Hier ist N_i die Zahl der Teilchen, deren Mittelpunkt im Zylinder mit dem Querschnitt $A = \pi d^2$ und mit der Länge $\langle v \rangle \Delta t$ liegt. Dann ist $N_i = \rho_T \pi d^2 \langle v \rangle \Delta t$. Und wir erhalten für die freie Weglänge

$$\ell = \frac{\sum \ell_i}{N_i} = \frac{1}{\rho_T \pi d^2}. \qquad (13.11)$$

Hierfür haben wir ein quasistatisches Bild wie in Abb. 13.3b interpretiert. In Wirklichkeit bewegen sich die zu treffenden Teilchen ebenfalls, während das stoßende

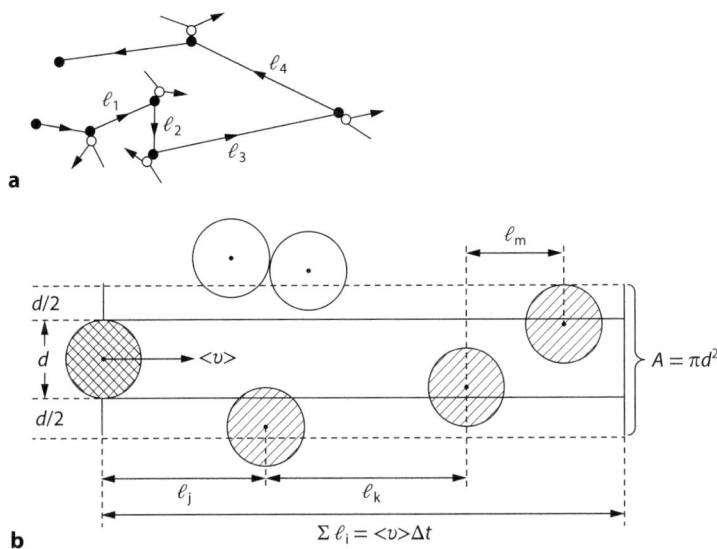

Abb. 13.3 Bewegung von Gasatomen. **a** Weg eines Atoms (•) durch ein Gas (∘) angestoßener Atome; **b** vom kreuzschraffierten Atom gestoßene Atome (*einfach schraffiert*) und nichtgetroffene Atome (*weiß*)

auf sie zufliegt. Dadurch wird ℓ etwa kleiner als in Gl. 13.11. Eine genauere Rechnung mit der Maxwell-Verteilung (Gl. 6.22) liefert noch einen Faktor $\sqrt{2}$ im Nenner.

Die freie Weglänge ist in einem Gas unter Normalbedingungen einige Hundert Mal größer als der Atomdurchmesser (s. Tab. A.1). Für Argon mit $d = 3{,}8 \cdot 10^{-10}$ m und $\rho_T = 2{,}7 \cdot 10^{25}$ m^{-3} ergibt sich $\ell = 5{,}8 \cdot 10^{-8}$ m. Das ist etwa 20-mal größer als der mittlere Atomabstand von $3{,}3 \cdot 10^{-9}$ m. In 200 km Höhe über dem Erdboden, der Flughöhe von Satelliten, beträgt ℓ wegen der geringen Luftdichte rund 200 m, in 600 km Höhe sogar 10 km. Aus der freien Weglänge und der Geschwindigkeit der Teilchen ergibt sich die mittlere Stoßzeit $\langle \tau \rangle = \ell/\langle v \rangle$. Für unser Modellgas Argon beträgt sie bei Normalbedingungen $1{,}5 \cdot 10^{-10}$ s. In Flüssigkeiten und Festkörpern ist sie rund tausendmal kleiner.

13.3 Stationäre Strömungen

Als erstes Beispiel besprechen wir den Transport von **Wärmeenergie** Q durch ein Gas. Die Größe X ist hier die kinetische Energie $\varepsilon = 3kT/2$ (s. Gl. A.10) eines Atoms oder Moleküls, und Y ist die Temperatur in den Reservoiren. Dies eingesetzt in Gl. 13.10 ergibt

$$J_Q = -\frac{1}{2}\rho_T \langle v \rangle \ell k \left(\frac{\partial T}{\partial z}\right)_{z_0} z_{\mathrm{e}}. \qquad (13.12)$$

Im dreidimensionalen Fall kann man $(\partial T/\partial z)$ durch ∇T ersetzen. Der Faktor davor ist die Wärmeleitfähigkeit λ (s. Gl. 13.1). Hier setzen wir für das ideale Gas $\langle v \rangle = [8kT/(\pi m)]^{1/2}$ (Gl. 6.24b) ein sowie $\ell = [\sqrt{2}\pi \rho_\mathrm{T} d^2]^{-1}$ und erhalten

$$\lambda = \left(\frac{k}{\pi}\right)^{3/2} \sqrt{\frac{T}{m}} \frac{1}{d^2}. \tag{13.13}$$

Die **Wärmeleitfähigkeit** bezeichnet die thermische Leistung, die bei einem Temperaturunterschied von 1 K durch eine Fläche von 1 m² über eine Strecke von 1 m transportiert wird, und hat die Einheit W/(K · m). Mit den Zahlen für Argon aus Tab. A.1 folgt bei Normalbedingungen $\lambda = 4{,}09 \cdot 10^{-3}$ W/(K · m). Der Messwert beträgt $1{,}64 \cdot 10^{-2}$ W/(K · m), ist also viermal so groß. Diese Diskrepanz ist eine Folge der vielen Näherungen, die wir bei der Herleitung von Gl. 13.10 gemacht haben. Das betrifft vor allem die Mittelwerte von v und ℓ anstelle der wirklichen Verteilungsfunktionen. Trotzdem ist das Ergebnis nützlich, denn die Abhängigkeit von der Temperatur und die Unabhängigkeit vom Druck bzw. der Dichte in Gl. 13.13 entspricht dem experimentellen Befund.

In Flüssigkeiten und Festkörpern ist die Wärmeleitfähigkeit 10^3- bis 10^5-mal größer als in Gasen. Den Spitzenwert beobachtet man beim Diamant mit 2300 W/(K · m), Styropor hat dagegen nur 0,2 W/(K · m). Diamant fühlt sich kalt an, weil er die Wärme der Haut schnell ableitet, Styropor tut das nicht und wirkt dagegen recht warm in der Hand. Die höchste Wärmeleitfähigkeit findet man bei supraflüssigem Helium mit $\lambda > 10^6$ W/(K · m). Klassisch betrachtet werden in ihm die Atome bei Zusammenstößen nicht mehr gestreut, sondern durchqueren die ganze Probe praktisch ungestört. In Flüssigkeiten und Festkörpern ist die freie Weglänge von der Größenordnung der Atomabstände. Dann gelten unsere einfachen Überlegungen zu Abb. 13.2 und 13.3 nicht mehr. Man muss die Platzwechselvorgänge zwischen den benachbarten Atomen genauer untersuchen (s. Abb. 10.11 und 10.12).

Neben der Wärmeleitfähigkeit λ benutzt man oft auch die **Temperaturleitfähigkeit** $D_T \equiv \lambda/(c_P\,\rho)$ (Einheit m²/s) mit der spezifischen Wärmekapazität c_P und der Massendichte ρ. Beide Größen, λ und D_T, beschreiben den gleichen physikalischen Vorgang, den Transport von Energie in Form von Wärme. Der Messwert für Argon bei Normalbedingungen beträgt $D_T = 1{,}8 \cdot 10^{-5}$ m²/s.

Nach dem Transport kinetischer Energie bei der Wärmeleitung besprechen wir nun denjenigen von Impuls bei der laminaren **Scherströmung** (s. Gl. 13.5). dazu betrachten wir in Abb. 13.4 die Bewegung eines Fluids (Flüssigkeit oder Gas) zwischen zwei ebenen Platten P_1 und P_2. Dabei steht P_2 fest und P_1 wird mit konstanter Geschwindigkeit v_{P1} in y-Richtung bewegt. Die Teilchen des Fluids mit der Masse m übertragen dabei einen Impuls $\boldsymbol{p}_y = m\boldsymbol{v}_y$ in z-Richtung von der Platte P_1 nach P_2. Unsere Transportgleichung 13.10 lautet dann mit $X = \boldsymbol{p}_y$

$$\boldsymbol{J}_{p_y} = -\frac{1}{3}\rho_\mathrm{T}\langle v\rangle\ell \left(m\frac{\partial v_y}{\partial z}\right)_{z_0} \boldsymbol{z}_\mathrm{e}. \tag{13.14}$$

13.3 Stationäre Strömungen

Abb. 13.4 Die ebene Couette-Strömung transportiert Impuls p_y in z-Richtung zwischen zwei Platten P_1 und P_2, von denen P_1 in y-Richtung mit der Geschwindigkeit v_{P_1} bewegt wird

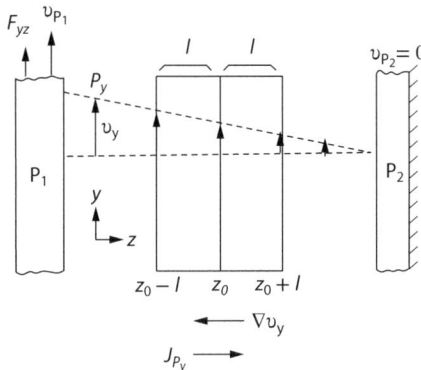

Vergleichen wir das mit Newtons Strömungsgesetz (Gl. 13.5), so folgt für die **Scherviskosität**

$$\eta = \frac{1}{3}\rho_T \langle v \rangle \ell m . \qquad (13.15)$$

Hier setzen wir wieder $\langle v \rangle$ für ein ideales Gas ein (Gl. 6.24b) und ℓ aus Gl. 13.11 und erhalten

$$\eta = \frac{2}{3\pi d^2}\sqrt{\frac{kTm}{\pi}} . \qquad (13.16)$$

Die Zahlenwerte für Argon bei Normalbedingungen aus Tab. A.1 liefern $\eta = 1{,}31 \cdot 10^{-5}$ Pa $\cdot$ s (Pascalsekunde $=$ Ns/m^2). Der Messwert beträgt $2{,}12 \cdot 10^{-5}$ Pa $\cdot$ s. Die Übereinstimmung ist nicht gerade gut, aber besser als bei der Wärmeleitung. Das liegt daran, dass der Impuls eines Teilchens proportional zu v ist, die Energie aber proportional zu v^2. Teilchen mit größerer als der mittleren Geschwindigkeit tragen daher mehr zum Transport bei als die mit kleinerer. Das macht sich wegen der Mittelwertbildung bei λ stärker bemerkbar als bei η. Ebenso wie die Wärmeleitung ist die Viskosität proportional zu $\sqrt{T}$ und weitgehend unabhängig vom Druck. Hier sind noch einige Zahlenwerte interessant: Wasser hat bei 20 °C eine Viskosität von 10^{-3} Pa $\cdot$ s, Honig 3 Pa $\cdot$ s, Lava bei 1300 °C 1000 Pa $\cdot$ s, Glas bei 400 °C 10^3 bis 10^9 Pa $\cdot$ s, supraflüssiges Helium bei 2 K weniger als 10^{-20} Pa $\cdot$ s, das ist praktisch Null. Wie schon bei der Wärmeleitung erwähnt, können die Atome in einer Supraflüssigkeit klassisch betrachtet ohne Zusammenstöße makroskopische Strecken zurücklegen.

Die Berechnung der Viskosität von Flüssigkeiten ist wegen der starken interatomaren Wechselwirkung viel komplizierter als für Gase. In Flüssigkeiten nimmt η mit wachsender Temperatur ab statt zu. Der Grund dafür sind die mit zunehmender Temperatur immer häufigeren Platzwechselvorgänge.

Neben der **dynamischen Viskosität** η verwendet man oft auch die **kinematische Viskosität** $\nu = \eta/\rho$ mit der Massendichte ρ und mit der Einheit m^2/s. Beide Größen beschreiben jedoch denselben physikalischen Vorgang. Der Messwert für Argon bei Normalbedingungen beträgt $\nu = 1{,}19 \cdot 10^{-5}$ m^2/s. In der Praxis hat man oft nicht eine ebene **Couette-Strömung** (nach Maurice Couette) wie in Abb. 13.4

zu betrachten, sondern die Strömung durch ein rundes Rohr. Darin bildet sich ein parabolisches Geschwindigkeitsprofil aus mit v_{max} in der Rohrmitte. Die Stromstärke j_V beträgt (s. Lehrbücher der Mechanik)

$$j_V = \frac{dV}{dt} = \frac{\pi R^4 \Delta P}{8\eta L} \;. \tag{13.17}$$

Dabei ist R der Rohrradius und ΔP das Druckgefälle längs der Strecke L. Dieses Gesetz ist nach Gotthilf Hagen und Jean L. Poiseuille benannt und spielt bei Wasser-, Gas- und Ölleitungen eine große Rolle.

Als drittes Beispiel für unsere allgemeine Transportgleichung 13.10 besprechen wir nun die **Diffusion** von Teilchen durch Materie hindurch. Wir betrachten ein Gas von neutralen Atomen, in dem sich radioaktiv markierte Atome (*) der gleichen Sorte ausbreiten können. Ihre relative Konzentration $c^* = N^*/N = \rho_T^*/\rho_T$ sei im linken Reservoir der Abb. 13.1 größer als im rechten. Dann ist der Fluss von links nach rechts gerichtet, und die Konzentration c^* der Tracer-Atome kann man längs des Weges mit einem Zählrohr messen. Im stationären Zustand lautet unsere allgemeine Transportgleichung 13.10

$$\boldsymbol{J}_{N^*} = -\frac{1}{3}\rho_T \langle v \rangle \ell \left(\frac{\partial c^*}{\partial z}\right)_{z_0} \boldsymbol{z}_e \;. \tag{13.18}$$

Mit $c^* = \rho_T^*/\rho_T$ wird daraus

$$\boldsymbol{J}_{N^*} = -\frac{1}{3}\langle v \rangle \ell \left(\frac{\partial \rho_T^*}{\partial z}\right)_{z_0} \boldsymbol{z}_e \tag{13.19}$$

und durch Vergleich mit Gl. 13.3 ergibt sich für den Diffusionskoeffizienten

$$D = \frac{1}{3}\langle v \rangle \;. \tag{13.20}$$

Setzen wir hier wieder $\langle v \rangle$ und ℓ für das ideale Gas ein, so folgt

$$D = \frac{2}{3\pi \rho_T d^2}\sqrt{\frac{kT}{\pi m}} \;. \tag{13.21}$$

Mit den Zahlen für Argon aus Tab. A.1 ergibt sich bei Normalbedingungen $D = 7{,}35 \cdot 10^{-6}\,\mathrm{m^2/s}$. Der Messwert beträgt das Doppelte, $1{,}6 \cdot 10^{-5}\,\mathrm{m^2/s}$. Der Unterschied beruht auf den gleichen Ursachen wie bei der Wärmeleitung und bei der Viskosität, dem Ersatz der Verteilungsfunktionen v und ℓ durch deren Mittelwerte.

Wir hatten zu Anfang dieses Kapitels bemerkt, dass unsere Überlegungen qualitativ auch für Flüssigkeiten und Festkörper gelten sollten. Die Abhängigkeit der Transportkoeffizienten von physikalischen Parametern des Systems ist prinzipiell immer ähnlich. Nur die Einzelheiten des Modellprozesses sind für verschiedene

Systeme unterschiedlich. So ist zum Beispiel der Diffusionskoeffizient kleiner Moleküle in Wasser etwa 1000-mal kleiner als in Gasen: $D(H_2O) = 10^{-5}$ bis 10^{-4} cm^2/s. Das erkennt man auch an Gl. 13.21, worin D umgekehrt proportional zur Teilchendichte ist. Bei ansonsten gleichen Bedingungen erfolgt die Diffusion in Wasser also 1000-mal langsamer als in Luft. Bei Normalbedingungen dauert es in Gasen etwa eine Sekunde, bis ein Molekül 1 cm weit diffundiert ist, in Wasser aber rund eine viertel Stunde. Für eine Strecke von 1 m braucht das Molekül mehrere Monate und für 10 m viele Jahrzehnte. Noch langsamer als in Flüssigkeiten verläuft im Allgemeinen die Diffusion in Festkörpern. Dort sind verschiedene Arten von Platzwechselvorgängen dafür verantwortlich. Sie haben große Bedeutung bei der Halbleiterherstellung. Ein Beispiel ist das Dotieren von Silizium für Solarzellen.

13.4 Zeitabhängige Strömungen

Bisher haben wir immer stationäre, das heißt zeitunabhängige Strömungen betrachtet. Die Situation ist aber oft anders. Die Reservoire sind meist nicht so groß, dass die Eigenschaft Y in ihnen genügend konstant bleibt. Auch kann die Diffusion einer Substanz zum Beispiel im linken Reservoir der Abb. 13.1 zu einem bestimmten Zeitpunkt beginnen, während die Konzentration rechts noch Null ist. Dann ändert sie sich an jedem Ort im Lauf der Zeit, und wie, das wollen wir untersuchen. Wir betrachten dazu ein bestimmtes Volumenelement ΔV auf dem Diffusionsweg (Abb. 13.5). Von links her kommt der Fluss $J(z_0)$ radioaktiver Atome ($\otimes$) nach ΔV. Nach rechts verlässt der Fluss $J(z_0 + \Delta z) \approx J(z_0) + (\partial J/\partial z)\Delta z$ das Volumen. Die Änderung der Teilchenzahl in ΔV ist dann

$$\frac{\partial N^*}{\partial t} = [J(z_0) - J(z_0 + \Delta z)]A = -\left(\frac{\partial J}{\partial z}\right)_{z_0} A\Delta z \qquad (13.22)$$

und andererseits gleich $(\partial \rho_T^*/\partial t)\Delta V$. Gleichsetzen beider Ausdrücke liefert

$$\left(\frac{\partial \rho_T^*}{\partial t}\right)\Delta V = -\left(\frac{\partial J}{\partial z}\right)_{z_0}\Delta V. \qquad (13.23)$$

Die Flussänderung $(\partial J/\partial z)$ können wir durch Differenzieren aus Gl. 13.19 mit Gl. 13.20 erhalten, und es folgt

$$\frac{\partial \rho_T^*}{\partial t} = D\frac{\partial^2 \rho_T^*}{\partial z^2}. \qquad (13.24)$$

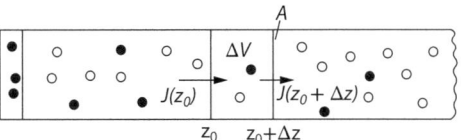

Abb. 13.5 Versuchsanordnung zur Diffusion. Von links diffundieren radioaktive Atome ($\otimes$) durch ein Gas stabiler Atome ($\bigcirc$) derselben Art

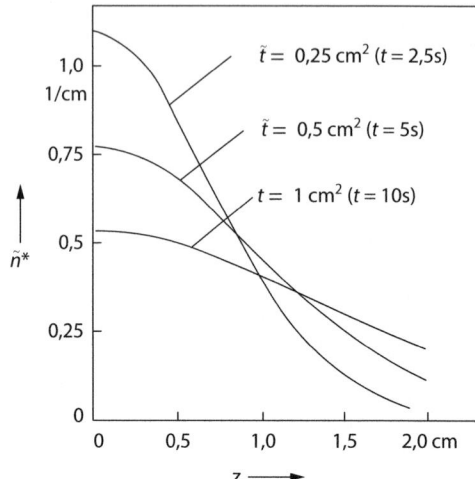

Abb. 13.6 Zeitverlauf der Diffusion nach Abb. 13.5 für ein Gas unter Normalbedingungen ($D = 0{,}1\,\text{cm}^2/\text{s}$). Die Größen ρ_T^* und t sind normiert: $\tilde{n}^* = \rho_\text{T}^*/(N_0^*/A)$, $\tilde{t} = tD$. (Nach Flowers und Mendoza 1970)

Das ist eine Differenzialgleichung für die gesuchte Größe $\rho_\text{T}^*(z,t)$ bzw. für $c^* = \rho_\text{T}^*/\rho_\text{T}$. Ihre Lösung lautet für die Anordnung in Abb. 13.5

$$\rho_\text{T}^*(z,t) = \frac{N^*(z,t)}{V} = \frac{N_0^*}{A\sqrt{\pi Dt}} e^{-z^2/(4Dt)}, \qquad (13.25)$$

wie man durch Einsetzen nachprüfen kann. Dabei ist N_0^* die Zahl der anfangs, bei $t = 0$, im linken Reservoir vorhandenen Tracer-Atome. Der Verlauf von $\rho_\text{T}^*(z,t)$ ist in Abb. 13.6 für verschiedene Zeiten dargestellt. Bei kleinen z nimmt die Konzentration mit der Zeit ab, für große wächst sie mit t. Nach genügend langer Zeit stellt sich eine räumlich konstante Gleichgewichtskonzentration $\rho_\text{T}^*(\infty) = N_0^*/V$ ein, wenn das Transportgefäß in Abb. 13.5 rechts abgeschlossen ist. Geht die Diffusion von einer Punktquelle in alle Richtungen aus, so steht anstelle der Wurzel in Gl. 13.25 der Ausdruck $(4\pi Dt)^{3/2}$.

13.5 Die Driftdiffusion

In den bisher behandelten Beispielen trat als die Triebkraft der Strömung die Größe $(\partial X/\partial z)$ auf, die räumliche Variation der zu transportierenden Eigenschaft. Das ist aber keine normale Newton'sche Kraft, sondern eine **entropische Kraft**, denn ihre Ursache ist die Zunahme der Entropie im System bzw. der Zweite Hauptsatz der Thermodynamik. Das ist verständlich, weil beim Ausgleich räumlicher Unterschiede physikalischer Größen sich im Allgemeinen die Zustandszahl Ω erhöht (s. Abschn. 5.2). Und das ist die Zahl der Möglichkeiten, die Energie eines Systems

13.5 Die Driftdiffusion

auf seine Bestandteile zu verteilen. Wir haben das schon beim Temperaturausgleich in Abb. 2.1 gesehen oder bei der Mischungsentropie im Anhang A.5. Nun gibt es aber auch Transportprozesse, bei denen außer der Triebkraft noch eine Newton'sche Kraft zusätzlich wirkt. Das betrifft zum Beispiel die elektrische Stromleitung durch Ladungsträger, Ionen oder Elektronen. Auf ihrem Weg zwischen zwei Zusammenstößen mit Gasatomen oder Flüssigkeitsmolekülen werden sie durch ein anliegendes elektrisches Feld beschleunigt. Oder es handelt sich um magnetische Dipole, die auf ihrem Weg durch ein Medium in einem inhomogenen Magnetfeld Kräfte erfahren. Oder es sind kleine Teilchen in einer Flüssigkeit, die durch die Wirkung der Schwerkraft zu Boden sinken. Bei allen diesen Vorgängen erhalten die diffundierenden Teilchen zwischen zwei Zusammenstößen durch die Newton'sche Kraft eine **Driftgeschwindigkeit** v_d, zusätzlich zu ihrer thermischen Geschwindigkeit $\langle v \rangle$. Letztere ist aufgrund der Brown'schen Bewegung ungeordnet. Die Driftgeschwindigkeit hat dagegen die Richtung der beschleunigenden Kraft. Die Addition beider Geschwindigkeiten führt dann zur **Driftdiffusion**.

Um eine allgemeine Beziehung für die Drift *allein* zu erhalten, nehmen wir vereinfachend Folgendes an: Wir betrachten Träger der Eigenschaft X in einem Gas, deren Konzentration sehr klein gegen die der Gasatome ist. Ein Beispiel sind wenige Argon-Ionen in neutralem Argon. Dann können wir annehmen, dass die gaskinetischen Größen $\langle v \rangle$, ℓ und $\langle \tau \rangle$ durch die Anwesenheit der Ionen nicht wesentlich verändert werden. Außerdem nehmen wir an, dass die X-Träger ihre vorher gewonnene Geschwindigkeit bei jedem Stoß vollständig wieder verlieren. Danach werden sie dann erneut beschleunigt, wobei v_d bis zum nächsten Stoß wieder linear ansteigt (Abb. 13.7b). Der Mittelwert $\langle v_d \rangle$ tritt nun an die Stelle des thermischen $\langle v \rangle$. Anhand von Abb. 13.7a können wir den Fluss $\boldsymbol{J}_X$ bzw. den Strom $\boldsymbol{j}_X/A$ berechnen. Wir überlegen, wie viele X-Träger $(N_X)_Z$ pro Zeiteinheit Δt aus einem Zylinder Z vom Volumen $V_Z = A\ell = A\langle v_d \rangle \Delta t$ die Ebene z_0 in positiver z-Richtung überqueren. Es sind

$$\frac{(N_X)_z}{\Delta t} = \frac{N_X}{V}\frac{V_z}{\Delta t} = \rho_X A \langle v_d \rangle \,. \tag{13.26}$$

Und der Fluss wird dann

$$\boldsymbol{J}_X = \rho_X \langle v_d \rangle X \boldsymbol{z}_e \,. \tag{13.27}$$

Diese Beziehung tritt bei der Drift an die Stelle unserer allgemeinen Transportgleichung 13.10.

Als erstes Beispiel besprechen wir nun die Elektrizitätsleitung in einem schwach ionisierten Gas. Das entspricht etwa den Verhältnissen in unseren Leuchtstoffröhren und gasgefüllten Energiesparlampen (nicht LED's!). Die Größe X ist dann die elektrische Ladung $q = \pm n e_0$ eines ionisierten Gasatoms (n ganze Zahl, e_0 Elementarladung). Die Ionendichte in natürlicher Luft von etwa $\rho_q \approx 5000$ Ionenpaaren pro cm^3 wird durch kosmische Strahlung und durch radioaktive Elemente in Luft und Boden erzeugt. In Leuchtstoffröhren sind es infolge der Stoßionisation der Gasatome ca. 10^{10} Ionenpaare pro cm^3. Die Dichte der Neutralmoleküle in natürlicher Luft beträgt dagegen etwa 10^{19} pro cm^3. Befindet sich das Gas in einem elektrischen Feld, $\boldsymbol{E} = -\nabla \phi_e$, so werden die Ionen zu den jeweils entgegengesetzt geladenen

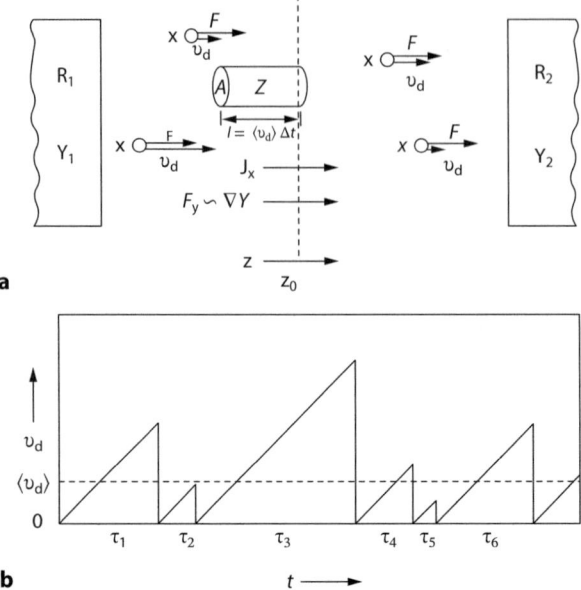

Abb. 13.7 Zur Analyse der Driftbewegung. F ist die auf ein Teilchen mit der Eigenschaft X zwischen zwei Zusammenstößen wirkende Kraft, $v_D(t)$ ist die dadurch erzeugte Driftgeschwindigkeit. **a** Prinzip der Anordnung. Der Zylinder Z entspricht einer freien Weglänge. **b** Zeitlicher Verlauf der Driftgeschwindigkeit der X-Träger zwischen je zwei Zusammenstößen (τ_i Stoßzeiten)

Elektroden beschleunigt (Abb. 13.8) und dort entladen. Der Gesamtstrom der Ladungsträger setzt sich additiv aus den Strömen der positiven und negativen Ionen zusammen. Die positive Stromdichte ist

$$\boldsymbol{J}_{q^+} = \rho_{q^+} \langle v_d \rangle q^+ \boldsymbol{z}_e \,, \tag{13.28}$$

wobei wir wohlgemerkt nur den Driftstrom berücksichtigen und den Diffusionsstrom mit der thermischen Geschwindigkeit $\langle v \rangle$ vernachlässigen. Wir werden ihn später wieder hinzufügen (s. Gl. 13.40). Die mittlere Driftgeschwindigkeit $\langle v_d \rangle$ erhalten wir aus Newtons zweitem Kraftgesetz

$$m_{q^+} \frac{dv_d}{dt} = q^+ E \,. \tag{13.29}$$

Die Integration liefert

$$v_d(t) = \frac{q^+}{m_{q^+}} \boldsymbol{E} t + \boldsymbol{v}_d(0) \tag{13.30}$$

und mit $v_d(0) = 0$ den Mittelwert

$$\langle v_d \rangle = \frac{q^+}{m_{q^+}} \boldsymbol{E} \langle \tau \rangle \,. \tag{13.31}$$

13.5 Die Driftdiffusion

Abb. 13.8 Schema der Elektrizitätsleitung in einem schwach ionisierten Gas. An den Elektroden ϕ_{e1} und ϕ_{e2} werden die Ionen entladen und wieder zu neutralen Gasatomen. $\boldsymbol{F}_+$ und $\boldsymbol{F}_-$ sind die Kräfte auf die positiven bzw. negativen Ionen. Die Elektronenbewegung im Leiter ist dem positiven Strom I_+ entgegengerichtet

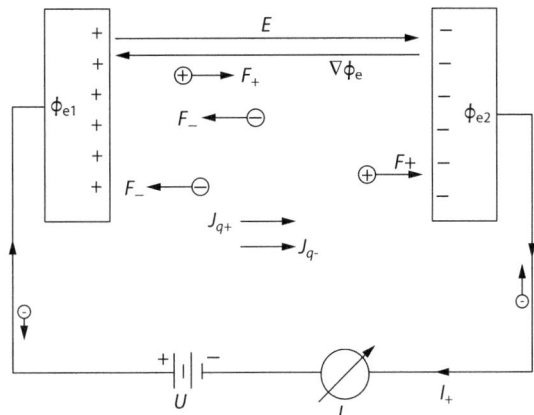

Die mittlere Stoßzeit $\langle \tau \rangle$ ist gleich $\ell / \langle v \rangle$ mit der freien Weglänge ℓ und der thermischen Geschwindigkeit v. Setzt man das in Gl. 13.28 ein, so folgt

$$\boldsymbol{J}_{q^+} = \rho_{q^+} (q^+)^2 \frac{\langle \tau \rangle}{m_{q^+}} \boldsymbol{E} \tag{13.32}$$

und für eine negative Stromdichte

$$\boldsymbol{J}_{q^-} = -\rho_{q^-} (q^-)^2 \frac{\langle \tau \rangle}{m_{q^-}} \boldsymbol{E} \ . \tag{13.33}$$

Die gesamte Stromdichte im Gas ist dann

$$\boldsymbol{J}_q = \boldsymbol{J}_{q^+} - \boldsymbol{J}_{q^-} = \rho_q \langle \tau \rangle \left[\frac{(q^+)^2}{m_{q^+}} + \frac{(q^-)^2}{m_{q^-}} \right] \boldsymbol{E} \ , \tag{13.34}$$

wobei $\rho_q^+ = \rho_q^- = \rho_q$ gesetzt wurde. Mit der Näherung $m_q^+ = m_q^- = m_q$ und $q^+ = q^- = q$ wie bei einem Gas mit positiven und negativen Ionen fast gleicher Masse und gleichem Ladungsbetrag wird daraus

$$\boldsymbol{J}_q = \frac{2\rho_q \langle \tau \rangle q^2}{m_q} \boldsymbol{E} \ . \tag{13.35}$$

Das vergleichen wir mit dem Ohm'schen Gesetz $\boldsymbol{J}_q = \sigma \boldsymbol{E}$ (Gl. 13.1) und erhalten so für die Leitfähigkeit σ mit gleich vielen Ionen beiderlei Vorzeichens

$$\sigma = \frac{2\rho_q \langle \tau \rangle q^2}{m_q} = \frac{2\rho_q \ell q^2}{m_q \langle v \rangle} \ . \tag{13.36}$$

Abb. 13.9 Spindrift in einem inhomogenen Magnetfeld. Die magnetische Kraft F_m zieht die Teilchen mit magnetischem Moment μ_m zum Nordpol

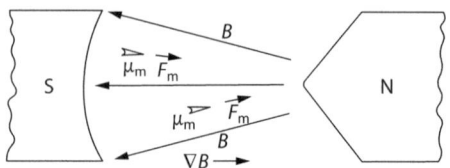

Setzen wir hier die Zahlen für Argon bei Normalbedingungen aus Tab. A.1 ein, so ergibt sich mit $\rho_q = 5 \cdot 10^9/m^3$ (s. o.) der Wert $\sigma = 5{,}9 \cdot 10^{-15}\,\Omega^{-1}\,m^{-1}$. Messwerte für bodennahe Luft betragen je nach Ionendichte $5 \cdot 10^{-15}$ bis $3 \cdot 10^{-10}\,\Omega^{-1}\,m^{-1}$. Unter natürlichen Umständen kann die Ionendichte in der Luft um einen Faktor 10.000 schwanken. Außerdem haben wir bei der Herleitung der Gl. 13.36 zahlreiche Näherungen gemacht. Daher ist unser theoretisches Ergebnis doch ganz ordentlich.

Wir wollen nun noch kurz die Drift von elektrischen oder magnetischen Dipolen in inhomogenen Feldern besprechen (Abb. 13.9). Die Herleitung der entsprechenden Transportgleichungen geht ganz ähnlich wie bei der elektrischen Ladung. Analog zu Gl. 13.35 erhält man für den Fluss elektrischer Momente μ_e in einem elektrischen Feldgradienten

$$J_{\mu_e} = \frac{\rho_{\mu_e}\langle\tau\rangle\mu_e^2}{m_{\mu_e}}\nabla E = D_e \nabla E. \tag{13.37}$$

Ebenso ergibt sich für die magnetischen Momente in einem magnetischen Feldgradienten

$$J_{\mu_m} = \frac{\rho_{\mu_m}\langle\tau\rangle\mu_m^2}{m_{\mu_m}}\nabla B = D_m \nabla B. \tag{13.38}$$

Zu den betreffenden Transportkoeffizienten habe ich in der Literatur praktisch keine Angaben gefunden, sodass man nichts vergleichen kann. Das ist erstaunlich, denn die Drift von elektrischen und magnetischen Dipolen spielt in der Technik eine nicht geringe Rolle. Elektrische Dipole driften zum Beispiel in den flüssigen Dielektrika großer Kondensatoren. Und magnetische Dipole driften in magnetischen Kolloiden, die für Lautsprecher und Drehdurchführungen verwendet werden, sowie in medizinisch benutzten Ferrofluiden (s. Stierstadt 2020).

Nun kommen wir zurück auf die Frage, wie die Transportgleichungen aussehen, wenn Drift und Diffusion gleichzeitig stattfinden. Näherungsweise können wir die beiden Beiträge addieren. Für die Diffusion haben wir das zweite Fick'sche Gesetz (Gl. 13.24) $\partial\rho/\partial t = D \cdot \partial^2\rho/\partial z^2$. Und für die Drift betrachten wir den Ausdruck $\partial\rho/\partial t = -(\partial J/\partial z)_{z_0}$ in Gl. 13.23 und gewinnen $\partial J/\partial z$ aus Gl. 13.27:

$$\frac{\partial J}{\partial z} = \langle v_d \rangle \frac{\partial\rho}{\partial z}. \tag{13.39}$$

13.5 Die Driftdiffusion

Zusammengefasst ergibt sich die **Drift-Diffusions-Gleichung**

$$\frac{\partial \rho}{\partial t} = D\frac{\partial^2 \rho}{\partial z^2} \pm \langle v_\mathrm{d}\rangle \frac{\partial \rho}{\partial z}. \tag{13.40}$$

Diese Gleichung verwendet man zum Beispiel bei der Sedimentation von Suspensionen im Schwerefeld oder beim Transport von Ionen in Elektrolyten.

Schwankungen 14

In Abschn. 5.1 hatten wir den Zweiten Hauptsatz mit der Einschränkung formuliert, dass die Entropie in einem abgeschlossenen System *fast* niemals abnehmen kann. Das gilt für makroskopische Systeme mit sehr vielen Bestandteilen (Atomen usw.). Bei den seit etwa 30 Jahren intensiv untersuchten Nanoteilchen mit weniger als etwa 100.000 Atomen ist das anders. Solche Teilchen sind zum Beispiel Kolloide, feinste Pulver, Biomoleküle usw. Schon Boltzmann hatte festgestellt, dass die Entropie in einem abgeschlossenen System auch einmal abnehmen kann, wenn dieses nur genügend klein ist (Abschn. 5.2, letzter Satz). Und das geschieht bei genügend kleinen Teilchen aufgrund ihrer Brown'schen Bewegung relativ häufig. Diese Bewegung kann gleich- oder entgegengerichtet zu derjenigen sein, die man mit einer deterministischen Kraft erzeugt. Ein Nanomotor kann sich auch einmal „verkehrt herum" drehen, ein Nanoaktuator kann in der „falschen Richtung" wirken, ein elektrischer Nanoschalter kann sich öffnen anstatt zu schließen usw. Derartige Objekte beobachtet man nur selten im Zustand des thermodynamischen Gleichgewichts, sondern meistens weit entfernt davon. Zum Beispiel folgt ein DNS-Molekül während der Zellteilung einem bestimmten Gradienten des chemischen Potenzials. Ein Nanomotor wird in einer bestimmten Drehrichtung angetrieben. Ein elektrischer Strom fließt durch eine Zellmembran in Richtung des Potenzialgradienten. Die zusätzlich wirkende Brown'sche Bewegung der Teilchen kann dann zu den genannten „verkehrten" Bewegungen führen. Je kleiner ein solches Teilchen ist, desto stärker werden seine Lageschwankungen nach Gl. A.124, $\langle x^2 \rangle \sim 1/R$. Dies hatten wir für den Zustand des thermodynamischen Gleichgewichts hergeleitet. Nun befindet sich aber die meiste Materie in Natur und Technik nicht im Gleichgewicht, sondern transportiert Energie, Impuls, elektrische Ladung usw. Versetzt man ein Brown'sches Teilchen durch eine äußere Kraft in eine zusätzliche deterministische Bewegung, zum Beispiel durch die Schwerkraft oder ein elektrisches Feld, dann

---

Ergänzende Information Die elektronische Version dieses Kapitels enthält Zusatzmaterial, auf das über folgenden Link zugegriffen werden kann https://doi.org/10.1007/978-3-662-69771-9_14.

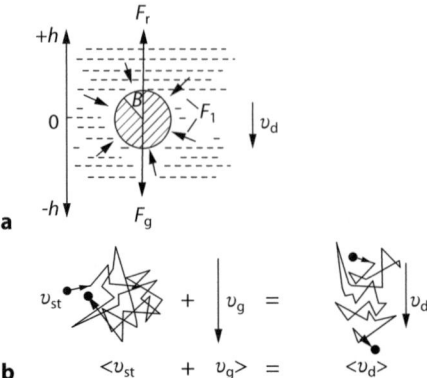

Abb. 14.1 Bewegung eines Brown'schen Teilchens in einer Flüssigkeit, das unter dem Einfluss der Schwerkraft mit konstanter Geschwindigkeit v_d sinkt. **a** Auf das Teilchen wirken die fluktuierenden Kräfte F_f der Molekülstöße, die um den Auftrieb verminderte Gewichtskraft F_g und die viskose Reibungskraft F_r. **b** Überlagerung der stochastischen Geschwindigkeit v_{st} der Brown'schen Bewegung und der Sinkgeschwindigkeit v_g zur Driftgeschwindigkeit v_d

kann man berechnen, wie häufig die Entropie in einem solchen System abnimmt. Sie tut das allerdings nur lokal und für kurze Zeiten. Die Entropieproduktion (s. Anhang A.10) ist dann negativ.

Zunächst betrachten wir ein spezielles Beispiel für einen solchen Prozess, ein Nanoteilchen, das in einer viskosen Flüssigkeit unter dem Einfluss der Schwerkraft sinkt (Abb. 14.1a, vgl. auch Abb. 6.7). Seine Driftgeschwindigkeit v_d setzt sich aus der stochastischen thermischen Geschwindigkeit v_{st} infolge der Brown'schen Bewegung und aus der Sinkgeschwindigkeit v_g im Schwerefeld zusammen (Abb. 14.1b). In Abb. 14.2 ist die Höhenlage des Teilchens als Funktion der Zeit skizziert. Aufgrund der Brown'schen Bewegung schwankt sie regellos. Dabei wird zu Anfang des Experiments öfter eine positive Höhe $h > 0$ erreicht, die über der Ausgangshöhe $h = 0$ liegt. Hierbei wurde offenbar gegenüber der Ausgangslage Arbeit gegen die Schwerkraft geleistet. Mit wachsender Zeit wer-

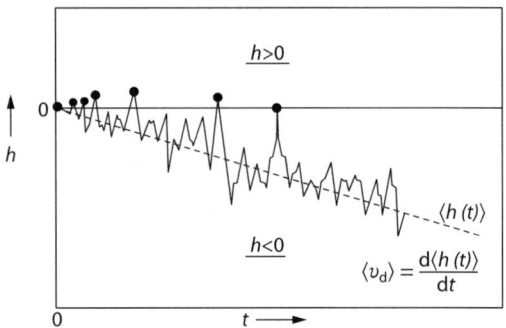

Abb. 14.2 Zeitlicher Verlauf der Höhenposition h des Teilchens in Abb. 14.1, das sich zum Zeitpunkt $t = 0$ bei $h = 0$ befand (• Positionen mit $h > 0$)

Abb. 14.3 Wahrscheinlichkeit $\mathcal{P}(h)/dh$ (Einheit 1/m) für die Verteilung der Höhen aus Abb. 14.2 zu verschiedenen Zeiten

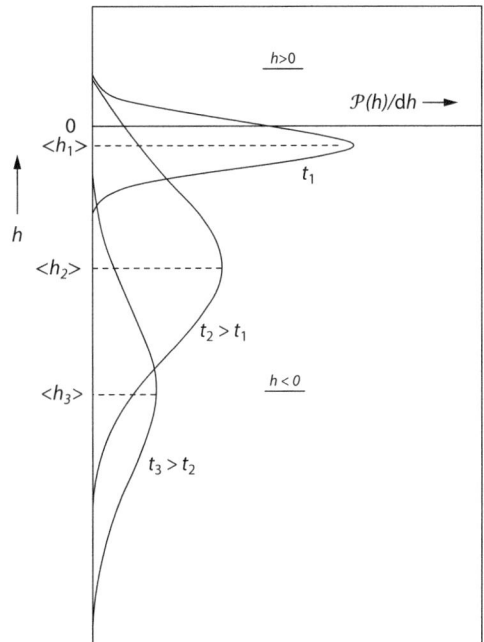

den diese Ereignisse aber immer seltener. Führt man das Experiment viele Male unter gleichen Bedingungen durch, so kann man die Wahrscheinlichkeit $\mathcal{P}(h)$ für das Vorkommen jeder Höhenlage zu einem bestimmten Zeitpunkt t_i bestimmen. Je größer t_i ist, desto kleiner wird die Wahrscheinlichkeit für positive Werte von h und umso größer für die negativen Werte. Dieses Verhalten ist in Abb. 14.3 dargestellt. Immer, wenn das Teilchen eine positive Höhe erreicht hat, haben die unregelmäßigen Stöße der Flüssigkeitsmoleküle Arbeit, bezogen auf $h = 0$, gegen die Schwerkraft geleistet. Die Wahrscheinlichkeit dafür wollen wir jetzt berechnen.

Wir beginnen mit der Drift-Diffusions-Gleichung 13.40, und zwar für die Wahrscheinlichkeit $\mathcal{P}(h,t)$, ein Teilchen zur Zeit t in der Höhe $z = h$ zu finden. Die Wahrscheinlichkeit tritt hier an die Stelle der Teilchenkonzentration ρ:

$$\frac{\partial \mathcal{P}(h,t)}{\partial t} = D \frac{\partial^2 \mathcal{P}(h,t)}{\partial h^2} + v_\mathrm{d} \frac{\partial \mathcal{P}(h,t)}{\partial h}. \tag{14.1}$$

Dabei ist D der Diffusionskoeffizient und v_d die Driftgeschwindigkeit. Eine Lösung dieser Differenzialgleichung lautet

$$\mathcal{P}(h,t) = \frac{1}{\sqrt{4\pi D t}} \mathrm{e}^{-(h+v_\mathrm{d}t)^2/(4Dt)}, \tag{14.2}$$

wie man durch Einsetzen nachprüfen kann. Die Lösung hat die Form einer Gauß-Kurve mit dem Mittelwert $\langle h(t) \rangle = -\langle v_\mathrm{d}\rangle t$ wie in Abb. 14.3. Aus ihr können wir das Verhältnis der Wahrscheinlichkeiten für eine positive und für eine gleich große negative Höhe h zum Zeitpunkt t_i bestimmen, $\mathcal{P}(h > 0)/\mathcal{P}(h < 0)$. Dazu subtrahieren wir den Exponenten von Gl. 14.2 mit negativem h von dem mit positivem:

$$\frac{(h + v_\mathrm{d}t)^2}{4Dt} - \frac{(-h + v_\mathrm{d}t)^2}{4Dt} = \frac{2hv_\mathrm{d}t + 2hv_\mathrm{d}t}{4Dt} = \frac{v_\mathrm{d}}{D}|h|, \qquad (14.3)$$

und erhalten

$$\frac{\mathcal{P}(h > 0, t_i)}{\mathcal{P}(h <, t_i)} = \mathrm{e}^{-\frac{v_\mathrm{d}|h|}{D}}. \qquad (14.4)$$

Hier muss der Betrag von h stehen, weil Gl. 13.40 nur für positive z formuliert ist.

Das Verhältnis in Gl. 14.4 wird also mit zunehmendem $|h|$ immer kleiner. Aus jeder Höhe h können wir die positive oder negative Arbeit ausrechnen, welche die Stöße der Flüssigkeitsmoleküle am Teilchen zur Zeit t_i gegen die Schwerkraft geleistet haben. Für den Exponenten in Gl. 14.4 lässt sich mit dem Diffusionskoeffizienten $D = kT\upsilon/F_\mathrm{r}$ aus Gl. A.126 und mit $\upsilon = \upsilon_\mathrm{d}$ schreiben

$$\frac{v_\mathrm{d}}{D}|h| = \frac{v_\mathrm{d}|h|F_\mathrm{r}}{kT v_\mathrm{d}} = \frac{|\Delta W|}{kT} \qquad (14.5)$$

mit der Arbeit $\Delta W = hF_\mathrm{r}$. So erhalten wir das **Fluktuationstheorem für die Arbeit**, die am Teilchen geleistet wird:

$$\frac{\mathcal{P}(\Delta W > 0, t_i)}{\mathcal{P}(\Delta W < 0, t_i)} = \mathrm{e}^{-\frac{|\Delta W|}{kT}}. \qquad (14.6)$$

Es beschreibt das Verhältnis der Wahrscheinlichkeiten dafür, dass dem Teilchen bei t_i aus seiner Umgebung Energie in Form von Arbeit zugeführt bzw. von ihm abgeführt wird. Dieses Verhältnis nimmt mit wachsendem $|\Delta W|$ sehr schnell ab.

Nun ist es nur noch ein kleiner Schritt zum Fluktuationstheorem für die Entropie. Die Arbeit ΔW wird im stationären Fall, $v_\mathrm{d} = $ const., vollständig mit der umgebenden Flüssigkeit ausgetauscht. Die für $\Delta U = 0$ dorthin übertragene Energie ist dann $\Delta Q = -\Delta W$. Die Flüssigkeit kühlt sich also etwas ab, wenn die Stöße ihrer Moleküle Arbeit gegen die Schwerkraft leisten. Dann ist wegen $h > 0$ die Arbeit ΔW bezogen auf das Teilchen positiv und ΔQ bezogen auf die Flüssigkeit negativ. Im umgekehrten Fall, $h < 0$, $\Delta W < 0$, $\Delta Q > 0$, erwärmt sich die Flüssigkeit etwas. Wenn man nun noch in Gl. 14.6 nach Clausius $|\Delta W| = |\Delta Q| = T|\Delta S|$ setzt (s. Gl. 4.3), so erhält man das **Fluktuationstheorem für die Entropie**

$$\frac{\mathcal{P}(\Delta S < 0, t_i)}{\mathcal{P}(\Delta S > 0, t_i)} = \mathrm{e}^{-\frac{|\Delta S|}{k}}. \qquad (14.7)$$

Die Größe ΔS bezieht sich hier wie ΔQ auf die das Teilchen umgebende Flüssigkeit. Die Problematik der Verwendung von Clausius' Entropiedefinition bei Nichtgleichgewichtszuständen wird im Anhang A.10 diskutiert. Ein solches Vorgehen kann bis heute nicht überzeugend begründet werden und ist nur durch die Erfolge gerechtfertigt, die damit erzielt wurden. Das ist zum Beispiel die Voraussage, unterhalb welcher Teilchengröße die eingangs erwähnten „verkehrten" Bewegungen vorkommen. Insbesondere wird in Gl. 14.7 die Existenz von lokalem Gleichgewicht vorausgesetzt. Das heißt, in genügend kleinen Bereichen kann man die Regeln der Gleichgewichtsthermodynamik anwenden. Wie klein diese Bereiche sein dürfen, das besprechen wir gleich anschließend an das Experiment.

Nun kommen wir zur Messung. Dabei benutzt man als deterministische Kraft, die gegen die viskose Reibung wirkt, nicht die Schwerkraft, sondern diejenige einer **optischen Pinzette** (Abb. 14.4). Damit lassen sich Größe und Richtung der Kraft bequem variieren. Diese Pinzette besteht aus einem fokussierten Laserstrahl, in dessen Brennfleck ein großer Gradient der elektrischen Feldstärke herrscht. Dadurch wird ein polarisierbares Teilchen in den Bereich höchster Feldstärke gezogen und dort festgehalten. Bewegt man den Laserstrahl senkrecht zur Strahlrichtung, so kann man das Teilchen mit variabler elektrischer Kraft F_e durch die umgebende Flüssigkeit ziehen. Wenn die Stöße der Flüssigkeitsmoleküle nun zufällig eine kleinere Kraft in Richtung von F_e ausüben als in Gegenrichtung dazu, dann bewegt sich das Teilchen entgegengesetzt zur Bewegung des Laserstrahls. In diesem Fall ist nach unserer obigen Überlegung $\Delta W > 0$, $\Delta Q < 0$ und $\Delta S < 0$. Die Flüssigkeit leistet also Arbeit am Teilchen und ihre Entropie nimmt ab. Ein solches Experiment wurde im Jahr 2002 zum ersten Mal publiziert. Die Abb. 14.5a zeigt ein Histogramm der Anzahl $N(x)$ der in einem Zeitintervall Δt registrierten Orte (x) des Teilchens. Dabei wird Δt vom Beginn der Messung ($t = 0$) an gerechnet (vgl. Abb. 14.2). Nach Abb. 14.4 bedeutet $x < 0$ eine Bewegung entgegengesetzt zur Kraftrichtung bzw. abnehmende Entropie der Flüssigkeit und $x > 0$ eine zunehmende Entropie. In einem Zeitraum von $\Delta t = 0{,}01$ s nach Beginn der Messung gibt es noch deutlich mehr Ereignisse mit $x < 0$ als für $\Delta t = 2$ s. In Abb. 14.5b ist das Verhältnis der zugehörigen Wahrscheinlichkeiten für die Entropiewerte nach Gl. 14.7 gegen die Zeitdauer Δt der Messung aufgetragen. Dabei werden für jedes

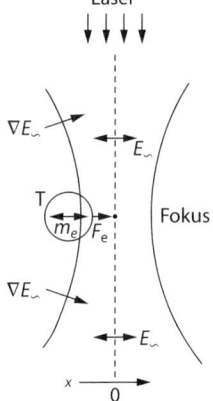

Abb. 14.4 Optische Pinzette. Das transversale elektrische Wechselfeld $E_\sim$ des Lichts induziert im Teilchen T einen elektrischen Wechseldipol, dessen Moment m_e stets der Feldrichtung entgegengerichtet ist. Die elektrische Kraft F_e wirkt auf m_e in Richtung des Feldgradienten $\nabla E_\sim$

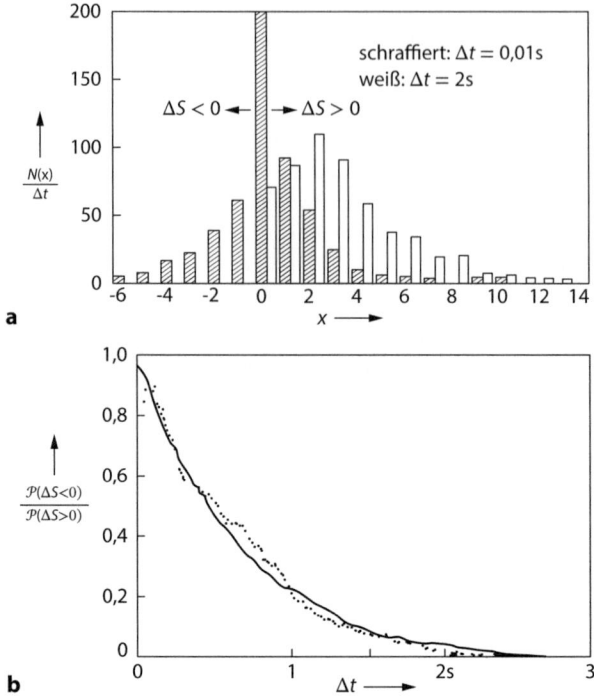

Abb. 14.5 Experiment zum Beweis des Fluktuationstheorems 14.7. **a** Histogramm der Wegstrecken x eines Latex-Kügelchens ($R = 6{,}3\,\mu$m) nach Abb. 14.2 für zwei verschiedene Zeitintervalle Δt nach Beginn des Experiments. Beim kleineren Intervall gibt es noch viele Ereignisse mit $x < 0$, das heißt Entropieerniedrigung. Beim größeren Intervall liegen die Messwerte für $x < 0$ schon innerhalb der Fehlergrenzen. **b** Vergleich der Messungen aus (**a**) mit der theoretischen Kurve Gl. 14.7. (Nach Wang et al. 2002)

Zeitintervall die Zahlen $N(x)$ für alle $x < 0$ und alle $x > 0$ summiert (sogenanntes integrales Fluktuationstheorem). Jeder Messpunkt entspricht einem Wert des Verhältnisses $\mathcal{P}(\Delta S < 0)/\mathcal{P}(\Delta S > 0)$. Das ist die linke Seite von Gl. 14.7. Die durchgezogene Kurve entspricht dem Wert der rechten Seite dieser Gleichung. Die Übereinstimmung von Experiment und Theorie ist sehr befriedigend. Und so wurde das Fluktuationstheorem für die Entropie das erste Mal bewiesen.

Damit ist gezeigt, dass für ein kleines System – die Flüssigkeit in der näheren Umgebung des Teilchens – die Entropie lokal und für kurze Zeit abnehmen kann. Für längere Zeiten und für das makroskopische System als Ganzes, nämlich Teilchen plus Flüssigkeit plus Laser, ist eine solche Abnahme jedoch so unwahrscheinlich, dass man die Einschränkung „fast" im Zweiten Hauptsatz ruhig weglassen kann. W.P. Wong hat das einmal so formuliert: „Durch heftiges Rühren kann man kalten Kaffee in einer Tasse erwärmen. Aber noch nie hat jemand beobachtet, dass sich der Kaffee von selbst abkühlt und sich dafür der Löffel in Bewegung setzt." Genau das passiert aber in einem genügend kleinen System, wie wir gesehen hatten.

In den vergangenen 20 Jahren wurde eine größere Zahl ähnlicher Experimente an kleinen Systemen mit Erfolg durchgeführt. Die Fluktuationstheoreme wurden immer mit guter Genauigkeit bestätigt. Auf theoretischem Gebiet sind in der gleichen Zeit etwa zehnmal so viele Arbeiten erschienen. Darin wird vor allem die Bedeutung der Begriffe Temperatur, Wärme, Entropie und Arbeit bei kleinen Systemen diskutiert und präzisiert. Eine gute Übersicht findet man bei Seifert (2012).

Wir wollen nun noch die Größenordnung der durch die Gln. 14.6 und 14.7 vorausgesagten Effekte abschätzen. Der Wert der linken Seite dieser Gleichungen ist nur dann größer als 0,01 bzw. 1 %, wenn ΔW bzw. $T\Delta S$ kleiner als $4,6kT$ ist ($e^{-4,6} \approx 10^{-2}$). Die rechten Seiten der Gleichungen müssen dann folgenden Bedingungen genügen:

$$e^{-\Delta W/(kT)} \geq 0{,}01 \text{ bzw. } \Delta W/(kT) \leq 4{,}6$$

und

$$e^{-T\Delta S/(kT)} \geq 0{,}01 \text{ bzw. } T\Delta S/(kT) \leq 4{,}6\,.$$

Das bedeutet bei Raumtemperatur ($kT \approx 4{,}04 \cdot 10^{-21}$ J) einen Betrag für ΔW bzw. $T\Delta S$ von $1{,}9 \cdot 10^{-20}$ J. Mit $\Delta W = mg\Delta h$ folgt für ein Polystyrolteilchen von 1 μm Radius eine obere Grenze für Δh von 9,2 μm. Bei größeren Höhenänderungen wird das Verhältnis $\mathcal{P}(-\Delta W)/\mathcal{P}(+\Delta W)$ kleiner als die Messgenauigkeit von 1 %; oder man muss kleinere Teilchen verwenden. In entsprechender Weise kann man eine obere Grenze für die Entropieänderung abschätzen: Wenn $\Delta Q = T\Delta S \leq 1{,}9 \cdot 10^{-20}$ J bei $T = 300$ K sein soll, dann folgt $\Delta S \leq 6{,}3 \cdot 10^{-23}$ J/K. Das ist ein sehr kleiner Wert, verglichen mit alltäglichen Größenordnungen. Ein primitiv lebender Mensch produziert pro Sekunde mindestens etwa 0,7 J/K, eine 100-Watt-Glühbirne etwa 0,1 J/K und ein Bakterium ca. 10^{-18} J/K.

Die Fluktuationstheoreme liefern also nur für kurze Zeiten und kleine Volumina eine Verletzung des Zweiten Hauptsatzes, wenn man ihn ohne „fast" formuliert. Das hatte schon Ludwig Boltzmann vor 125 Jahren erkannt und mithilfe seiner H-Funktion ($H \sim -S$) so formuliert: „Die Thatsache, dass nun H zunimmt, widerspricht auch nicht den Wahrscheinlichkeitsgesetzen; denn aus diesen folgt nur die Unwahrscheinlichkeit, nicht die Unmöglichkeit einer Zunahme von H, ja im Gegentheile, es folgt ausdrücklich, dass jede, wenn auch noch so unwahrscheinliche Zustandsverteilung eine, wenn auch kleine Wahrscheinlichkeit hat."

Literatur

Seifert, U.: Rep. Progr. Phys. **75**, 126001 (2012)

Nachwort

Wir sind nun am Ende unseres Weges durch die Einführung in die Thermodynamik angelangt. Was wird uns in Erinnerung bleiben, wenn wir uns wieder anderen Themen zuwenden? Manche Professoren sagen, in der Thermodynamik brauche man nur sehr wenig auswendig zu lernen, zum Beispiel nur die drei Hauptsätze. Alles andere ergäbe sich dann von selbst. Die Studenten sind da ganz anderer Meinung: Man sähe in der Thermodynamik den Wald vor lauter Bäumen nicht. In diesem Buch habe ich versucht, den Wald trotz seiner vielen Bäume darzustellen. Freilich verstellen diese manchmal den Durchblick, obwohl sie für den Wald unbedingt gebraucht werden. Wenn man aber versucht, zu viele davon zu fällen, dann stirbt auch der Wald. Daher habe ich so viele Bäume stehen gelassen, dass der Wald in seiner ganzen Schönheit erhalten bleibt. Wenn man nämlich zu stark vereinfacht, dann missachtet man die Warnung von Mark Zemansky, der seine Jahrzehnte lange Lehrerfahrung so zusammenfasste:

> Teaching thermal physics
> Is as easy as a song:
> You think you make it simpler
> When you make it slightly wrong.

Drei Dinge sollten wir gut im Gedächtnis behalten:

1. Die thermischen Grundbegriffe Temperatur, Wärme und Entropie sind keine intrinsischen Eigenschaften von Atomen oder ihren Bestandteilen. Sondern sie kommen erst durch das Zusammenwirken von sehr vielen solcher Teilchen zustande. Um Temperatur, Wärme und Entropie zu verstehen, müssen wir einen Weg von der Mikrophysik zur Makrophysik zurücklegen, die sogenannte statistische Betrachtungsweise. Dabei spielen die Verteilungsmöglichkeiten der Energie auf die Bestandteile eines Systems eine entscheidende Rolle.
2. Die vier Hauptsätze der Thermodynamik sind universelle Gesetzmäßigkeiten und unabhängig von der Art der Teilchen in einem System. Das können Elementarteilchen, Atome, Kristalle, Flüssigkeiten und Gase, aber auch organische Zellen und Lebewesen sein, ebenso wie Sterne und Galaxien. Insbesondere der

Erste und Zweite Hauptsatz regeln in ihnen den Verlauf aller Vorgänge in Natur und Technik.
3. Darüber hinaus ist die Thermodynamik eine fachübergreifende Wissenschaft. Ihre Ergebnisse sind besonders in der Chemie und in der Biophysik von großer Bedeutung. Und sie wird, wie Albert Einstein sagte, alle zukünftigen neuen Einsichten überleben.

Wenn Sie diese Dinge im Kopf behalten und sich an einige der vielen Beispiele erinnern, die wir besprochen haben, dann sind Sie in der Lage, die Thermodynamik als einen Grundbaustein unseres naturwissenschaftlichen Weltbilds anzusehen. Sie ist die Basis aller Energieumwandlungen und damit der aktuellen Probleme der Menschheit. Wer Thermodynamik kann, wird also in unserer industrialisierten Welt bestimmt nicht arbeitslos.

Stuttgart   Klaus Stierstadt
2024

Anhang

A.1 Das klassische ideale Gas

Für diejenigen Leser, die das ideale Gas in der Schule oder in der Vorlesung nicht gehabt haben – oder es wieder vergessen haben –, folgt hier eine kurze Einführung in dieses physikalisch wichtigste Modellsystem. Wir benötigen es vor allem als Beispiel für eine mikroskopische, das heißt atomistische, Erklärung der thermodynamischen Größen Temperatur, Wärme und Entropie.

Die physikalischen Eigenschaften von Gasen wurden im 17. und 18. Jahrhundert von Lorenzo Avogadro, Guillaume Amontons, Robert Boyle, Edmé Mariotte und Joseph Gay-Lussac erforscht. Ihr Ergebnis war die **thermische Zustandsgleichung**

$$PV = \text{const.} \cdot T \tag{A.1}$$

für den Zusammenhang zwischen Druck P, Volumen V und Temperatur T eines Gases. Die Gl. A.1 beschreibt eine in drei Dimensionen gekrümmte Fläche im P-V-T-Raum wie in Abb. A.1. Bei allen Zuständen auf der Fläche befindet sich das Gas im Gleichgewicht. Druck, Volumen und Temperatur heißen daher **Zustandsgrößen** des Gases. Die Konstante in Gl. A.1 konnte erst gegen Ende des 19. Jahrhunderts bestimmt werden, als man die Anzahl N der Atome in einem Gasvolumen kannte. Sie hat den Wert const. $= Nk$ mit der Boltzmann-Konstante $k = 1{,}381\ldots \cdot 10^{-23}$ J/K oder den Wert nR mit der allgemeinen Gaskonstante $R = 8{,}315\ldots$ J/(mol K) und der Anzahl n der Mole (1 Mol $\widehat{=}$ $6{,}022\ldots \cdot 10^{23}$ Teilchen). Die Gl. A.1 lautet dann

$$PV = NkT \text{ bzw. } PV = nRT \tag{A.2}$$

und heißt **ideale Gasgleichung**.

Abb. A.1 Ein Teilbereich der Zustandsfläche eines idealen Gases. Die durchgezogenen Hyperbeln sind Isothermen ($T = $ const.), die gestrichelten Geraden sind Isobaren ($P = $ const.) und Isochoren ($V = $ const.)

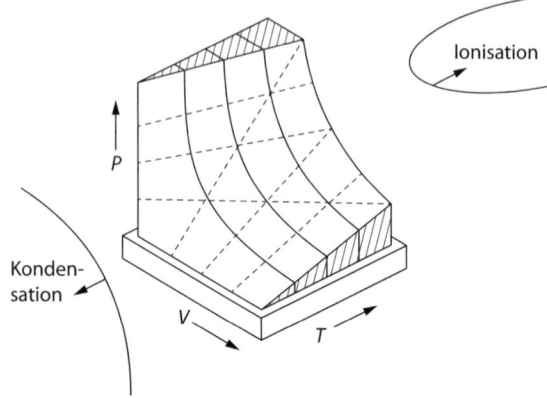

Abb. A.2 Vergrößertes Modell eines einatomigen Gases. Im linken Teil ist die Bewegung eines Atoms mit seinen Zusammenstößen skizziert. Die mittlere freie Weglänge $\langle \ell \rangle$ zwischen zwei Stößen ist in Wirklichkeit etwa 20-mal so groß wie der mittlere Abstand $\langle d \rangle$ der Atome

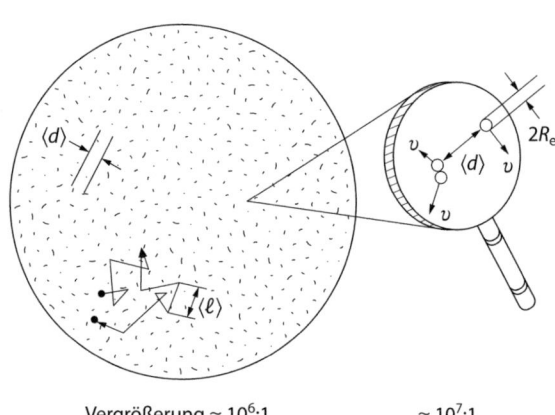

Den Beziehungen A.1 und A.2 liegt das Bild eines Gases zugrunde, wie es in Abb. A.2 zu sehen ist. Die Atome des Gases haben kinetische Energie und fliegen regellos im Raum herum, wobei sie etwa alle 10^{-10} Sekunden miteinander zusammenstoßen. Um den Druck eines Gases und seine innere Energie in Abhängigkeit von der Temperatur aus den Eigenschaften der Atome zu berechnen, muss man ein idealisiertes Modell betrachten. Die Wirklichkeit ist, wie so oft in der Physik, viel zu kompliziert. Das Modell soll folgende Eigenschaften haben:

1. Die Gasatome verhalten sich wie starre Kugeln, die nur elastisch zusammenstoßen.
2. Der mittlere Abstand der Gasatome ist sehr groß gegen ihren Durchmesser. Sie sind als annähernd punktförmig zu betrachten.
3. Die Gasatome besitzen nur kinetische Energie und üben nur beim direkten Zusammenstoß Kräfte aufeinander aus, und zwar nur abstoßende, keine anziehenden.
4. Die räumliche Verteilung der Geschwindigkeiten der Atome ist homogen und isotrop.

A.1 Das klassische ideale Gas

Dies ist das Modell für *einatomige* ideale Gase. Bei mehratomigen Molekülen wird es komplizierter. Dann gilt zum Beispiel Punkt 3 nicht mehr. Die meisten in der Natur vorkommenden Gase verhalten sich in guter Näherung aber so wie hier beschrieben. Das sind etwa der interstellare Wasserstoff, die Edelgase in unserer Atmosphäre und näherungsweise auch die Molekülgase Stickstoff und Sauerstoff in der Luft.

Für ein ideales Gas lässt sich sein Druck auf eine Wand aus seiner Masse m und der Geschwindigkeit v seiner Atome auf folgende Weise berechnen: In Abb. A.3 ist der Stoß eines Atoms mit dem Impuls $p = mv$ auf eine starre Wand skizziert. Eine Anzahl von Atomen, die im Zeitraum Δt senkrecht auf eine Wand stoßen und von dieser reflektiert werden, übt auf die Wand eine Kraft F_x in x-Richtung aus. Sie ist gleich der Summe der Impulsänderungen $\sum \Delta p_x$, dividiert durch Δt:

$$F_x = \frac{\sum \Delta p_x}{\Delta t}. \tag{A.3}$$

Und der Druck P auf die Wandfläche A beträgt dann

$$P = \frac{F_x}{A} = \frac{\sum \Delta p_x}{A \Delta t}. \tag{A.4}$$

Bei elastischer schräger Reflexion ändert sich an einer ebenen und glatten Wand nur die dazu senkrechte Komponente des Impulses, und zwar um $\Delta p_x = 2mv_x$. Wir nehmen nun vereinfachend an, dass alle Atome die gleiche Geschwindigkeit v_x haben. Dann gilt für die Zahl ΔN_x der in der Zeit Δt an der Fläche A reflektierten Atome

$$\Delta N_x = \frac{1}{2} \Delta V_{\text{zyl}} \frac{N}{V} = \frac{1}{2} A v_x \Delta t \frac{N}{V}. \tag{A.5}$$

Dabei ist ΔV_{zyl} das Volumen des Zylinders mit der Grundfläche A und der Höhe $\Delta s_x = v_x \Delta t$ und N/V ist die mittlere Teilchendichte im Gas. Der Faktor $\frac{1}{2}$ rührt daher, dass wegen der Isotropie der Geschwindigkeitsverteilung (Punkt 4 der oben

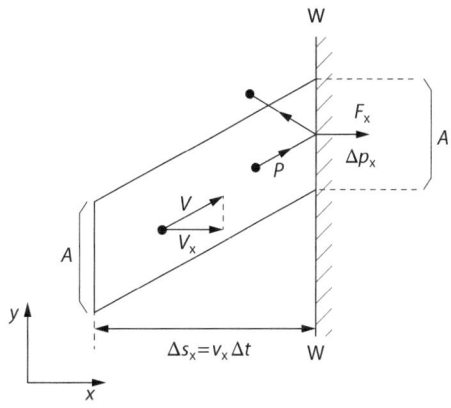

Abb. A.3 Zur kinetischen Berechnung des Drucks eines Gases auf eine Wand. A ist die Fläche des Strahlquerschnitts auf der Wand

genannten Modelleigenschaften) nur die Hälfte der Atome eine Geschwindigkeitskomponente in positiver x-Richtung besitzt, die andere Hälfte in negativer. Setzt man nun $\sum \Delta p_x = \Delta N_x \, \Delta p_x = \Delta N_x \cdot 2mv_x$ mit ΔN_x aus Gl. A.5 in Gl. A.4 ein, so erhält man für den Druck die Beziehung

$$P = mv_x^2 \frac{N}{V}. \tag{A.6}$$

Nun können wir noch die x-Komponente der Geschwindigkeit durch den Mittelwert der Gesamtgeschwindigkeit v ersetzen, weil natürlich nicht alle Atome die gleiche Geschwindigkeit haben. Wegen der vorausgesetzten Isotropie derselben gilt für voneinander unabhängige Geschwindigkeitskomponenten

$$\langle v^2 \rangle = \langle v_x^2 \rangle + \langle v_y^2 \rangle + \langle v_z^2 \rangle = 3 \langle v_x^2 \rangle. \tag{A.7}$$

Damit wird der Druck

$$P = \frac{1}{3} \frac{N}{V} m \langle v^2 \rangle. \tag{A.8}$$

Mit dieser von Rudolf Clausius vorgeschlagenen Rechnung haben wir den Druck des Gases auf die Eigenschaften m und v seiner Atome zurückgeführt.

Nun betrachten wir die Temperatur, indem wir P aus Gl. A.8 in die experimentell gewonnene thermische Zustandsgleichung A.2 einsetzen:

$$T = \frac{PV}{Nk} = \frac{1}{3} \frac{m \langle v^2 \rangle}{k}. \tag{A.9}$$

Nach Punkt 3 unserer Modellannahmen besitzen die Gasatome nur kinetische Energie $\langle \varepsilon \rangle = m \langle v^2 \rangle / 2$. Damit können wir Gl. A.9 auch in der Form

$$T = \frac{2}{3} \frac{\langle \varepsilon \rangle}{k} \tag{A.10}$$

schreiben. Nun ersetzen wir $\langle \varepsilon \rangle$ noch durch die Gesamtenergie $U = N \langle \varepsilon \rangle$ aller N Gasatome und erhalten

$$T = \frac{2U}{3Nk} \text{ bzw. } U = \frac{3}{2} NkT. \tag{A.11}$$

Das ist die **kalorische Zustandsgleichung** eines einatomigen idealen Gases mit der inneren Energie U. Bei mehratomigen Gasen ändert sich der Faktor 3/2 in dieser Beziehung: Je nach der Anzahl der Bewegungsmöglichkeiten der Atome im Molekül wird die Ziffer 3 durch eine größere ersetzt (Näheres in Stierstadt 2010).

Ob die Gl. A.11 richtig ist, lässt sich leicht durch Messung der Wärmekapazität C prüfen. Diese ist ja definiert durch $C = \partial U / \partial T$, und das sollte nach Gl. A.11

Tab. A.1 Zahlenwerte für das ideale Gas Argon bei Normalbedingungen ($T = 273{,}15$ K, $P = 1{,}01325$ bar)

Eigenschaft	Zahlenwert
Relatives Atomgewicht	$M_a = 39{,}95$
Absolute Atommasse[a]	$m_a = M_a m_u = 6{,}634 \cdot 10^{-26}$ kg
Massendichte	$\rho = 1{,}784$ kg/m^3
Teilchendichte (Anzahldichte)	$\rho_t = \rho/m_a = N/V = 2{,}689 \cdot 10^{25}$ m^{-3}
Atomvolumen	$V_a = 2{,}87 \cdot 10^{-29}$ m^3
Atomradius	$R_a = 1{,}90 \cdot 10^{-10}$ m
Mittlere Atomgeschwindigkeit	$\langle v \rangle = 380{,}5$ m/s
RMS-Geschwindigkeit	$v_{rms} = 413{,}0$ m/s
Pro Atom verfügbares Volumen	$V_t = 1/\rho_t = 3{,}717 \cdot 10^{-26}$ m$^3 \approx 1300\, V_a$
Mittlerer Atomabstand	$\langle d \rangle = \langle V_t^{1/3} \rangle = 3{,}339 \cdot 10^{-9}$ m $\approx 18\, R_a$
Mittlere kinetische Energie eines Atoms	$\langle \varepsilon \rangle = 5{,}656 \cdot 10^{-21}$ J $\approx 0{,}0353$ eV
Energiedichte des Gases	$U/V = \rho_t \varepsilon = 1{,}521 \cdot 10^5$ J/m^3
Mittlere freie Weglänge	$\langle \ell \rangle = 5{,}796 \cdot 10^{-8}$ m $\approx 17\langle d \rangle$
Mittlere Stoßzeit	$\langle \tau \rangle = \langle \ell \rangle/\langle v \rangle = 1{,}524 \cdot 10^{-10}$ s

[a] m_u ist die atomare Masseneinheit $1{,}6605 \cdot 10^{-27}$ kg $= m(C_{12})/12$

temperaturunabhängig sein, nämlich $C = 3Nk/2$. Für die einatomigen Edelgase He, Ne, Ar, Kr und Xe zeigt das Experiment bei einer relativen Genauigkeit von 10^{-5} eine hervorragende Übereinstimmung mit diesem Wert; und zwar von ihrem Siedepunkt bis etwa 2000 K. In Tab. A.1 sind Zahlenwerte für die Eigenschaften des Edelgases Argon zusammengestellt, das häufig als Beispiel benutzt wird. Argon ist mit einem Volumenanteil von 1 % in unserer Atmosphäre enthalten und ist ein Zerfallsprodukt des natürlich radioaktiven Kaliums.

A.2 Die diskreten Energiezustände eines Gasatoms

Um die Zustandsfunktion $\omega(U)$ aus Abschn. 2.1 eines Körpers zu berechnen, müssen wir wissen, wie groß die Energiebeträge sind, die ein Atom aufnehmen und abgeben kann. Dazu machen wir einen Ausflug in die **Quantenphysik**. Bekanntlich ist jedes atomare Objekt mit einer Welle verbunden, die seinen Aufenthaltsort beschreibt. Dieser **Welle-Teilchen-Dualismus** ist eine prinzipielle Eigenschaft aller Materie und aller Strahlung (Abb. A.4). Er wurde 1924 von Louis de Broglie formuliert und drei Jahre später an Elektronen nachgewiesen. Seine fundamentale Beziehung zwischen Welle und Teilchen lautet demnach

$$\lambda = \frac{h}{p} \qquad (A.12)$$

Abb. A.4 Zum Welle-Teilchen-Dualismus eines Quantenobjekts mit der Masse m und dem Impuls p, das sich in x-Richtung bewegt. Die Wellenlänge λ ist der Mittelwert in der hier dargestellten Wellengruppe mit dem Realteil der im Allgemeinen komplexen Wellenfunktion ψ

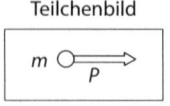
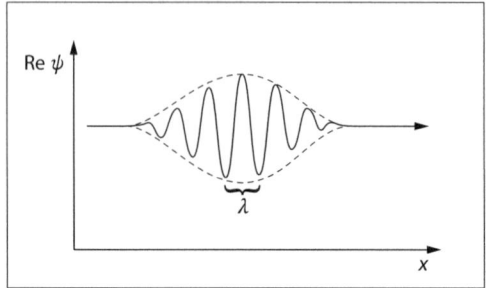

mit der Materiewellenlänge λ, der Planck-Konstante $h = 6{,}63\ldots\cdot 10^{-34}$ Js und dem Impuls $p = m\upsilon$ des Teilchens. Diese Beziehung gilt für alle Materie, von atomaren Objekten bis hin zu Himmelskörpern. Bei makroskopischen Gegenständen mit $m \geq 10^{-22}$ kg ist die Wellenlänge allerdings wegen der Kleinheit von h jenseits aller Messmöglichkeiten. Die Wellenlänge der Erde auf ihrer Bahn um die Sonne betrüge demnach nur $3 \cdot 10^{-59}$ m! Heute kann man allerdings die Materiewellen mit einer Doppelspaltapparatur an Teilchen bis zur Größe von 5 nm Durchmesser mit 810 Atomen beobachten. Die anschauliche Bedeutung dieser Wellen wurde 1926 von Max Born erkannt. Er fand, dass eine **Wellenfunktion** ψ die Wahrscheinlichkeit $\mathcal{P}$ dafür beschreibt, das Teilchen im Volumen V zu finden:

$$\mathcal{P}(V) = \int_V |\psi|^2 \, dV \, . \tag{A.13}$$

Die Gestalt dieser Wellenfunktion bestimmt nach Abb. A.4 den Ort des Teilchens. Damit wissen wir schon alles, was wir aus der Quantenphysik brauchen.

Wir wollen nun die Energiezustände der Teilchen eines idealen Gases berechnen. Dazu betrachten wir zunächst das denkbar einfachste ideale „Gas", bestehend aus einem einzigen Atom der Masse m mit dem Impuls p in x-Richtung in einem eindimensionalen Behälter der Länge L (Abb. A.5a). Das Atom kann zwischen den beiden Wänden des Behälters hin und her fliegen. Seine Welle muss an den beiden Wänden Knoten haben, denn außerhalb des Behälters muss sie verschwinden, weil das Atom dort nicht sein soll, $\mathcal{P}(V) = 1$ in V (s. Gl. A.13). Die einfachsten wellenartigen Funktionen, die in einen solchen Behälter passen, sind Sinuswellen der

A.2 Die diskreten Energiezustände eines Gasatoms

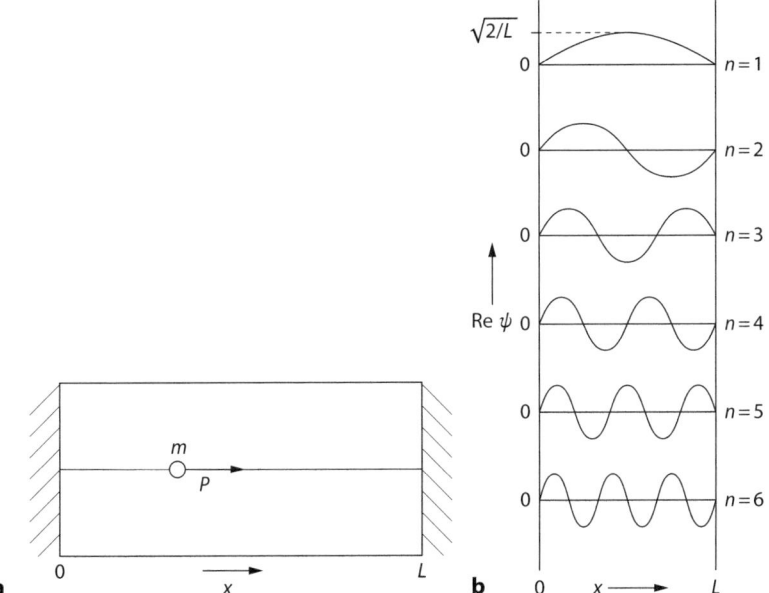

Abb. A.5 **a** Klassisches Bild eines bewegten Teilchens in einem eindimensionalen Behälter; **b** der Realteil der erlaubten Wellenfunktionen eines solchen Teilchens

Form
$$\psi(x) = A \sin\left(\frac{2\pi}{\lambda}x\right). \tag{A.14}$$

Mit der Randbedingung $\lambda_n = 2L/n$ (s. Abb. A.5b) und mit den Quantenzahlen $n = 1, 2, 3, \ldots$ folgt daraus

$$\psi_n(x) = A \sin\left(\frac{\pi n}{L}x\right). \tag{A.15}$$

Die Amplitude der Welle erhält man durch Einsetzen davon in Gl. A.13 für $\mathcal{P} = 1$ zu $A = (2L)^{1/2}$. Aus de Broglies Beziehung (Gl. A.12) bekommen wir nun die möglichen Impulse des Teilchens zu

$$p_n = \frac{h}{\lambda_n} = \frac{hn}{2L}. \tag{A.16}$$

Die dazu gehörenden Werte der kinetischen Energie lauten dann

$$\varepsilon_n = \frac{p_n^2}{2m} = \frac{h^2 n^2}{8mL^2} \tag{A.17}$$

mit $n = 1, 2, 3, \ldots$ Man nennt sie die **Eigenwerte** der Energie des Teilchens. Sie werden gern in Form einer Skala wie in Abb. A.6 dargestellt, einem sogenannten

Abb. A.6 Energieniveauschema eines Gasatoms in einem eindimensionalen Behälter

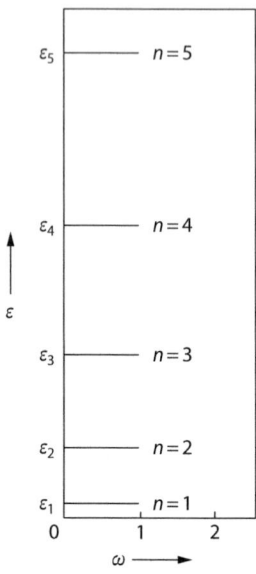

Energieniveauschema. Hier ist die Zahl ω aus Abschn. 2.1 identisch gleich 1, denn es gibt für jede erlaubte Energie ε_n natürlich nur eine Möglichkeit, sie auf das eine Atom zu verteilen. Es kann danach in seinem Behälter nur die Geschwindigkeiten

$$v_n = \frac{p_n}{m} = \frac{hn}{2mL} \qquad (A.18)$$

mit $n = 1, 2, 3, \ldots$ annehmen. Das ist die Aussage der Quantenphysik im Gegensatz zum klassischen Bild, worin das Atom im Prinzip jede beliebige Geschwindigkeit $v < c$ besitzen kann.

Als Nächstes betrachten wir nun ein etwas realistischeres „Gas", ein einzelnes Atom in einem dreidimensionalen Behälter. Dann ließe sich das in Abb. A.5b dargestellte Wellenbild in drei aufeinander senkrechten Richtungen erweitern. Mit den Wellenlängen $\lambda_x, \lambda_y, \lambda_z$, den Quantenzahlen $n_x, n_y, n_z = 1, 2, 3, \ldots$ und den Behälterabmessungen L_x, L_y, L_z lautet die kinetische Energie des Atoms dann

$$\varepsilon(n_x, n_y, n_z) = \frac{p^2(n_x, n_y, n_z)}{2m} = \frac{h^2}{8m}\left[\left(\frac{n_x}{L_x}\right)^2 + \left(\frac{n_y}{L_y}\right)^2 + \left(\frac{n_z}{L_z}\right)^2\right]. \qquad (A.19)$$

Und für ein würfelförmiges Volumen $L_x L_y L_z = V$ folgt

$$\varepsilon(n_x, n_y, n_z) = \frac{h^2}{8mV^{2/3}} \sum_{i=x,y,z} n_i^2. \qquad (A.20)$$

Abb. A.7 Wellenbild eines Atoms in einem dreidimensionalen Behälter

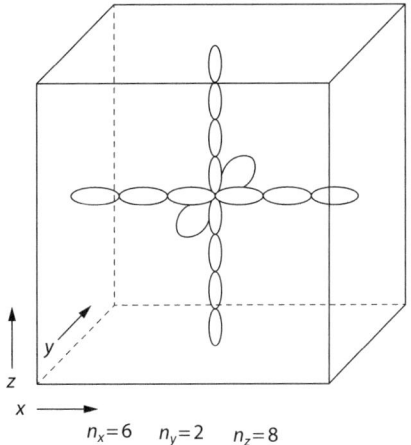

Die Abb. A.7 vermittelt einen ungefähren Eindruck des entsprechenden Wellenbilds. Die erlaubten Energien sind jetzt gegeben durch alle ganzen Zahlen, welche die $\sum n_i^2$ annehmen kann, wenn n_x, n_y und n_z unabhängig voneinander die Zahlen 1,2,3,... durchlaufen. Und die aufeinander folgenden Energieniveaus unterscheiden sich mindestens durch den Faktor $h^2/(8mV^{2/3})$. Das ist für ein Argonatom in einem Behälter von 1 m³ Inhalt $\varepsilon_0 = 8{,}29 \cdot 10^{-43}$ J. Das Ergebnis zeigt das Energieniveauschema in Abb. A.8. Hier ist dargestellt, wie oft, nämlich ω-mal, bestimmte Werte der $\sum n_i^2$ angenommen werden. Das ist zum Beispiel für $\{n_x n_y n_z\} = (111)$ mit $\Sigma = 3$ nur $\omega = 1$-mal der Fall, für $(211)(121)(112)$ mit $\Sigma = 6$ dann $\omega = 3$-mal und für $(321)\ldots(132)$ mit $\Sigma = 14$ schon $\omega = 6$-mal usw. Jede einzelne Kombination $\{n_x n_y n_z\}$ entspricht einem **Mikrozustand** des Systems, ihre Summe für bestimmtes Σ einem **Makrozustand**. Man erkennt, dass ω mit $\sum n_i^2$ im Mittel ständig zunimmt. Weil nach Gl. A.20 ε proportional zu $\sum n_i^2$ ist, haben wir in Abb. A.8 auch die Funktion $\omega(\varepsilon)$ erhalten. Leider ist sie diskontinuierlich, und man kann sie nicht differenzieren, wie es nach Gl. 2.9 notwendig wäre. Für ihre Berechnung gibt es auch keine geschlossene Formel. Man kann sie jedoch auf einem Taschenrechner programmieren. Die gestrichelte Kurve in Abb. A.8 ist eine Näherung der Form $\omega \sim (\sum n_i^2)^{1/2}$. Die Einschränkung auf einen würfelförmigen Behälter in Gl. A.20 ändert nichts an unserem Ergebnis. Denn man kann einen beliebig geformten Körper in kleine Würfel zerlegen und erhält dasselbe Resultat (s. Lehrbücher der Mathematik).

Um eine Vorstellung von der Größe der Energiequantisierung eines Teilchens in einem Behälter zu bekommen, betrachten wir ein paar Beispiele. Ein Argonatom mit der Masse $m = 6{,}63 \cdot 10^{-26}$ kg in einem eindimensionalen Behälter von 1 m Länge besitzt bei Raumtemperatur eine Geschwindigkeit $v = 381$ m/s (s. Tab. A.1). Seine Wellenlänge beträgt dann nach Gl. A.12 $\lambda = h/(mv) = 2{,}63 \cdot 10^{-11}$ m. Das entspricht einem Zehntel des Atomdurchmessers. Im Grundzustand $n_x = n_y = n_z =$

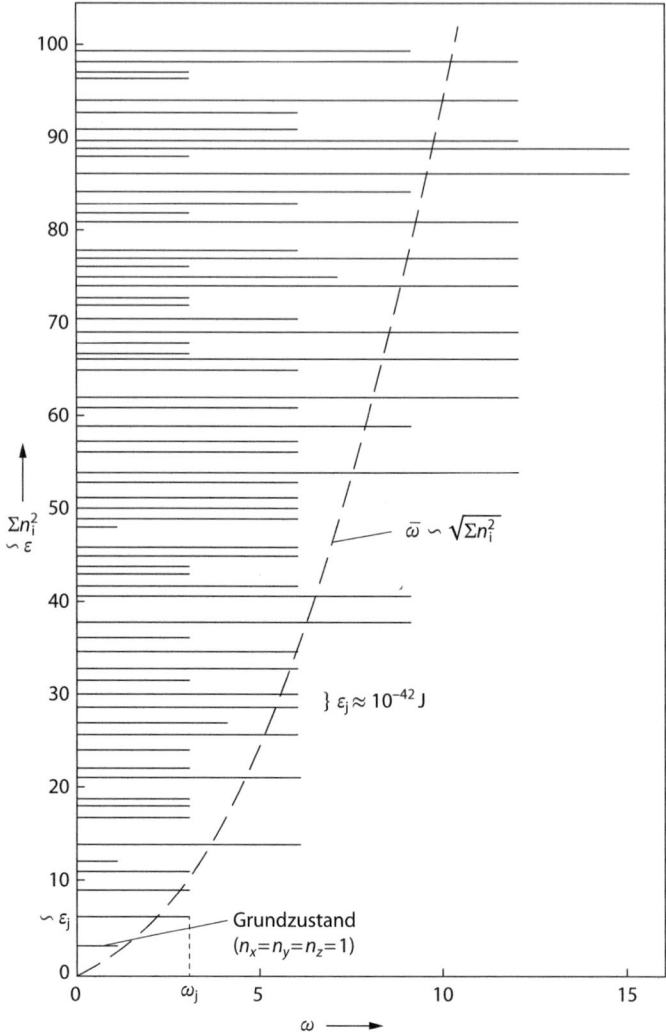

Abb. A.8 Energieniveauschema eines Gasatoms in einem dreidimensionalen Behälter. Die gestrichelte Kurve ist eine grafische Näherung über die Werte der diskreten Funktion $\omega(\sum n_i^2)$

1 mit $\varepsilon = 3\varepsilon_0$ und mit der Wellenlänge 2 m wäre seine Geschwindigkeit erheblich kleiner, nämlich nur etwa 10^{-8} m/s. Das Atom bräuchte dann drei Jahre, um den Behälter einmal zu durchqueren. Ganz anders sieht es aber wegen V im Nenner von Gl. A.20 für einen genügend kleinen Behälter aus. Beispielsweise könnte sich das Argonatom in einem Fulleren-Molekül befinden. Das ist ein hohlkugelförmiges Gebilde aus 60 Kohlenstoffatomen mit einem Innendurchmesser von 0,4 nm. Im Grundzustand $n = 1$ besitzt das Atom dann nach Gl. A.18 eine Geschwindigkeit von

12,5 m/s. Je kleiner der Behälter ist, desto größer wird die Geschwindigkeit und die Energie des Atoms. Das ist gerade die Folge des Welle-Teilchen-Dualismus.

A.3 Die Zustandsfunktion eines idealen Gases

Nachdem wir die Energiezustände eines idealen Gasatoms aus Anhang A.2 kennen, stehen wir nun vor der Aufgabe, die diskontinuierliche Funktion $\omega(\varepsilon)$ in Abb. A.8 durch eine Näherung zu ersetzen, die man logarithmieren und differenzieren kann. Denn eine solche Funktion brauchen wir, um die statistische Temperaturdefinition Gl. 2.9 zu prüfen. Wir beginnen zunächst wieder mit einem einzigen Atom in einem dreidimensionalen Behälter. Seine Energieeigenwerte sind nach Gl. A.20

$$\varepsilon(n_x, n_y, n_z) = \frac{h^2}{8mV^{2/3}}\left(n_x^2 + n_y^2 + n_z^2\right). \tag{A.21}$$

Mit diesem Ausdruck gibt es für $\omega(\varepsilon)$ wie gesagt keine geschlossene Darstellung. Maxwell hat jedoch ein grafisches Verfahren gefunden, um die Summe der n_i^2 für große Zahlen n_i näherungsweise zu berechnen. Es ist in Abb. A.9 dargestellt, wo die Quantenzahlen n_x, n_y und n_z in einem dreidimensionalen Koordinatensystem aufgetragen sind. Auf der Oberfläche einer Kugel mit dem Radius R liegen dann die Zustände mit

$$R^2 = n_x^2 + n_y^2 + n_z^2. \tag{A.22}$$

Setzen wir das in Gl. A.21 ein, so folgt

$$R = \sqrt{\frac{8mV^{2/3}}{h^2}\varepsilon}. \tag{A.23}$$

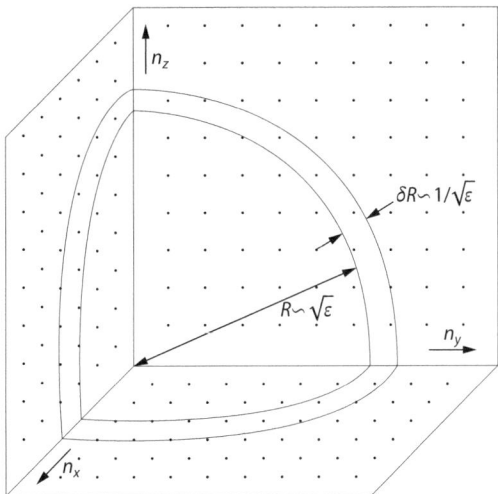

Abb. A.9 Zur Berechnung der Zustandszahl eines Teilchens in einem dreidimensionalen Behälter

Nun ist die Zahl der Gitterpunkte auf der Kugel immer noch eine diskontinuierliche Funktion von R bzw. ε. Wir brauchen aber eine kontinuierliche. Da hilft ein Trick weiter: Man betrachtet anstelle der Kugeloberfläche eine dünne Kugelschale der Dicke $\delta R \ll R$.

Diese **Energieschale** soll andererseits so dick sein, dass in ihr genügend viele Gitterpunkte liegen, damit ihre Zahl mit R quasikontinuierlich wächst. Das Volumen der Kugelschale ist $\delta V = 4\pi R^2 \delta R$. Setzen wir hier R aus Gl. A.23 ein sowie $\delta R = (\partial R / \partial \varepsilon) \delta \varepsilon$, dann ergibt sich

$$\delta V = 2\pi \left(\frac{8m}{h^2}\right)^{3/2} V \sqrt{\varepsilon} \delta \varepsilon. \qquad (A.24)$$

Dieses Volumen ist gleich der Anzahl der Einheitszellen in der Kugelschale und somit gleich der Anzahl Ω der Energiezustände mit $\sum n_i^2$ in ihr. Wir schreiben jetzt Ω statt ω wegen der quasikontinuierlichen Näherung. Und wir müssen Gl. A.24 nun noch durch 8 dividieren, denn nur ein Achtel der Kugelschale darf berücksichtigt werden, weil n_x, n_y und n_z in Gl. A.21 nur positive ganze Zahlen sind. Führt man das aus, so erhält man

$$\delta V_{\text{okt}} = \frac{\pi}{4} \left(\frac{8m}{h^2}\right)^{3/2} v \sqrt{\varepsilon} \delta \varepsilon. \qquad (A.25)$$

Und das ist gleich der Anzahl der Gitterpunkte in der Achtelschale und somit gleich der Anzahl der Zustände in ihr, nämlich

$$\Omega_1(\varepsilon) = 4\sqrt{2}\pi \left(\frac{m}{h^2}\right)^{3/2} V \sqrt{\varepsilon} \delta \varepsilon \qquad (A.26)$$

(Index 1 bei Ω für 1 Atom). Eigentlich müsste man hier $\delta \Omega$ schreiben, aber es hat sich ohne das δ eingebürgert. Die **Zustandsdichte** $\delta \Omega / \delta \varepsilon$ ist dann die Zahl der Zustände im Intervall $\delta \varepsilon$ dividiert durch $\delta \varepsilon$. An Gl. A.26 zeigt sich, dass unsere Annahme $\omega \sim \sqrt{\varepsilon}$ in Abb. A.8 vernünftig war.

Wie wir aus der Einführung wissen, besitzt ein einzelnes Atom keine sinnvolle Temperatur. Daher wird uns das Einsetzen von Gl. A.26 in Gl. 2.9 nicht weiter helfen. Es ist jedoch für später interessant zu wissen, wie viele verschiedene Energiezustände so ein Atom in einem Behälter annehmen kann. Für ein Argonatom in einem Ein-Liter-Behälter ergibt sich mit den Zahlen für m und ε aus Tab. A.1 bei Raumtemperatur und in einem Intervall $\delta \varepsilon = 10^{-3} \varepsilon$ die Zahl von $\Omega_1 = 4{,}43 \cdot 10^{26}$ Zuständen. Dabei entspricht $\delta \varepsilon$ einem Temperaturintervall von etwa 1 K. Würde das Atom bei jedem Stoß an die Wand einen anderen Zustand annehmen, so würde es $ca. \ 3 \cdot 10^{15}$ Jahre dauern, bis jeder erlaubte Zustand einmal realisiert wäre. Das sind etwa 100.000 Weltalter von je $13{,}4 \cdot 10^9$ Jahren. Natürlich ist die Zustandszahl nach Gl. A.26 zum Behältervolumen proportional. Wäre dieses viel kleiner, etwa $1\,\mu m^3$, was man mit einem Lichtmikroskop gerade noch sehen kann, so gäbe es darin immer noch 400 Mrd. Zustände! Diese Zahlen zeigen unter anderem, wie gut die Näherung in Maxwells Darstellung Abb. A.9 wirklich ist.

A.3 Die Zustandsfunktion eines idealen Gases

Jetzt müssen wir endlich zu einem realen Gas kommen, nämlich zu sehr vielen Teilchen in einem makroskopischen Behälter, etwa $3 \cdot 10^{25}$ pro Kubikmeter (s. Tab. A.1). Diese Atome haben zusammen $3N$ Quantenzahlen n_x, n_y, n_z. Daher betrachten wir jetzt anstelle der dreidimensionalen Kugelschale in Abb. A.9 eine $3N$-dimensionale solche. Leider kann man sie nicht zeichnerisch darstellen, aber man kann damit rechnen. In einer mathematischen Formelsammlung findet man für das Volumen der $3N$-dimensionalen Kugelschale den Ausdruck

$$\delta V = \frac{\pi^{3N/2} 3N R^{3N-1}}{(3N/2)!} \delta R \qquad (A.27)$$

mit dem Radius R und der Dicke δR. Für große Zahlen N gibt es von James Stirling eine Näherungsformel für die Fakultät, nämlich

$$x! = \sqrt{2\pi x} \left(\frac{x}{e}\right)^x. \qquad (A.28)$$

Dabei ist $e = 2{,}781\ldots$ die Basis der natürlichen Logarithmen, und die Näherung weicht schon für $x = 100$ nur noch um 0,08 % vom wahren Wert ab. Benutzen wir Gl. A.28, so wird aus Gl. A.27

$$\delta V = \frac{\pi^{3N/2} 3N R^{3N-1}}{\sqrt{3\pi N} (3N/2e)^{3N/2}} \delta R. \qquad (A.29)$$

Nun müssen wir, wie vorher bei einem Atom, R und δR durch ε und $\delta\varepsilon$ ersetzen. Für ein ideales Gas aus N Atomen mit der mittleren Energie $\langle\varepsilon\rangle$ beträgt die Gesamtenergie $U = N\langle\varepsilon\rangle$ (s. Anlage A.1). Und mit $\langle\varepsilon\rangle \approx \varepsilon$ aus Gl. A.21 ist das

$$U = \frac{h^2}{8mV^{2/3}} \sum_{i=1}^{3N} n_i^2. \qquad (A.30)$$

Für den Radius $R = (\sum n_i^2)^{1/2}$ der $3N$-dimensionalen Kugel gilt dann

$$R = \sqrt{\frac{8mV^{2/3}}{h^2}} \sqrt{U} \qquad (A.31)$$

sowie

$$\delta R = \frac{\partial R}{\partial U} \delta U = \sqrt{\frac{8mV^{2/3}}{h^2}} \frac{\delta U}{2\sqrt{U}}. \qquad (A.32)$$

Um nur positive n_i zu zählen, müssen wir das $3N$-dimensionale Kugelschalvolumen noch durch 2^{3N} teilen. Damit lautet unsere Zustandsfunktion für N Atome

$$\Omega_N = \sqrt{\frac{3N}{4\pi}} \left(\frac{4\pi em}{3Nh^2}\right)^{3N/2} V^N U^{(3N/2)-1} \delta U \,. \tag{A.33}$$

Das ist die Zahl der Energiezustände von N Teilchen eines idealen Gases in einem Volumen V und im Bereich von U bis $U + \delta U$. Und damit sind wir fertig. Die Gleichung sieht zwar kompliziert aus, ist es aber nicht, wie wir gleich sehen werden. Wir brauchen nämlich nur den Logarithmus davon für $N \gg 1$. Eigentlich müsste man statt Ω_N auch wieder $\delta\Omega_N$ schreiben, denn es ist die Zustandszahl in dem variablen Intervall δU.

Nun wollen wir die Zahl Ω_N etwas genauer betrachten. Zunächst logarithmieren wir sie, um die hohen Potenzen für $N \gg 1$ loszuwerden:

$$\ln\Omega_N = \ln\sqrt{\frac{3N}{4\pi}} + \frac{3N}{2}\ln\frac{4\pi em}{3Nh^2} + N\ln V + \left(\frac{3N}{2} - 1\right)\ln U + \ln\delta U \,. \tag{A.34}$$

Hier können wir für $N \gg 1$ alle Glieder weglassen, die nicht den Faktor N besitzen. Das ergibt

$$\ln\Omega_N = N\left(\frac{3}{2}\ln\frac{4\pi em}{3Nh^2} + \ln V + \frac{3}{2}\ln U\right). \tag{A.35}$$

Nun setzen wir folgende Zahlen aus Tab. A.1 für 1 Liter Argon bei Raumtemperatur ein: $N = 2{,}69 \cdot 10^{22}$, $m = 6{,}63 \cdot 10^{-26}$ kg und $U = 152$ J. Dann erhalten wir $\ln\Omega_N = 1{,}86 \cdot 10^{24}$ (bitte nachrechnen!). Wenn wir das wieder delogarithmieren, dann ergibt sich $\Omega_N = 10^{0{,}81 \cdot 10^{24}}$. Diese Zahl ist ausgeschrieben dreimal so lang wie der Durchmesser unserer Galaxie, 120.000 Lichtjahre. Die 10^{22} Atome in unserem Liter Argon haben also viel, viel mehr als genug Zustände zur Verfügung, die sie einnehmen können.

Zum Schluss noch ein Wort zur Güte der Näherung der diskreten Funktion $\omega(\varepsilon)$ durch die Energieschale $\Omega(U, \delta U)$. Der minimale Abstand der Energieniveaus in Abb. 2.9 beträgt $\Delta\varepsilon = h^2/(8mV^{2/3})$. Das ist für ein makroskopisches Volumen von der Größenordnung 10^{-40} J. Wenn wir die Dicke der Energieschale zu 10^{-20} J wählen, dann liegen in ihr also mindestens 10^{20} Zustände. Und die Dicke der Schale ist dann immer noch 10^{20}-mal kleiner als die Messgenauigkeit der Energie von etwa 1 J in einem makroskopischen Kalorimeter. Die Näherung des diskontinuierlichen Niveauschemas durch die kontinuierliche Energieschale ist also viel besser als jede experimentell erzielbare Genauigkeit.

A.4 Reversibel oder irreversibel?

Hier betrachten wir eine wichtige Bedingung der Entropiedefinition von Clausius, nämlich von Gl. 4.3a, $\Delta S \geq \int đQ/T$. Das Gleichheitszeichen gilt hier nur für *reversible* Zu- oder Abfuhr von Wärme zum System, das Größerzeichen für *irreversible*. Aber wie groß die Entropieänderung in diesem zweiten Fall wird, das kann man nicht allgemein sagen. Es hängt von den speziellen Einzelheiten des Vorgangs ab. Was reversibel ist, hatten wir bei Gl. 4.3a schon kurz erwähnt: Reversibel ist die Zustandsänderung eines Systems nur dann, wenn keinerlei Veränderungen in der Umgebung zurückbleiben, sofern der Prozess im umgekehrten Sinne durchlaufen und damit rückgängig gemacht wird. Oft ist es aber schwer festzustellen, ob die hier gegebene Definition von Reversibilität zutrifft. Denn zur Umgebung eines Systems gehört ja im Prinzip das ganze Universum. Wie will man feststellen, ob sich darin irgendwo irgendetwas geändert hat? Man muss daher die obige Definition so spezifizieren, dass sich etwas damit anfangen lässt. Dafür hat man drei Kriterien für Reversibilität formuliert, welche jener Definition entsprechen:

1. Eine reversible Änderung muss durch Anwenden einer sogenannten **Zwangsbedingung** vollständig rückgängig gemacht werden können. Was damit gemeint ist, das ist in Abb. A.10 skizziert. Zieht man die dort gezeichneten Trennwände

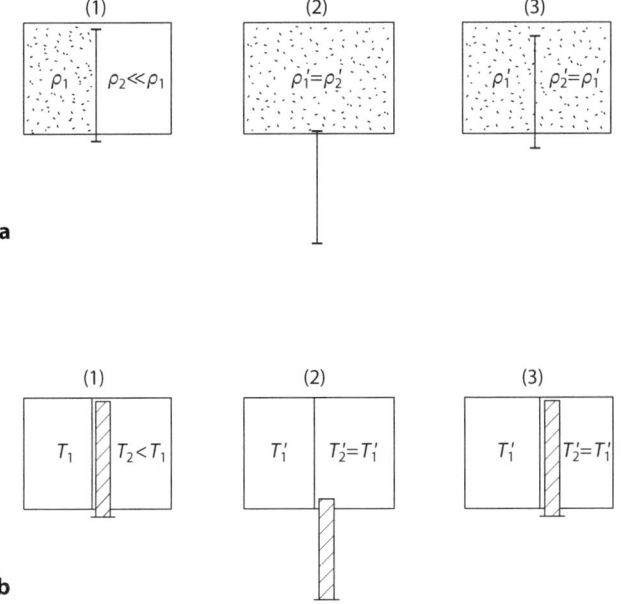

Abb. A.10 Beispiele für nichtreversible Zustandsänderungen. **a** Entfernen einer Trennwand aus einem nur teilweise mit Gas gefüllten Behälter. **b** Entfernen einer adiabatischen Wand aus einem Behälter mit zwei verschiedenen Temperaturen. Die diathermische Wand bleib an ihrem Ort. – Die Wiedereinführung der Zwangsbedingungen (Trennwand in 3) lässt in diesen Beispielen den Zustand (2) praktisch unverändert. Der Zustand (1) wird dadurch nicht wieder hergestellt

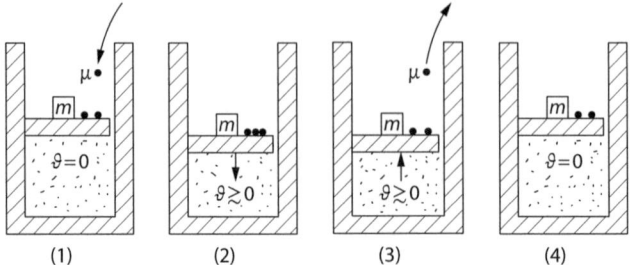

Abb. A.11 Reversible Kompression und Expansion eines thermisch isolierten Gasvolumens durch langsames Hinzufügen und Entfernen einer kleinen Masse $\mu \ll m$. Der Kolben ist mit der Geschwindigkeit υ reibungsfrei beweglich zu denken

aus dem System heraus und schiebt sie dann wieder hinein, so stellt sich nicht wieder der Zustand vor dem Herausziehen ein. Der Vorgang ist also irreversibel.

2. Eine reversible Änderung muss **quasistatisch** erfolgen, das heißt beliebig langsam. Und sie muss in jedem Augenblick durch eine beliebig kleine Änderung der Prozessführung vollkommen umkehrbar sein. Ein Beispiel ist in Abb. A.11 skizziert. Nach sehr langsamem Hinzufügen und Wiederentfernen einer sehr kleinen Masse μ muss der Stempel, der ein Gasvolumen abschließt, wieder in seine ursprüngliche Lage zurückkehren. Dann ist der Vorgang reversibel.

3. Eine reversible Änderung muss **dissipationsfrei** erfolgen. Unter Dissipation versteht man den Übergang von Energie aus einem Zustand mit wenigen zu einem mit vielen Freiheitsgraden. Dies sind die verschiedenen Möglichkeiten, innerhalb des Systems Energie aufzunehmen oder abzugeben. Zur Dissipation ge-

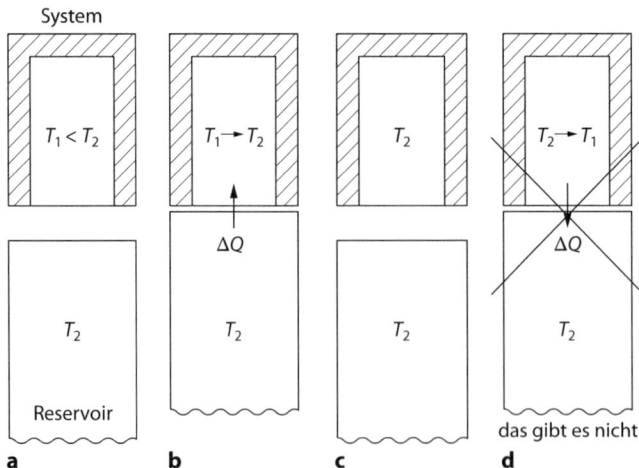

Abb. A.12 Nichtreversible Erwärmung eines Gasvolumens mit der Anfangstemperatur T_1 durch thermischen Kontakt mit einem großen Reservoir von höherer Temperatur T_2. Die Buchstaben **a** bis **d** bezeichnen den zeitlichen Verlauf des Experiments

hören zum Beispiel die Wärmeleitung bei endlicher Temperaturdifferenz, die äußere Reibung zwischen Festkörpern, die innere Reibung in Flüssigkeiten und Gasen, die Joule'sche Wärme des elektrischen Stroms, Mischungsvorgänge, die magnetische Hysterese, die Erzeugung von Schallwellen und Schwingungen, die Lichtemission usw. Bei allen diesen Vorgängen wächst die Zustandszahl Ω und damit die Entropie, weil Energie von wenigen Freiheitsgraden auf viele solche verteilt wird. Ein Beispiel zeigt Abb. A.12 für die Wärmeleitung. Dieser Vorgang ist daher irreversibel.

Diese drei Kriterien reichen im Allgemeinen aus, um einen Prozess als reversibel oder irreversibel zu charakterisieren. Es handelt sich jedoch um Vorschriften, die durch Grenzaussagen beschrieben sind: „quasistatisch", „beliebig langsam", „bei endlicher Temperaturdifferenz" usw. Wie langsam eine solche Änderung aber sein muss, das wird nicht gesagt. Der Experimentator muss jeweils prüfen, wie gut diese Bedingungen erfüllt sind. Das kann er tun, indem er einen Prozess zum Beispiel mit verschiedenen Geschwindigkeiten durchführt, und dann auf die Geschwindigkeit Null extrapoliert. Oder indem er bei verschieden großen Temperaturdifferenzen arbeitet und dann auf $\Delta T = 0$ schließt. Ein nützliches Kriterium für Quasistatik ist auch das Verhältnis der Zeit für die Änderungsdauer eines Parameters zur Relaxationszeit der Zustandsgrößen eines Systems. Dieses Verhältnis sollte im quasistatischen Fall groß gegen 1 sein.

Achtung: In manchen Lehrbüchern wird reversibel und quasistatisch nicht auseinander gehalten. Das sind aber zwei ganz verschiedene Begriffe. Reversibel ist der engere, denn alle reversiblen Prozesse müssen quasistatisch verlaufen, aber nicht alle quasistatischen reversibel. Letzteres gilt zum Beispiel für den in Abb. A.12 dargestellten Versuch. Man kann einen Wärmestrom natürlich durch eine schlecht wärmeleitende Wand, also sehr langsam, fließen lassen. Aber umkehrbar wird der Prozess dadurch noch lange nicht.

Zum Schluss dieses Abschnitts betrachten wir in Abb. A.13 die Zustandsfläche eines idealen Gases im Gleichgewicht im S-U-V-Raum (s. Gl. 4.13a). In diesem

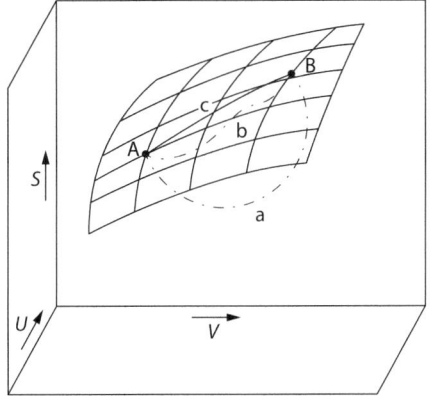

Abb. A.13 Zustandsfläche der Entropie im S-U-V-Raum. S ist eine konkave Funktion gegenüber der U-V-Ebene, was man zum Beispiel aus Gl. 4.13a herleiten kann. Bei allen Zuständen auf der Fläche befindet sich das System im Gleichgewicht, bei solchen außerhalb der Fläche aber nicht

sind drei verschiedene Wege vom Zustand A in den Zustand B eingezeichnet: ein reversibler (c), ein irreversibel quasistatischer (b) und ein irreversibel nichtquasistatischer (a). Bei Letzterem verlässt der Zustand die Gleichgewichtsfläche und kehrt erst am Ende des Weges wieder auf sie zurück.

Aus dem bisher Gesagten geht hervor, dass fast alle Prozesse in Natur und Technik irreversibel sind. Denn Dissipation lässt sich fast nie ganz vermeiden, und quasistatische Prozesse dauern im Prinzip unendlich lange. Reversibel sind eigentlich nur elastische Stöße zwischen Elementarteilchen. Arnold Sommerfeld hat 1952 gesagt: „Reversible Vorgänge sind nämlich in Wirklichkeit gar keine Prozesse, sondern nur eine Kette aneinander gereihter Gleichgewichtszustände" (Sommerfeld 1952). Warum reden wir trotzdem so lange über Reversibilität und Irreversibilität? Ganz einfach: Weil wir die Entropieänderungen in technischen Geräten verstehen wollen, um zu lernen, wie gut diese Geräte funktionieren können. Die Entropieänderung ist nämlich nach Gl. 4.3a ein Maß für den Grad der Irreversibilität eines Vorgangs. Je irreversibler eine Maschine arbeitet, desto kleiner ist im Allgemeinen auch ihr Wirkungsgrad.

A.5   Die Mischungsentropie

Bisher haben wir immer nur einkomponentige Stoffe betrachtet. Es gab in unseren Formeln nur eine einzige Sorte von Atomen oder Molekülen. Was passiert aber, wenn in einem System zwei verschiedene Teilchensorten mit den Mengen N_a und N_b vorhanden sind, die sich vermischen können? Wir untersuchen dazu zwei verschiedene ideale Gase, die sich zunächst in getrennten Behältern vom Volumen V_a und V_b befinden (Abb. A.14). Temperatur und Druck werden in beiden Behältern gleich und konstant gehalten. Wenn man den Verbindungshahn öffnet, diffundiert ein Teil der a-Atome in den b-Behälter und ein Teil der b-Atome in den a-Behälter. Da sich die Atome idealer Gase gegenseitig nicht beeinflussen, verteilen sie sich nach dem Mischen so, dass jedes der Gase das ganze Volumen $V = V_a + V_b$ gleichmäßig ausfüllt. Nach Gl. 4.10 ist die Entropie für unterscheidbare Teilchen $S(V) = kN \ln V + $ const. bei konstantem N und T. Die Konstante hängt nur logarithmisch, das heißt sehr schwach, von der Atommasse ab. Bei Vergrößerung des verfügbaren Volumens nach Öffnen des Hahns beträgt die Entropiedifferenz für jedes dieser Gase dann

$$\Delta S = kN (\ln V_\text{nach} - \ln V_\text{vor}) \tag{A.36}$$

mit

$$\Delta S_a = kN_a \ln \frac{V}{V_a} > 0 \quad \text{und} \quad \Delta S_b = kN_b \ln \frac{V}{V_b} > 0. \tag{A.37}$$

Die gesamte Differenz ist dann

$$\Delta S_m = \Delta S_a + \Delta S_b = k\left(N_a \ln \frac{V}{V_a} + N_b \ln \frac{V}{V_b}\right) > 0. \tag{A.38}$$

A.5 Die Mischungsentropie

Abb. A.14 Adiabatische Mischung zweier idealer Gase nach Öffnen des Hahns

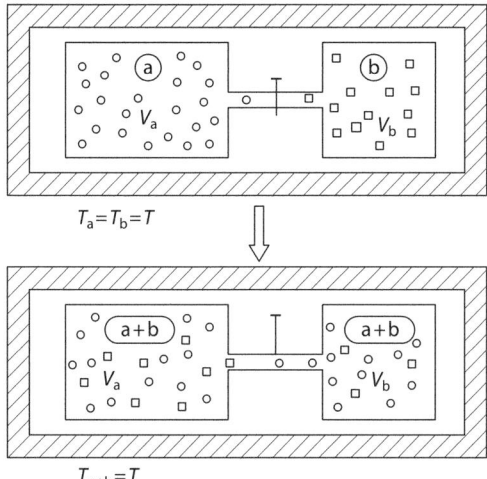

Diese Größe bezeichnet man als **Mischungsentropie**. Sie beruht *allein* auf der Vergrößerung des Volumens, das jedem Gas zur Verfügung steht. In den Gasen selbst entstehen beim Vermischen keinerlei Veränderungen. Daher ist die Bezeichnung „Mischungsentropie" etwas irreführend. Bei nichtidealen Gasen können beim Vermischen natürlich physikalische und chemische Veränderungen auftreten, welche die Teilchenzahlen und die Energie beeinflussen. Für gleich große Volumina $V_a = V_b$ und $N_a = N_b = N/2$ liefert die Gl. A.38 den Wert $\Delta S_m = 2kN \ln 2$. Für stark verdünnte Lösungen in Flüssigkeiten kann man die bei idealen Gasen gültigen Beziehungen ebenfalls benutzen. Löst man zum Beispiel ein Hundertstel Mol Salz (0,58 g) oder Zucker (3,42 g) in 1 Liter Wasser, so beträgt die Mischungsentropie 0,08 J/K. Die Zunahme der Entropie beim Mischen hat auch dazu geführt, dass S oft als „ein Maß für die Unordnung" bezeichnet wird. Dabei wird nicht definiert, was Ordnung und Unordnung genau sind. Wir wissen es jedoch besser: Nicht die „Unordnung" nimmt mit S zu, sondern die Zahl Ω der Energieverteilungsmöglichkeiten.

Interessant wird es, wenn wir fragen, was die Entropie macht, wenn wir zwei gleiche Gase mischen. Eigentlich dürfte sich die Entropie ja dann nicht ändern, denn bei gleichem Druck wandern nach Öffnen des Hahns nur gleichartige Atome von V_a nach V_b wie umgekehrt. Nach Gl. A.38 ergäbe sich aber dieselbe Entropiezunahme wie beim Mischen verschiedener Gase. Das wurde früher als **Gibbs'sches Paradoxon** bezeichnet. Was ist hier falsch? Ganz einfach: Wir hatten bei der Formulierung von Gl. A.38 die Entropieformel (Gl. 4.10) für unterscheidbare Teilchen zugrundegelegt. Das ist bei gleichen Gasen aber nicht der Fall. Hier müssen wir die Beziehung 4.13b für ununterscheidbare Teilchen verwenden, nämlich

$S = kN \ln(V/N) + \text{const.}$ Dann folgt anstelle von Gl. A.38

$$\Delta S_\mathrm{m} = kN\left[\ln\left(\frac{V}{N}\right)_\text{nach} - \ln\left(\frac{V}{N}\right)_\text{vor}\right]. \qquad (A.39)$$

Das spezifische Volumen V/N ist aber bei gleicher Temperatur und gleichem Druck in beiden Gasen nach dem Mischen genau so groß wie vorher. Die eckige Klammer in Gl. A.39 verschwindet also. Beim Mischen gleichartiger Gase oder Teilchen gibt es keine Entropiezunahme.

A.6 Potenziale und Zustandssummen

Wie man Zustandssummen berechnet, haben wir schon in Abschn. 6.2 erläutert. In der Praxis versucht man, die Summen durch Integrale zu ersetzen. Und dafür gibt es Tabellen. Wenn man die Zustandssummen kennt, kann man mit ihrer Hilfe die thermodynamischen Potenziale berechnen, die Energieausdrücke für verschiedene Kombinationen von Parametern. Und das geht so: In Gl. 6.8 lautet die kanonische Zustandssumme für reinen Wärmeaustausch und mit U statt E für die innere Energie

$$Z = \sum_s \mathrm{e}^{-U_s(kT)}. \qquad (A.40)$$

Dabei wird über alle Mikrozustände s von 0 bis ∞ summiert. Die innere Energie des Systems schwankt aber beim Wärmeaustausch mit der Umgebung um einen Mittelwert $\langle U \rangle$. Diesen können wir nach der bekannten Mittelwertformel aus der Wahrscheinlichkeitsverteilung $\mathcal{P}_s$ der Mikrozustände berechnen. Mit $\mathcal{P}_s = \mathrm{e}^{-U_s/(kT)}/Z$ nach Gl. 6.8 gilt dann

$$\langle U \rangle = \sum \mathcal{P}_s U_s \qquad (A.41)$$

und das ergibt

$$\langle U \rangle = \frac{\sum U_s \mathrm{e}^{-U_s(kT)}}{\sum \mathrm{e}^{-U_s(kT)}}. \qquad (A.42)$$

Hier erkennt man mit etwas Glück im Zähler die negative Ableitung des Nenners nach $(kT)^{-1}$. Daraus folgt für die innere Energie der folgende Zusammenhang mit der Zustandssumme:

$$\langle U \rangle = -\frac{1}{Z}\frac{\partial Z}{\partial (kT)^{-1}} = -\frac{\partial \ln Z}{\partial (kT)^{-1}} = kT^2 \frac{\partial \ln Z}{\partial T}. \qquad (A.43)$$

A.6 Potenziale und Zustandssummen

Als Nächstes berechnen wir die Entropie. Dazu verwenden wir die Gl. 4.7

$$S = -kN \sum_s \mathcal{P}_s \ln \mathcal{P}_s \,. \tag{A.44}$$

Setzen wir hier für $\mathcal{P}_s$ wieder die Boltzmann-Wahrscheinlichkeit (Gl. 6.8) ein, so folgt mit

$$\ln \mathcal{P}_s = -\frac{U_s}{kT} - \ln Z \tag{A.45}$$

die Beziehung

$$\langle S \rangle = kN \sum_s \mathcal{P}_s \left(\frac{U_s}{kT} + \ln Z \right). \tag{A.46}$$

Mit $\sum \mathcal{P}_s = 1$ ergibt sich dann

$$\langle S \rangle = \frac{\langle U \rangle}{T} + k \ln Z \tag{A.47}$$

und mit Gl. A.43

$$\langle S \rangle = k \left(T \frac{\partial \ln Z}{\partial T} + \ln Z \right). \tag{A.48}$$

Damit können wir nun auch die freie Energie $F = U - TS$ durch die Zustandssumme ausdrücken und erhalten die einfache Beziehung

$$F = -kT \ln Z \,. \tag{A.49}$$

Um auch die beiden Potenziale H und G auf Z zurückzuführen, brauchen wir noch den Druck. Aus Gl. 7.8, $dF = -S\,dT - P\,dV$, folgt

$$P = -\left(\frac{\partial F}{\partial V} \right)_T = kT \left(\frac{\partial \ln Z}{\partial V} \right)_T. \tag{A.50}$$

Damit ergibt sich für die Enthalpie

$$H = U + PV = kT^2 \left(\frac{\partial \ln Z}{\partial T} \right)_V + kTV \left(\frac{\partial \ln Z}{\partial V} \right)_T \tag{A.51}$$

und für die freie Enthalpie

$$G = F + PV = -kT \ln Z + kTV \left(\frac{\partial \ln Z}{\partial V}\right)_T . \qquad (A.52)$$

Damit haben wir die Potenziale für konstante Teilchenzahl alle auf die Zustandssumme zurückgeführt. Ist N nicht konstant, so müssen wir die sogenannte Große Zustandssumme aus Gl. 6.12 verwenden, $Z_{U,N} = \sum e^{-(U-\mu N)/(kT)}$. Damit erhalten wir zum Beispiel das Große Potenzial J aus Abb. 7.1:

$$J(V, T, \mu) = -kT \ln Z_{U,N} . \qquad (A.53)$$

A.7 Die Suszeptibilitäten gemischter Feldgrößen

In Tab. 9.1 haben wir einen Überblick über die Response-Eigenschaften der Materie gewonnen. Diese Tabelle ist hier als Tab. A.2 reproduziert. In jedem der 25 Kästchen ist eine Suszeptibilität $\chi = \partial^2 \phi/(\partial Y_i \partial Y_k)$ verzeichnet. Dabei ist ϕ ein thermodynamisches Potenzial (Gl. 9.2), X sind die Mengengrößen und $Y_{i,k}$ die Feldgrößen. Für $i = k$ haben wir die doppelt differenziellen Suszeptibilitäten bereits in Kapitel 9 besprochen. Hier folgen nun die entsprechenden für $i \neq k$. Die Nummerierung entspricht derjenigen in der Tabelle.

Als erstes Beispiel besprechen wir die **thermische Volumenausdehnung**

$$6. \qquad \frac{\partial^2 \phi}{\partial P \partial T} = \frac{\partial V}{\partial T} = \gamma V \qquad (A.54)$$

mit dem kubischen Ausdehnungskoeffizienten $\gamma \equiv (\partial V/\partial T)/V$.

Tab. A.2 Response-Eigenschaften der Materie

Y \ X	T (K)	P (N/m²)	F (N)	E (V/m)	B (Vs/m²)
S (J/K)	Wärmekapazität $\partial S/\partial T \sim C_P$ 1	Piezokalorischer Effekt $\partial S/\partial P \sim C_V$ 8	Mechanokalorischer Effekt $\partial S/\partial F$ 9	Elektrokalorischer Effekt $\partial S/\partial E$ 11	Magentokalorischer Effekt $\partial S/\partial B$ 17
V (m³)	Thermische Volumenänderung $\partial V/\partial T \sim \gamma$ 6	Kompressibilität $\partial V/\partial P \sim \kappa$ 2	Volumenstriktion $\partial V/\partial F$ 25	Volumenelektrostriktion $\partial V/\partial E \sim \varepsilon_V$ 14	Volumenmagnetostriktion $\partial V/\partial B \sim \omega_V$ 20
L (m)	Thermische Längenänderung $\partial L/\partial T \sim \alpha$ 7	Kompressible Dehnung $\partial L/\partial P$ 24	Mechanische Dehnung $\partial L/\partial F \sim \hat{C}$ 3	Uniaxiale Elektrostriktion $\partial L/\partial E \sim \varepsilon_L$ 15	Uniaxiale Magnetostriktion $\partial L/\partial B \sim \omega_L$ 21
M_e (Asm)	Pyroelektrischer Effekt $\partial M_e/\partial T$ 10	Piezoelektrischer Volumeneffekt $\partial M_e/\partial P$ 12	Uniaxialer piezoelektrischer Effekt $\partial M_e/\partial F$ 13	Elektrische Suszeptibilität $\partial M_e/\partial E \sim \chi_e$ 4	Magnetoelektrischer Effekt $\partial M_e/\partial B$ 23

Ähnlich lautet die **(uniaxiale) thermische Ausdehnung**

7. $$\frac{\partial^2 \phi}{\partial F \partial T} = -\frac{\partial L}{\partial T} = -\alpha L_0 \qquad (A.55)$$

mit dem uniaxialen Ausdehnungskoeffizienten $\alpha \equiv (\partial L/\partial T)/L_0$. Es gilt näherungsweise $\gamma = 3\alpha$ mit 1 % Genauigkeit bei den meisten Festkörpern. Zahlenwerte für γ reichen von $0{,}1 \cdot 10^{-6}$/K für Glaskeramik über $1 \cdot 10^{-6}$/K für Wasser und Invar bis zu $100 \cdot 10^{-6}$/K für Kunststoffe sowie $0{,}0034$/K für Gase bei Raumtemperatur ($\gamma \approx T^{-1}$).

Als weitere Beispiele behandeln wir die thermomechanischen Erscheinungen:

Piezokalorischer Effekt

8. $$\frac{\partial^2 \phi}{\partial T \partial P} = -\frac{\partial S}{\partial P} = -\frac{1}{T}\frac{\partial Q}{\partial P} = -\frac{C}{T}\frac{\partial T}{\partial P} \qquad (A.56)$$

Die Beziehung für diesen Effekt erhält man bei idealen Gasen aus der Gl. A.84 zu $-\partial S/\partial P = kN/P$, und für ein Mol bei Raumtemperatur mit $R = kN_A$ zu $R/P_0 = 8{,}21 \cdot 10^{-5}$ m^3/K.

Mechanokalorischer Effekt

9. $$\frac{\partial^2 \phi}{\partial T \partial F} = -\frac{\partial S}{\partial F} = -\frac{1}{T}\frac{\partial Q}{\partial F} = -\frac{C}{T}\frac{\partial T}{\partial F} \qquad (A.57)$$

Dieser Effekt kommt nur bei Festkörpern und Flüssigkristallen vor. Es gibt ihn nicht bei Gasen und normalen Flüssigkeiten, weil man dort keine uniaxialen Kräfte anlegen kann.

Es folgen die elektrokalorischen Phänomene:

Pyroelektrischer Effekt

10. $$\frac{\partial^2 \phi}{\partial E \partial T} = -\frac{\partial M_e}{\partial T} \qquad (A.58)$$

Das ist die Änderung des elektrischen Moments bzw. der Ladungsverteilung durch Erwärmung oder Abkühlung einer Probe. Dieser Effekt kommt bei bestimmten ionischen Kristallen vor, zum Beispiel bei Turmalin. Man verwendet ihn für besonders empfindliche Bolometer, Temperatursensoren oder Kalorimeter.

Elektrokalorischer Effekt

11. $$\frac{\partial^2 \phi}{\partial T \partial E} = -\frac{\partial S}{\partial E} = -\frac{1}{T}\frac{\partial Q}{\partial E} = -\frac{C}{T}\frac{\partial T}{\partial E} \qquad (A.59)$$

Das ist die Umkehrung des pyroelektrischen Effekts 10, die Temperaturänderung durch ein elektrisches Feld. Man findet ihn in manchen Metalloxiden, zum Beispiel in Blei-Zirkon-Titanat und man kann damit Temperaturdifferenzen von bis zu 10 K ohne einen elektrischen Strom herstellen.

Nun folgen die piezoelektrischen Erscheinungen:

Piezoelektrischer Volumeneffekt

12. $$\frac{\partial^2 \phi}{\partial E \partial P} = -\frac{\partial M_e}{\partial P}$$ (A.60)

Das ist die Änderung des elektrischen Moments bzw. der Ladungsverteilung durch einen Druck. Dieser Effekt kommt in zahlreichen Kristallen vor, zum Beispiel in Quarz (SiO_2).

Die meisten Anwendungen gibt es aber für den **uniaxialen piezoelektrischen Effekt**:

13. $$\frac{\partial^2 \phi}{\partial E \partial F} = -\frac{\partial M_e}{\partial F}$$ (A.61)

Dieser Effekt, die Änderung der Ladungsverteilung durch eine uniaxiale Kraft, ist die Grundlage unserer Quarzuhren. Er wird auch für Tonabnehmer genutzt, für Lautsprecher, Tintenstrahldrucker, Feuerzeuge, Blindengeräte usw.

Als Nächstes folgen die elektromechanischen Kräfte:

Volumenelektrostriktion

14. $$\frac{\partial^2 \phi}{\partial P \partial E} = \frac{\partial V}{\partial E}$$ (A.62)

Das ist die Umkehrung des piezoelektrischen Effekts 12, das heißt, die Volumenänderung einer Probe durch ein elektrisches Feld.

Uniaxiale Elektrostriktion

15. $$\frac{\partial^2 \phi}{\partial F \partial E} = \frac{\partial L}{\partial E}$$ (A.63)

Das ist die Längenänderung einer Probe durch ein elektrisches Feld.

Nun kommen wir zu den magnetischen Erscheinungen:

Pyromagnetischer Effekt

16. $$\frac{\partial^2 \phi}{\partial B \partial T} = -\frac{\partial M_m}{\partial T}$$ (A.64)

Er beschreibt die Änderung des magnetischen Moments bzw. der Magnetisierung (Moment pro Volumen) einer Probe durch eine Temperaturvariation.

Die Umkehrung ist der **magnetokalorische Effekt**:

17. $$\frac{\partial^2 \phi}{\partial T \partial B} = -\frac{\partial S}{\partial B} = -\frac{1}{T}\frac{\partial Q}{\partial B} = -\frac{C}{T}\frac{\partial T}{\partial B}$$ (A.65)

Das ist die Wärmetönung durch eine Änderung des Magnetfelds. Der Effekt wird vor allem zur Erreichung tiefer Temperaturen (< 1 mK) benutzt, aber auch bei magnetischen Wärmepumpen.

Piezomagnetischer Volumeneffekt

18. $$\frac{\partial^2 \phi}{\partial B\, \partial P} = -\frac{\partial M_m}{\partial P} \tag{A.66}$$

Das ist die Änderung der Magnetisierung durch einen Druck. Der Effekt spielt eine Rolle in der Geophysik zur Datierung von Gesteinen.

Uniaxialer piezomagnetischer Effekt

19. $$\frac{\partial^2 \phi}{\partial B\, \partial F} = -\frac{\partial M_m}{\partial F} \tag{A.67}$$

Das ist eine Folge der Spin-Bahn-Wechselwirkung, die Änderung der Magnetisierung einer Probe durch ein Kraft. Der Effekt wird vor allem zur Ultraschallerzeugung genutzt.

Volumenmagnetostriktion

20. $$\frac{\partial^2 \phi}{\partial P\, \partial B} = \frac{\partial V}{\partial B} \omega_v \tag{A.68}$$

Uniaxiale Magnetostriktion

21. $$\frac{\partial^2 \phi}{\partial F\, \partial B} = -\frac{\partial L}{\partial B} \omega_L \tag{A.69}$$

Elektromagnetischer Effekt

22. $$\frac{\partial^2 \phi}{\partial B\, \partial E} = -\frac{\partial M_m}{\partial E} \tag{A.70}$$

Hier handelt es sich um die Änderung des magnetischen Moments bzw. der Magnetisierung einer Probe durch ein elektrisches Feld, nicht etwa um einen Induktionseffekt des elektromagnetischen Feldes.

Magnetoelektrischer Effekt

23. $$\frac{\partial^2 \phi}{\partial E\, \partial B} = -\frac{\partial M_e}{\partial B} \tag{A.71}$$

Dies ist die Umkehrung des elektromagnetischen Effekts 22, die Änderung der elektrischen Polarisation durch ein magnetisches Feld.

Zum Schluss noch zwei Effekte, die mit der Verformung einer Probe durch Druck oder uniaxiale Kraft zu tun haben. Für einen Körper der Länge L mit dem Durchmesser d gilt der Zusammenhang $\Delta V/V = (1-2\nu)\Delta L/L$ mit der Poisson-Zahl $\nu = (\Delta d/d)/(\Delta L/L)$. Dabei ist die Längenänderung ΔL parallel zur Kraft und Δd senkrecht dazu.

Kompressible Längenänderung

24. $$\frac{\partial^2 \phi}{\partial F\, \partial P} = -\frac{\partial L}{\partial P} \tag{A.72}$$

Volumenänderung durch uniaxiale Kraft

25.
$$\frac{\partial^2 \phi}{\partial P \, \partial F} = \frac{\partial V}{\partial F} \qquad (A.73)$$

Soweit die Übersicht über die Suszeptibilitäten in Tab. A.2 bzw. 9.1 außerhalb der Hauptdiagonale. Manche der hier verzeichneten Response-Eigenschaften sind zwar schon sehr häufig untersucht worden, vor allem für Anwendungszwecke. Diese Effekte haben jedoch zum größten Teil keine verbindlichen Namen, und man findet sie daher nicht leicht in der Literatur.

A.8 Beziehungen zwischen den Suszeptibilitäten

Die 25 Suszeptibilitäten, die wir in Tab. 9.1 bzw. A.2 gefunden haben, sind nicht unabhängig voneinander, sondern sie hängen in gewisser Weise zusammen. Solche Beziehungen sind sehr nützlich, weil man mit ihrer Hilfe schwer messbare Suszeptibilitäten aus den Werten für leichter messbare gewinnen kann. Das betrifft zum Beispiel die Wärmekapazität C_V bei konstantem Volumen aus derjenigen C_P bei konstantem Druck. Wir wollen den Zusammenhang an diesem Beispiel zeigen. Was nun folgt, ist ein Abschnitt für Liebhaber der Thermodynamik. Von Verächtern derselben kann er übersprungen werden bzw. man braucht nur die Gln. A.94 und A.104 und das, was daraus folgt, zur Kenntnis zu nehmen.

Wir beginnen mit der Definition von C_V und C_P eines Körpers:

$$C_v = \left(\frac{\partial Q}{\partial T}\right)_v = T\left(\frac{\partial S}{\partial T}\right)_v, \qquad (A.74)$$

$$C_P = \left(\frac{\partial Q}{\partial T}\right)_P = T\left(\frac{\partial S}{\partial T}\right)_P. \qquad (A.75)$$

Hierbei ist Q die von einem Körper mit seiner Umgebung ausgetauschte Wärmeenergie und S seine Entropie. Der zweiten Hälfte dieser Gleichungen liegt Clausius' Definition der Entropie (Gl. 4.3c) für reversible Änderungen zwischen Gleichgewichtszuständen zugrunde, $\Delta S = \Delta Q/T$. Die partiellen Ableitungen der Entropie nach der Temperatur in den Gln. A.74 und A.75 lassen sich nicht leicht messen (Näheres in Kapitel 4) und wir wollen sie durch bequemer zugängliche Größen ersetzen. Dazu schreiben wir die vollständigen Differenziale von S hin:

$$dS(T, V) = \left(\frac{\partial S}{\partial T}\right)_V dT + \left(\frac{\partial S}{\partial V}\right)_T dV \qquad (A.76)$$

$$dS(T, P) = \left(\frac{\partial S}{\partial T}\right)_P dT + \left(\frac{\partial S}{\partial P}\right)_T dP. \qquad (A.77)$$

Diese beiden Ausdrücke können wir einander gleichsetzen. Die Entropie als Zustandsgröße hängt nämlich nicht vom Wege ab, auf dem ein bestimmter Zustand erreicht wird, also nicht davon, ob V oder P variiert wurde. Wir wählen für $(\partial S/\partial T)$

die Ausdrücke aus Gln. A.74 und A.75 und erhalten damit durch Gleichsetzen von Gln. A.76 und A.77

$$(C_P - C_V)\frac{dT}{T} = \left(\frac{\partial S}{\partial V}\right)_T dV - \left(\frac{\partial S}{\partial P}\right)_T dP. \tag{A.78}$$

Nun haben wir zwar $(\partial S/\partial T)$ aus der Differenz von Gln. A.75 und A.74 eliminiert, aber stattdessen die ähnlich „unangenehmen" Ausdrücke $(\partial S/\partial V)_T$ und $(\partial S/\partial P)_T$ erhalten. Diese beiden Größen kann man allerdings auf folgende Weise durch leichter messbare ersetzen: Wir machen dabei Gebrauch von den vollständigen Differenzialen zweier thermodynamischer Potenziale, der freien Energie F und der freien Enthalpie G. Nach Gln. 7.8 und 7.6 gilt für konstante Teilchenzahl:

$$dF = -P\,dV - S\,dT, \tag{A.79}$$
$$dG = V\,dP - S\,dT. \tag{A.80}$$

Die gemischten zweiten Ableitungen dieser Potenziale müssen jeweils zueinander gleich sein, weil dF und dG vollständige Differenziale sind, nämlich

$$\frac{\partial^2 F}{\partial V\,\partial T} = -\left(\frac{\partial P}{\partial T}\right)_V \quad \text{und} \quad \frac{\partial^2 F}{\partial T\,\partial V} = -\left(\frac{\partial S}{\partial V}\right)_T \tag{A.81}$$

sowie

$$\frac{\partial^2 G}{\partial P\,\partial T} = \left(\frac{\partial V}{\partial T}\right)_P \quad \text{und} \quad \frac{\partial^2 G}{\partial T\,\partial P} = -\left(\frac{\partial S}{\partial P}\right)_T. \tag{A.82}$$

Setzen wir diese zweiten Ableitungen von F bzw. G jeweils einander gleich, so erhalten wir partielle Differenziale, aus denen die Entropie verschwunden ist:

$$\left(\frac{\partial S}{\partial V}\right)_T = \left(\frac{\partial P}{\partial T}\right)_V \tag{A.83}$$

und

$$\left(\frac{\partial S}{\partial P}\right)_T = -\left(\frac{\partial V}{\partial T}\right)_P \tag{A.84}$$

Wenn wir diese beiden Beziehungen in Gl. A.78 einsetzen, so haben wir die Differenzialquotienten, welche die Entropie enthalten, eliminiert. Diese Gleichung sieht jetzt so aus:

$$(C_P - C_V)\frac{dT}{T} = \left(\frac{\partial P}{\partial T}\right)_V dV + \left(\frac{\partial V}{\partial T}\right)_P dP. \tag{A.85}$$

Die beiden hier vorkommenden partiellen Ableitungen sind, bis auf Normierungen, der **isochore Spannungskoeffizient** $\beta_V \equiv (\partial P/\partial T)_V/P$ und der **isobare Ausdehnungskoeffizient** $\gamma_P \equiv (\partial V/\partial T)_P/V$ (Gl. A.54). Diese Größen lassen sich relativ leicht messen, der Spannungskoeffizient allerdings nur für gasförmige Stoffe. Die Gl. A.85 lautet mit diesen Koeffizienten jetzt

$$(C_P - C_V)\frac{dT}{T} = P\beta_V \, dV + V\gamma_P \, dP . \tag{A.86}$$

Damit haben wir die schwierig zu messende Suszeptibilität C_V auf die leichter zu messenden Größen C_P, γ_P und β_V zurückgeführt. Wir sind aber noch nicht ganz fertig, weil β_V nur für Gase leicht zu messen ist, nämlich $\beta_V = 1/T$ für ein ideales Gas.

Hat man es mit nichtgasförmigen Stoffen zu tun, dann ist es sinnvoll, den Spannungskoeffizienten β_V durch die viel leichter zugängliche **isotherme Kompressibilität** $\kappa_T \equiv -(\partial V/\partial P)_T/V$ zu ersetzen. Und das geht folgendermaßen: Aus der Mathematik ist bekannt, dass zwischen den partiellen Ableitungen einer Funktion $z(x, y)$ die Beziehung

$$\left(\frac{\partial x}{\partial y}\right)_z \left(\frac{\partial y}{\partial z}\right)_x \left(\frac{\partial z}{\partial x}\right)_y = -1 \tag{A.87}$$

besteht. Mit $x = P$, $y = T$ und $z = V$ ergibt das für β_V

$$\left(\frac{\partial P}{\partial T}\right)_V = -\left[\left(\frac{\partial T}{\partial V}\right)_P \left(\frac{\partial V}{\partial P}\right)_T\right]^{-1} . \tag{A.88}$$

Hier steht nun, mit den obigen Definitionen für γ_P und κ_T, in der eckigen Klammer das Produkt $(V\gamma_P)^{-1}(-V\kappa_T)$. Das sind auch in Flüssigkeiten und Festkörpern leicht messbare Größen. Und damit folgt für den schwierig zu messenden Spannungskoeffizienten

$$\left(\frac{\partial P}{\partial T}\right)_V = \frac{\gamma_P}{\kappa_T} . \tag{A.89}$$

Setzen wir das in Gl. A.85 ein und formen etwas um, dann erhalten wir

$$dT = \left(\frac{\gamma_P}{\kappa_T} dV + V\gamma_P \, dP\right)\frac{T}{C_P - C_V} . \tag{A.90}$$

Das vergleichen wir mit dem vollständigen Differenzial von $T(V, P)$:

$$dT = \left(\frac{\partial T}{\partial V}\right)_P dV + \left(\frac{\partial T}{\partial P}\right)_V dP = \frac{1}{V\gamma_P} dV + \frac{\kappa_T}{\gamma_P} dP . \tag{A.91}$$

Die ersten und die zweiten Terme der rechten Seiten in Gln. A.90 und A.91 müssen paarweise gleich sein, also

$$\frac{\gamma_P}{\kappa_T}\frac{T}{C_P - C_V} = \frac{1}{V\gamma_P} \tag{A.92}$$

A.8 Beziehungen zwischen den Suszeptibilitäten

und
$$V_{\gamma_P} \frac{T}{C_P - C_V} = \frac{\kappa_T}{\gamma_P}. \tag{A.93}$$

Das ergibt in beiden Fällen für die gesuchte Differenz

$$C_P - C_V = TV \frac{\gamma_P^2}{\kappa_T}. \tag{A.94}$$

Damit haben wir das gewünschte Ergebnis: Aus drei bekannten Suszeptibilitäten lässt sich eine vierte berechnen, die schwer zu messen ist, nämlich hier C_V.

In ganz ähnlicher Weise kann man einen Zusammenhang zwischen der **isothermen Kompressibilität** κ_T bei konstanter Temperatur und der **adiabatischen Kompressibilität** κ_S bei konstanter Entropie herleiten. Diese Suszeptibilitäten sind folgendermaßen definiert:

$$\kappa_T = -\frac{1}{V}\left(\frac{\partial V}{\partial P}\right)_T, \tag{A.95}$$

$$\kappa_S = -\frac{1}{V}\left(\frac{\partial V}{\partial P}\right)_S. \tag{A.96}$$

Die Größe κ_T ist nicht ganz einfach zu messen, denn man braucht Drücke von einigen Kilobar, um in Flüssigkeiten oder Festkörpern relative Volumenänderungen von 1/1000 zu erhalten. Daher ist es vorteilhaft, die isotherme Kompressibilität nicht selbst zu messen, sondern sie aus der adiabatischen zu berechnen. Diese lässt sich nämlich leicht aus Messungen der Schallgeschwindigkeit gewinnen. Um die adiabatische Kompressibilität zu berechnen, gehen wir wieder von den oben verwendeten Gln. A.76 und A.77 für die Änderung der Entropie aus. Wir ersetzen dazu die partiellen Ableitungen in den zweiten Termen auf der rechten Seite durch die Ausdrücke A.83 und A.84 und erhalten

$$dS(T,V) = \frac{C_V}{T}dT + \left(\frac{\partial P}{\partial T}\right)_V dV \tag{A.97}$$

und

$$dS(T,P) = \frac{C_P}{T}dT - \left(\frac{\partial V}{\partial T}\right)_P dP. \tag{A.98}$$

Für reversible adiabatische Zustandsänderungen ist wegen $dQ_{\text{rev}} = 0$ auch $dS = 0$. Also gilt

$$C_v dT = -T\left(\frac{\partial P}{\partial T}\right)_V dV \tag{A.99}$$

und
$$C_P \, dT = T \left(\frac{\partial V}{\partial T}\right)_P dP . \qquad (A.100)$$

Division der letzten Gleichung durch die vorletzte liefert

$$\frac{C_P}{C_V} = \frac{(\partial V/\partial T)_P}{(\partial P/\partial T)_V} \left(\frac{\partial P}{\partial V}\right)_S . \qquad (A.101)$$

Nach Gl. A.88 ist hier der erste Faktor auf der rechten Seite gleich $-(\partial V/\partial P)_T$. Damit ergibt sich

$$\frac{C_P}{C_V} = \left(\frac{\partial P}{\partial V}\right)_S \left(\frac{\partial V}{\partial P}\right)_T \qquad (A.102)$$

und mit den Definitionen A.95 und A.96 folgt der gesuchte Zusammenhang zwischen den beiden Kompressibilitäten

$$\frac{C_P}{C_V} = \frac{-(V\kappa_S)^{-1}}{-(V\kappa_T)^{-1}} = \frac{\kappa_T}{\kappa_S} . \qquad (A.103)$$

Aus dieser Gleichung und aus Gl. A.94 erhält man schließlich noch die Beziehung

$$\kappa_T - \kappa_S = TV \frac{\gamma_P^2}{C_P} . \qquad (A.104)$$

Damit können wir auch die nicht ganz so leicht messbare Größe κ_T aus den leichter messbaren Werten für κ_S, γ_P und C_P gewinnen, und zwar ohne das ebenfalls schwer messbare C_V zu kennen. Die Größe κ_S erhält man zum Beispiel aus Messungen der Schallgeschwindigkeit v mit $\kappa_S = 1/(\rho v^2)$ und mit der Massendichte ρ (s. Lehrbücher der Festkörperphysik). Ob die Ergebnisse A.94 und A.104 stimmen, das sieht man an den Messwerten für Wasser in Abb. A.15. Hier sind C_V und κ_T aus den leichter messbaren Größen C_P, γ_P und κ_S berechnet. Man erkennt in der Abbildung qualitativ die Beziehung A.103: Das Verhältnis C_P/C_V wächst mit der Temperatur in ähnlichem Verhältnis wie κ_T/κ_S. Eine quantitative Übereinstimmung ist hier jedoch nicht zu erwarten, denn Wasser ist keine einfache Flüssigkeit. Mit wachsender Temperatur ändert sich seine mikroskopische Struktur. Die bei Raumtemperatur noch existierenden H_2O-Molekülaggregate lösen sich auf und sind bei 100 °C fast ganz verschwunden. Dieser Effekt ist in unserer Betrachtung nicht enthalten.

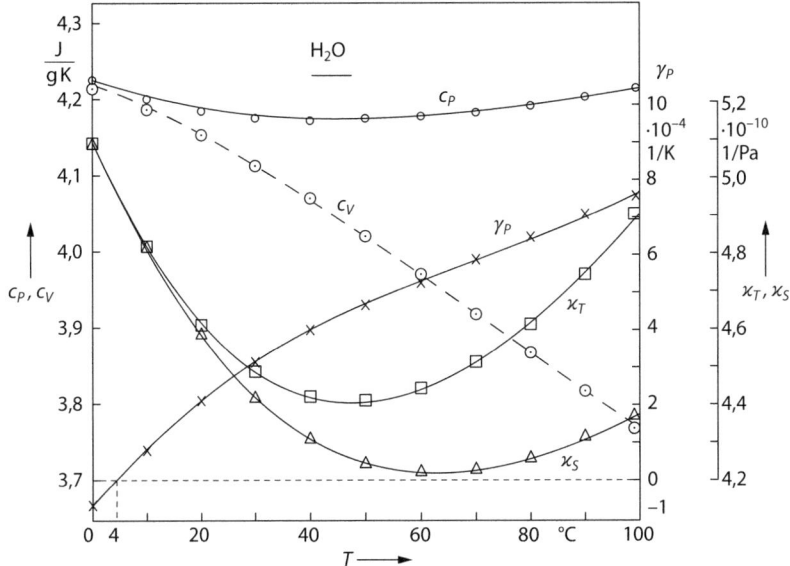

Abb. A.15 Temperaturabhängigkeit der Suszeptibilitäten von Wasser bei Normaldruck. Gemessen wurde $c_P = C_P/m$, γ_P, κ_S, und V. Damit wurden $c_V = C_V/m$ und auch κ_T berechnet. Das Dichtemaximum bei 4 °C äußert sich im Nulldurchgang von γ_P. (Nach Zemansky und Dittman 1997)

A.9 Onsagers Reziprozitätsbeziehungen

In Tab. 13.1 haben wir eine Übersicht über die bekannten Transportprozesse gesehen. Die dort aufgeführten 36 kinetischen Koeffizienten, L_{XY} in Gl. 13.6, $\boldsymbol{J}_X = -L_{XY}\,\boldsymbol{\mathcal{F}}_Y$, sind nicht unabhängig voneinander. Es gilt vielmehr die Beziehung

$$L_{XY} = \pm L_{YX}\,, \qquad (A.105)$$

wobei das Minuszeichen nur bei Anwesenheit eines Magnetfelds auftritt. Das heißt, die Matrix der L_{ik} in Tab. 13.1 ist symmetrisch zur zweiten Diagonale. (Das ist die Diagonale von links oben nach rechts unten.) Die Beziehung A.105 wurde 1931 von Lars Onsager bei der Betrachtung mikroskopischer Transportvorgänge entdeckt, und er erhielt 1968 dafür den Nobelpreis[1]. Der theoretische Beweis ist leider recht kompliziert und geht über das Niveau unserer Darstellung hinaus[2]. Wir besprechen aber gleich einige Beispiele.

---

[1] Der Zeitraum zwischen Entdeckung und Preisverleihung ist so groß, weil erst in den 1960er Jahren experimentelle Beweise für Onsagers Theorie vorlagen.
[2] Eine kurze und gute Darstellung findet man bei Becker (1966).

Bei der Theorie macht man Gebrauch vom Bild des **lokalen Gleichgewichts**. Das bedeutet: In einem makroskopischen Nichtgleichgewichtssystem existieren kleine Bereiche, in denen die Regeln und Gesetze der Gleichgewichtsthermodynamik gelten sollen. Außerdem ist in Gl. A.105 vorausgesetzt, dass es sich um *lineare* Transportgleichungen der Form 13.6 handelt. Wie klein die genannten Bereiche sein müssen, in denen lokales Gleichgewicht herrscht, bleibt zunächst offen. Denn das ist eine Frage der Genauigkeit der Messung oder der Rechnung. Je kleiner die treibende Kraft $\mathcal{F}_Y$ ist, desto größer werden diese Bereiche sein, und für $\mathcal{F}_Y \to 0$ nähert man sich dem makroskopischen Gleichgewicht. Bei sehr kleinen Teilchen oder sehr dünnen Schichten umfasst das lokale Gleichgewicht das ganze Volumen. Man kann also von folgender Annahme ausgehen: Wenn bei bestimmten Transportprozessen die Onsager-Beziehung (Gl. A.105) gilt, dürfen auf das System die Regeln der Gleichgewichtsthermodynamik angewendet werden, die Hauptsätze, die Boltzmann-Verteilung, die Potenziale usw. Man nennt die Gl. A.105 manchmal auch den Vierten Hauptsatz der Thermodynamik. Das Konzept des lokalen Gleichgewichts ist übrigens äquivalent zur **mikroskopischen Reversibilität**. Das heißt, bei Umkehrung der treibenden Kraft kehrt das System genau in den Anfangszustand zurück, ohne dass in der Umgebung irgendwelche Änderungen entstehen.

Wir besprechen jetzt einige Beispiele. Nach Tab. 13.1 sind etwa folgende Paare von Transportprozessen symmetrisch zur zweiten Diagonale:

- Der Thermo-Impuls-Strom mit L_{pT} und der Scher-Thermo-Effekt mit L_{Qv}.
- Die Thermodiffusion bzw. der Soret-Effekt mit L_{NT} und der Diffusions-Thermo- bzw. Dufour-Effekt mit $L_{Q\mu}$.
- Der Thermostrom bzw. Seebeck-Effekt mit L_{qT} und der elektrokalorische bzw. Peltier-Effekt mit $L_{Q\phi e}$.
- Der Thermo-Spin-Strom mit L_{MmT} und der magnetokalorische Effekt mit L_{QB}.

Manche dieser Prozesspaare sind schon recht gut untersucht, viele aber noch kaum bzw. gar nicht. Die Ursache ist, dass an ein und derselben Substanz oft einer der beiden Prozesse sehr viel kleiner als der andere ist. Die Experimente sind entsprechend schwierig. So ist zum Beispiel das Verhältnis der Koeffizienten von Dufour- zu Soret-Effekt in der Flüssigkeit CCl_4–C_6H_{12} nur auf etwa 15 % gesichert, $L_{Q\mu}/L_{NT} = 1{,}00 \pm 0{,}15$. An Nickel und Nickel-Eisen-Legierungen hat man jedoch eine etwa einprozentige Übereinstimmung der beiden Koeffizienten L_{qT} und $L_{Q\phi e}$ für den Seebeck- und Peltier-Effekt zwischen 77 und 325 K gefunden.

Gegen Ende des 20. Jahrhunderts haben die Transportprozesse von magnetischen Momenten („Spins") durch einen Magnetfeldgradienten große Bedeutung erlangt, die letzte Reihe und Spalte in Tab. 13.1. Und zwar für magnetische Speicher- und Schaltmethoden in der elektronischen Datenverarbeitung. Man hat nämlich gefunden, dass der Transport von magnetischen Momenten in den verwendeten Materialien schneller geht und weniger Energie braucht als der Transport elektrischer Ladungen. Dieses Verfahren ist unter dem Namen **Spinkaloritronik** heute von großem Interesse. Es wird nach immer besseren Substanzen und günstigeren Temperaturen dafür gesucht. Als Zeichen für die Güte der Onsager-Beziehung (Gl. A.105) ist in

Abb. A.16 Spin-Seebeck-Effekt $L_{M_{\mathrm{m},T}}$ und Spin-Peltier-Effekt $L_{Q,B}$ von Ni-Cu-Schichten als Funktion der antreibenden Kräfte $\nabla(T^{-1})$ bzw. $\nabla(B/T)$. Die Triebkräfte sind hier durch den Strom I repräsentiert. (Nach Dejene et al. 2014)

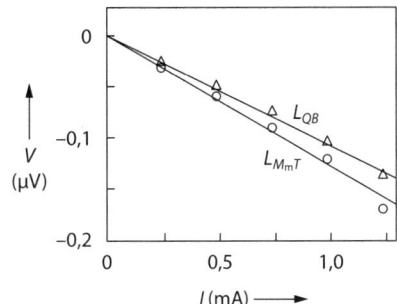

Abb. A.16 die Messung des Spin-Seebeck- und des Spin-Peltier-Effekts an einer Schichtstruktur (NiCu-Au-Pt) dargestellt. Man sieht, dass die beiden Koeffizienten bei kleinen Kräften $\mathcal{F}_\mathrm{B}$ sehr gut übereinstimmen, bei größeren aber voneinander abweichen.

A.10 Entropieproduktion

Bei einem Transportprozess befindet sich das aus zwei Reservoiren und einem Leiter bestehende System nicht bzw. noch nicht im thermodynamischen Gleichgewicht, denn es ändert sich darin ja etwas im Lauf der Zeit. In Abschn. 5.2 haben wir gesehen, dass die Entropie eines Systems im Gleichgewicht maximal wird. Also muss sie vorher kleiner gewesen sein und zugenommen haben. Diesen Vorgang nennt man **Entropieproduktion Σ** bzw. genauer die räumliche Dichte der zeitlichen Änderung der Entropie:

$$\Sigma = \frac{\mathrm{d}S}{V\,\mathrm{d}t} \qquad (\mathrm{A.106})$$

(Einheit $\mathrm{J\,K^{-1}\,m^{-3}\,s^{-1}}$).

Nun wissen wir aus Abschn. 4.1, dass die Gl. 4.3a, $\Delta S \geq \int \mathrm{d}Q/T$, nur für Gleichgewichtszustände gilt, und das Gleichheitszeichen nur für reversible Änderungen zwischen diesen. Bei Transportprozessen ist beides im Allgemeinen nicht der Fall. Die Berechnung der Entropie nach Boltzmann mit $S = k\,\ln\Omega$ (Gl. 4.4) ist daher nicht möglich, denn sie beruht auf der Grundannahme der statistischen Mechanik in Abschn. 2.1. Diese sagt, dass im Gleichgewicht alle Möglichkeiten der Energieverteilung gleich wahrscheinlich sind. Im Nichtgleichgewicht ist das aber nicht der Fall (s. Abb. 6.3). Der langen Rede kurzer Sinn heißt also: Für Transportprozesse ist die Entropie nach den Regeln der Gleichgewichtsmechanik nicht berechenbar. Ja es ist sogar bis heute fraglich, ob es dort etwas Ähnliches wie die Gleichgewichtsentropie gibt. Die Meinung der Fachleute darüber ist geteilt.

Abb. A.17 Zur Entropieproduktion bei der Wärmeleitung

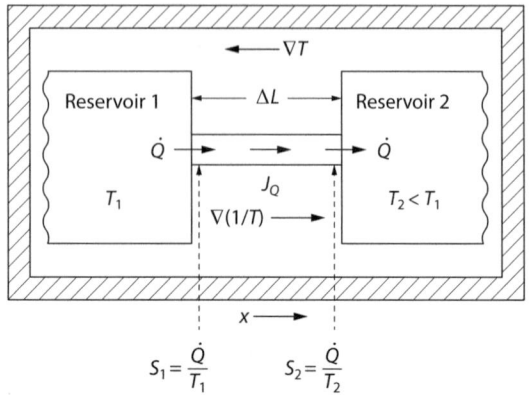

Warum aber spricht man trotzdem davon? Weil nämlich die bis zu einer eventuellen Beendigung des Transports in den Gleichgewichtszustand produzierte Entropie irgendwoher gekommen sein muss. Denn an diesem Ende ist sie im System größer als am Anfang. Wie das passiert ist, das sieht man am besten bei der Wärmeleitung (Abb. A.17). Wenn die Wärmeenergie Q das Reservoir 1 verlässt, nimmt dessen Entropie um $\dot{Q}/T_1$ ab. Wenn Q im Reservoir 2 angekommen ist, nimmt dessen Entropie um $\dot{Q}/T_2$ zu. Weil $T_2 < T_1$ ist, wird die totale Entropieänderung des Systems dann positiv:

$$\dot{Q}/T_2 - \dot{Q}/T_1 = \dot{Q}\left(\frac{1}{T_2} - \frac{1}{T_1}\right) > 0. \tag{A.107}$$

Dabei ist vorausgesetzt, dass nicht irgendwo im Leiter Energie verschwindet oder hinzukommt. Die Entropieproduktionsdichte ist nun also

$$\Sigma = \frac{\dot{Q}}{V}\left(\frac{1}{T_2} - \frac{1}{T_1}\right). \tag{A.108}$$

Der Buchstabe Σ anstelle von $dS/(V\,dT)$ soll daran erinnern, dass man die Entropie im Nichtgleichgewicht nicht nach Boltzmanns Rezept berechnen kann.

In Gl. A.107 kann man $\dot{Q}$ durch $J_Q A$ mit der Querschnittsfläche A des Leiters ersetzen. Außerdem kann man den Term in der Klammer $(T_1 - T_2) : (T_1 T_2)$ schreiben, und für kleine Temperaturdifferenzen ($T_1 \approx T_2 =: T$) gleich $\Delta T/T^2$ setzen. Dann ergibt sich aus Gl. A.108 mit $V = A\Delta L$

$$\Sigma = \frac{J_Q A}{V}\frac{\Delta T}{T^2} = \frac{J_Q}{\Delta L}\frac{\Delta T}{T^2}. \tag{A.109}$$

Für ein lineares Temperaturprofil ist $\Delta T/\Delta L = -\nabla T$ und $\nabla T/T^2$ ist $-\nabla(1/T)$. Dann wird aus Gl. A.109

A.10 Entropieproduktion

$$\Sigma = \boldsymbol{J}_Q \cdot \nabla\left(\frac{1}{T}\right) =: \boldsymbol{J}_Q \cdot \boldsymbol{\mathcal{F}}_T. \tag{A.110}$$

Die Größe $\nabla(1/T)$ bezeichnet man als die **Triebkraft** $\mathcal{F}$ der Wärmeleitung, wie sie in Tab. 13.1 angegeben ist. Durch Vergleich von Gl. 13.2 mit der allgemeinen Transportgleichung 13.6 ergibt sich der kinetische Koeffizient für die Wärmeleitung zu

$$L_{QT} = \lambda T^2. \tag{A.111}$$

Als Zahlenbeispiel betrachten wir einen stabförmigen Leiter aus Aluminium, der mit Reservoiren von $T_1 = 100\,°C$ und $T_2 = 0\,°C$ verbunden ist. Er sei 10 cm lang und habe einen Querschnitt von 1 cm². Mit dem Tabellenwert $\lambda = 238\,W/(K \cdot m)$ und mit $\Delta T/\Delta L = 1000\,K/m$ ergibt sich aus Gl. 13.2 $J_Q = 2{,}38 \cdot 10^5\,W/m^2$ und $\dot{Q} = 23{,}8\,W$. Das entspricht der Leistung einer schwachen Glühbirne. Die Entropieproduktion beträgt nach Gl. A.108 $\Sigma = 2337\,W/(K \cdot m^3)$, und für unseren Stab ist $\dot{S} = 0{,}02337\,W/K$. Um diese Größenordnung zu beurteilen, schätzen wir die Entropieproduktion eines primitiv lebenden Menschen ab. Er verbraucht im Ruhezustand 210 W bei 310 K, also $\dot{S} = 0{,}68\,W/K$. Ein Schwerarbeiter mit 1000 W Leistung erzeugt etwa das Fünffache, 3,4 W/K.

Der von Lars Onsager für die Wärmeleitung gefundene einfache Zusammenhang $\Sigma = \boldsymbol{J} \cdot \boldsymbol{\mathcal{F}}$ (Gl. A.110) wurde später auch auf andere Transportprozesse angewendet. Es zeigte sich jedoch, dass er nicht überall ein richtiges Ergebnis liefert. Woran das liegt, ist bis heute nicht klar. Wahrscheinlich daran, dass S für Nichtgleichgewichtsprozesse nicht definiert, also gar nicht berechenbar ist. Bei einigen chemischen Reaktionen und Fluidströmungen stimmt der Zusammenhang, vielleicht aber zufällig. Beim elektrischen Strom ist der Fluss $J_q = dq/(A\,dt)$ und die Triebkraft $\boldsymbol{\mathcal{F}}_{\phi_e} = -\nabla\phi_e/T$ (s. Tab. 13.1). Die Entropieproduktion ist dann mit der elektrischen Spannung $U_e = \Delta\phi_e$

$$\Sigma = \boldsymbol{J}_q \cdot \boldsymbol{\mathcal{F}}_{\phi_e} = \frac{dq}{A\,dt}\frac{U_e}{T\Delta L} = \frac{IU_e}{VT} = \frac{I^2 R}{VT}. \tag{A.112}$$

Und $I^2 R$ ist die Joule'sche Wärmeleistung der dissipierten Energie. Die Größe $I^2 R/T$ stellt also die Entropieerzeugung dar.

Abschließend möchten wir nochmal darauf hinweisen, dass, wie im Kapitel 13 erwähnt, die im Nichtgleichgewicht produzierte Entropie nicht mit der Gleichgewichtsentropie verwechselt werden darf. Denn Letztere kann man nach Boltzmann berechnen, Erstere jedoch nicht – oder noch nicht. Näheres dazu findet man in dem Buch von Grandy (2008).

A.11 Transportinstabilitäten

Schon zu Anfang des Kapitels 13 haben wir darauf hingewiesen, dass die linearen Transportbeziehungen (Gln. 13.1 bis 13.5 usw.) nur in einem beschränkten Bereich gelten, nämlich für kleine Triebkräfte. Was in diesem Zusammenhang als klein anzusehen ist, das lässt sich nicht allgemein sagen. Jedenfalls liefert die Thermodynamik kein Kriterium dafür. Hier muss man die speziellen Verhältnisse der Strömungen betrachten. Wir wollen das für einige Beispiele tun.

Jeder weiß, dass der Wasserstrahl aus einem Hahn bei kleiner Fließstärke glatt bzw. laminar ausströmt. Dreht man den Hahn weiter auf, so wird der Strahl strukturiert oder turbulent. Und wenn man noch weiter aufdreht, zerfällt er in einzelne Tropfen. Dies alles sind offenbar ganz verschiedene **Transportmoden**. Ähnliches beobachtet man beim Wärmetransport in einem von unten beheizten Kochtopf. Die darin enthaltene Flüssigkeit verhält sich bei schwacher Heizung ruhig und glatt. Bei stärkerer wird sie unruhig und bildet Strömungszellen, in denen die Flüssigkeit aufsteigt und absinkt. Und bei noch stärkerer Heizung wird sie turbulent, noch bevor sie kocht. Ein drittes Beispiel ist der elektrische Strom durch eine Leuchtröhre. Bei kleiner Spannung bildet sich eine gleichmäßige Gasentladung. Bei größerer zerfällt diese in verschiedene räumliche Muster. Und bei zu hoher Spannung knallt es. Dann entsteht eine Funkenentladung. Diese und viele ähnliche Phänomene bilden in gewisser Weise die Fortsetzung der in Abschn. 13.3 behandelten stationären Strömungen, und zwar bei stärkeren Triebkräften. Man **bezeichnet** einen solchen Wandel der Strömungsstruktur als **Transportinstabilität**, weil irgendetwas in der Strömung instabil wird. Die verschiedenen Strömungsmoden nennt man auch **dissipative Strukturen**, denn in ihnen wird Energie dissipiert, das heißt entwertet bzw. von Arbeit in Wärme umgewandelt.

In den Abb. A.18 und A.19 sind Beispiele dafür gezeigt. In Abb. A.18 sind es die Konvektionszellen, die sich in einer Flüssigkeitsschicht bei mäßiger Heizung von unten ausbilden. In Abb. A.19 sind Wirbelmuster zu sehen, die in Flüssigkeiten zwischen rotierenden Zylindern entstehen. Beispiele dafür sind mit Öl geschmierte Achsdurchführungen, deren Reibungsverhalten von diesen Strömungsmustern abhängt.

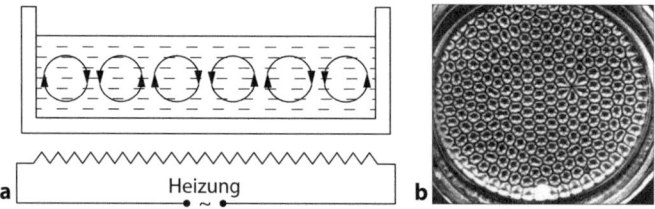

Abb. A.18 Konvektion in einer von unten beheizten Flüssigkeit. **a** Skizze des Experiments; **b** Draufsicht auf das sechseckige Muster von Konvektionszellen. (Nach Stierstadt 2010, 2018)

A.11 Transportinstabilitäten

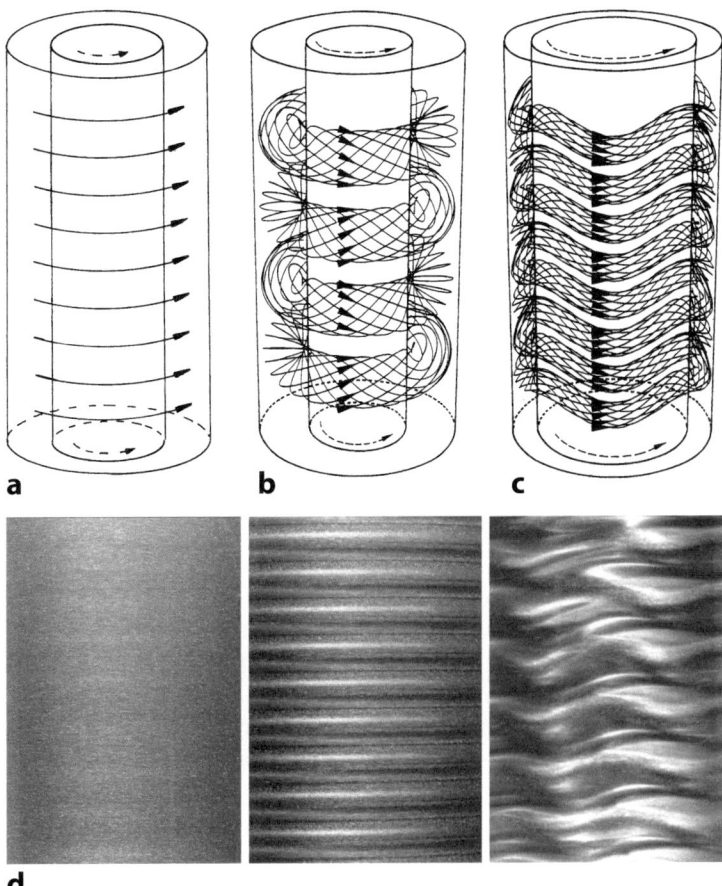

Abb. A.19 Wirbelbildung in einer zylindrischen Flüssigkeitsschicht bei Rotation des inneren Zylinders. **a** Laminare Couette-Strömung bei kleiner Winkelgeschwindigkeit; **b** toroidale Taylor-Wirbel bei größerer Winkelgeschwindigkeit; **c** wellenförmige Wirbel bei noch größerer Winkelgeschwindigkeit; **d** Experiment dazu. (Nach Brun 1986)

Die Berechnung solcher Phänomene ist schwierig. Man muss dafür die vollständige Bewegungsgleichung für die Geschwindigkeit des strömenden Mediums lösen oder die entsprechenden Gleichungen für den Wärme- oder Elektrizitätstransport. Für die Flüssigkeitsbewegung ist es die Erweiterung von Newtons zweitem Kraftgesetz, die Navier-Stokes-Gleichung (nach Claude Navier und George Stokes):

$$\rho\left[\frac{\partial \vec{v}}{\partial t} + (\vec{v} \cdot \nabla)\vec{v}\right] = -\nabla P + \eta(\nabla \cdot \nabla)\vec{v} + \vec{F}_i/V \ldots . \qquad (A.113)$$

Dabei sind außer dem Druck P und der Reibung (η) noch weitere wirksame Kraftdichten F/V zu berücksichtigen, zum Beispiel elektrische, magnetische und die

Schwerkraft. Diese nichtlineare partielle Differenzialgleichung lässt sich nur in besonders einfachen Fällen mit den entsprechenden Randbedingungen lösen und liefert dann das gesuchte Geschwindigkeitsprofil $\vec{v}(\vec{r}, t)$. Für die beiden Beispiele in Abb. A.18 und A.19 findet man damit die beobachteten Strukturen. Bei der Konvektion hat man zusätzlich noch die Wärmetransportgleichung zu lösen:

$$\rho c_P \left[\frac{\partial T}{\partial t} + \vec{v} \cdot \nabla T \right] = \lambda \nabla(\nabla T) + \frac{\dot{Q}}{V} + \vec{F}_i / V \dots \quad \text{(A.114)}$$

Dabei ist c_P die spezifische Wärmekapazität bei konstantem Druck, $\dot{Q}$ eine Wärmequelle und $\vec{F}_i$ sind weitere Kräfte. Bei Lösung dieser Gleichungen ergibt sich ein Kriterium für den Übergang von der homogenen Wärmeleitung zur Konvektion und umgekehrt, die sogenannte Rayleigh-Zahl (nach Lord Rayleigh):

$$\text{Ra} = \frac{g\beta}{vD_T} \Delta T \ell^3 \quad \text{(A.115)}$$

(g Erdbeschleunigung, β Wärmeausdehnungskoeffizient, v kinematische Viskosität, D_T Temperaturleitfähigkeit, ΔT Temperaturdifferenz unten/oben, ℓ charakteristische Länge der Anordnung). Bei einem von den Randbedingungen abhängigen kritischen Wert von Ra von der Größenordnung 1000 geht die Wärmeleitung in die Konvektion über. Ähnlich ist es bei der Wirbelbildung in Abb. A.19. Hier gibt es auch wieder ein Kriterium für den Übergang der verschiedenen Wirbelmuster ineinander. Das ist die Taylor-Zahl (nach Geoffrey Taylor):

$$\text{Ta} = 4\left(\frac{\omega}{v}\right)^2 R_i^2 \frac{(R_a - R_i)^3}{R_a + R_i} \quad \text{(A.116)}$$

ω Winkelgeschwindigkeit, v kinematische Viskosität, R_a und R_i äußerer und innerer Radius der Flüssigkeitsschicht.

Was sagt die Thermodynamik zu den hier beschriebenen Instabilitäten? Beim Übergang von einer räumlich ungeordneten Anordnung von Atomen und Molekülen zu einer räumlich geordneten nimmt die Entropie in einem abgeschlossenen System im Allgemeinen ab, denn die Teilchen haben dann weniger Platz, sich zu bewegen, zur Verfügung. Sie sind auf bestimmte Teilvolumina oder bestimmte Bewegungsmuster beschränkt. Diese Abnahme wird beim Entstehen einer geordneten Struktur überkompensiert durch die Entropieproduktion Σ, die mit dem Fluss und den Triebkräften verbunden ist, wie wir es im vorigen Abschnitt besprochen haben.

A.12 Brown'sche Bewegung

Unsere Überlegungen zum Transport extensiver Größen in Kapitel 13 beruhen auf dem Konzept der freien Weglänge von Atomen und Molekülen bei ihrer permanenten ungeordneten Bewegung. Sie ist eine Eigenschaft aller Materie und hat

A.12 Brown'sche Bewegung

ihren Ursprung letzten Endes bei der Entstehung des Universums. Wir wollen diese Bewegung nun etwas genauer untersuchen. Sie wurde 1827 von dem Arzt und Botaniker Robert Brown entdeckt und ausführlich beschrieben. Er untersuchte unter dem Mikroskop verschiedene organische und anorganische suspendierte Teilchen von etwa 1 Mikrometer Durchmesser. Dabei stellte er fest, dass sie eine andauernde Zitterbewegung ausführen. Zunächst hielt man das für eine Art von Lebensäußerung der Teilchen. Als richtige Ursachen wurden erst Ende des 19. Jahrhunderts die unregelmäßigen Stöße der das Teilchen umgebenden Wassermoleküle erkannt. Albert Einstein formulierte dann 1905 eine quantitative Theorie für die Verschiebung eines solchen Teilchens als Funktion der Zeit. Sie wurde drei Jahre später von Jean Baptiste Perrin experimentell bestätigt. Die Abb. 12.1 zeigt einige Beispiele dieser Messungen. Die Bewegung findet im thermischen Gleichgewicht statt, denn makroskopisch ändert sich an dem System Teilchen plus Flüssigkeit nichts.

Nun wollen wir Einsteins Formel für die Brown'sche Bewegung herleiten. Man geht von Newtons zweitem Kraftgesetz aus. Es lautet für die in einem Gas oder einer Flüssigkeit suspendierten Teilchen mit der Masse m, dem Radius R und der Geschwindigkeit

$$m\frac{dv}{dt} = F_\text{f} + F_\text{r} = F_\text{f} - 6\pi\eta R v \,. \tag{A.117}$$

Dabei ist F_f die fluktuierende Kraft der das Teilchen stoßenden Moleküle, F_r die Stokes'sche Reibungskraft im Medium (nach Georg Stokes), und η ist dessen Viskosität (s. Abschn. 13.1). Die Reibungskraft bremst die fluktuierende Kraft, deshalb das negative Vorzeichen. Die nach Paul Langevin benannte Beziehung (Gl. A.117) ist eine Differenzialgleichung für v, die wir lösen wollen. Dazu müssen wir die unbekannte fluktuierende Kraft eliminieren, und wir betrachten nur die x-Komponente $\dot{x}$ der Geschwindigkeit. Multiplikation von Gl. A.117 mit x ergibt

$$m\ddot{x}x = F_\text{f}x - 6\pi\eta R \dot{x}x \,. \tag{A.118}$$

Dann mitteln wir über eine große Zahl von Stößen der Moleküle auf das suspendierte Teilchen und erhalten

$$m\langle\ddot{x}x\rangle = \langle F_\text{f}x\rangle - 6\pi\eta R\langle\dot{x}x\rangle \,. \tag{A.119}$$

Weil die fluktuierende Kraft nach Abb. A.20 völlig unregelmäßig ist, gilt $\langle F_\text{f}x\rangle = \langle F_\text{f}\rangle\langle x\rangle = 0\langle x\rangle = 0$. Damit haben wir die fluktuierende Kraft eliminiert. Nun ersetzen wir $\ddot{x}x$ durch $d(\dot{x}x)/dt - \dot{x}^2$ und erhalten

$$m\left\langle\frac{d}{dt}(\dot{x}x)\right\rangle = m\langle\dot{x}^2\rangle - 6\pi\eta R\langle\dot{x}x\rangle \,. \tag{A.120}$$

Als Nächstes ersetzen wir die doppelte kinetische Energie des Teilchens in x-Richtung, nämlich $m\langle\dot{x}^2\rangle$ durch kT (s. Gl. 2.11):

$$\left\langle\frac{d}{dt}(\dot{x}x)\right\rangle = \frac{kT}{m} - \frac{6\pi\eta R}{m}\langle\dot{x}x\rangle \,. \tag{A.121}$$

Das ist nun eine Differenzialgleichung für die Größe $\langle \dot{x}x \rangle$. Eine spezielle Lösung davon lautet

$$\langle \dot{x}x \rangle = \frac{1}{2}\frac{d}{dt}\langle x^2 \rangle = \frac{kT}{6\pi\eta R}\left[1 - \exp\left(-\frac{6\pi\eta R}{m}t\right)\right], \quad (A.122)$$

was man durch Einsetzen nachprüfen kann. Dabei haben wir angenommen, dass Mittelwertbildung und Zeitableitung vertauschbar sind, und dass $x(t=0) = 0$ ist. Um nun die Verschiebung $x(t)$ zu erhalten, müssen wir nochmal integrieren mit dem Ergebnis

$$\langle x^2 \rangle = \frac{kT}{3\pi\eta R}\left[t - \frac{m}{6\pi\eta R}\left(1 - \exp\left(-\frac{6\pi\eta R}{m}t\right)\right)\right]. \quad (A.123)$$

Das lässt sich ebenfalls durch Einsetzen nachprüfen. Das Resultat kann man wesentlich vereinfachen, wenn man die Größenordnung der einzelnen Terme betrachtet. Der Ausdruck $6\pi\eta R t/m$ ist für die in der Legende zu Abb. A.20 genannten Zahlen etwa $4 \cdot 10^9$ und $m/(6\pi\eta R) \equiv t_0$ ist $7 \cdot 10^{-9}$ s. Damit vereinfacht sich Gl. A.123 für $t \gg t_0$ zu

$$\langle x^2 \rangle = \frac{kT}{3\pi\eta R}t. \quad (A.124)$$

Dies ist Einsteins berühmte Gleichung für die Brown'sche Bewegung. Wir wollen einige ihrer Konsequenzen betrachten:

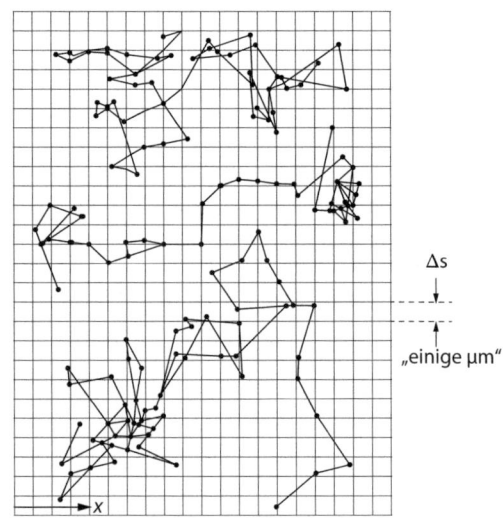

Abb. A.20 Bewegung dreier Harzteilchen ($\rho = 1\,\text{g/cm}^3$) von $0{,}53\,\mu\text{m}$ Durchmesser in Wasser bei Raumtemperatur. Die Messpunkte liegen zeitlich um $\Delta t = 30\,\text{s}$ auseinander. Die wirkliche Bewegung ist viel feiner strukturiert, weil ein Teilchen innerhalb 30 s etwa $3 \cdot 10^8$ Richtungswechsel macht und zwischen diesen jeweils eine Strecke von $10^{-4}\,\mu\text{m}$ zurücklegt. Das entspricht einer Momentangeschwindigkeit von etwa 1 mm/s, das Zehntausendfache der Effektivgeschwindigkeit $\Delta s/\Delta t$. (Nach Perrin 1909)

A.12 Brown'sche Bewegung

- Der von einem suspendierten Teilchen zurückgelegte Weg $\sqrt{\langle x^2 \rangle}$ ist proportional zu $\sqrt{t}$ und nicht zu t selbst wie bei einer gleichförmigen Bewegung. Das ist typisch für alle Diffusionsprozesse.
- Für sehr kurze Zeiten $t \ll t_0$ erhält man durch Entwickeln der e-Funktion in Gl. A.123 die Beziehung $\langle x^2 \rangle = kT\, t^2/m$. Während dieser kurzen Anfangszeit bewegt sich das Teilchen also mit konstanter thermischer Geschwindigkeit

$$\langle v \rangle = \sqrt{8kT/(\pi m)}$$

  (s. Gl. 6.24b). In Abb. A.21 sind Messwerte für die Zeit- und Temperaturabhängigkeit solcher Teilchen dargestellt.
- Einsteins Beziehung (Gl. A.124) hängt eng mit der Gl. 13.25, der Gleichung für die raum-zeitliche Diffusion, zusammen. Integriert man diese über z bzw. x, so ergibt sich

$$\langle x^2(t) \rangle = 2Dt \,. \tag{A.125}$$

Und vergleicht man das mit Gl. A.124, so erhalten wir für den Diffusionskoeffizienten die **Einstein-Relation**

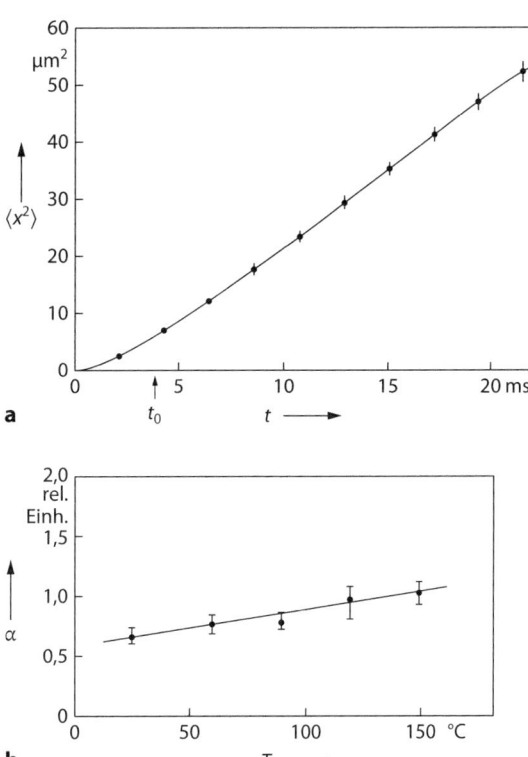

Abb. A.21 **a** Brown'sche Bewegung eines SiO_2-Teilchens von $1{,}6\,\mu\text{m}$ Durchmesser in Luft im schwerelosen Zustand. **b** Temperaturabhängigkeit der Brown'schen Bewegung eines Polystyrolteilchens von $1\,\mu\text{m}$ Durchmesser in Ethylglykol. Hier sind die Messwerte der Größe $\alpha = kT/(3\pi\eta R)$ gegen T aufgetragen. (**a**: nach Blum et al. 2006; **b**: nach Jia 2007)

$$D = \frac{kT}{6\pi\eta R} = \frac{kT}{F_\mathrm{r}/v} =: bkT \qquad (A.126)$$

mit der Beweglichkeit $b = v/F_\mathrm{r}$ des Teilchens.

Die Brown'sche Bewegung ist von großer Bedeutung für die Nanotechnik, die wir im Kapitel 14 besprochen haben. Ein Beispiel zeigt Abb. A.22. Die stochastische Bewegung eines elektrisch geladenen Teilchens kann durch geeignet geformte und gesteuerte elektrische Felder wesentlich eingeschränkt werden. Das Teilchen wird mit einer CCD-Kamera (*charge coupled device*) durch ein Mikroskop beobachtet. Ein Computer erzeugt ein vom Bild gesteuertes Rückkopplungssignal, das als elektrische Spannung an die vier kreuzweise angeordneten Elektroden vermittelt wird. Diese kompensieren die ursprüngliche Bewegung des Teilchens oder zwingen es auf eine vorgegebene Bahn. Im Internet kann man einen Film über die Bewegung von Latex-Kügelchen mit 20 nm Durchmesser sehen (Wikipedia: Brown'sche Bewegung).

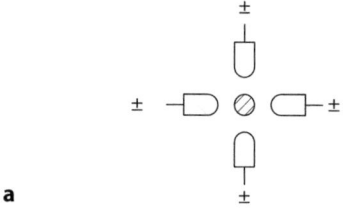

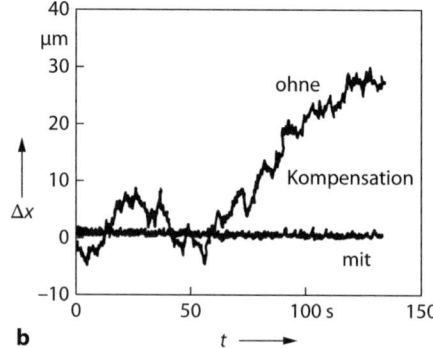

Abb. A.22 Elektrostatische Falle zur Kompensation der Brown'schen Bewegung eines elektrisch geladenen Teilchens von 0,2 mm Durchmesser in Wasser. **a** Skizze der Versuchsanordnung; **b** Vergleich der Teilchenbewegung ohne und mit Kompensation. (Nach Cohen 2005)

Anlage 1. Empfehlenswerte Lehrbücher

R. Bayerlein, „Thermal Physics", Cambridge University Press, Cambridge 1999
Eine vorzügliche Einführung auf statistischer Grundlage, aber auf etwa höherem Niveau als dieses Buch. Enthält zahlreiche Überlegungen und Erklärungen zu fundamentalen Fragen, die sonst nur selten angesprochen werden.

S.J. Blundell und K.M. Blundell, „Concepts in Thermal Physics", Oxford University Press, Oxford 2006
Ein didaktisch hervorragendes Lehrbuch auf statistischer Grundlage, straff gegliedert und von großer Stofffülle. Neben Schroeder (s. unten) ist es das beste Buch auf dem Markt.

C. Kittel und H. Krömer, „Physik der Wärme", 5. Auflage, Oldenbourg, München 2014
Übersetzung aus dem Englischen. Gut lesbare Einführung und historisch gesehen der zweite Versuch einer statistischen Begründung. Die Nomenklatur ist leider etwas unkonventionell, aber das Buch enthält viele nützliche Beispiele und Übungsaufgaben.

D.S. Lemons, „Student's Guide to Entropy", Cambridge University Press, Cambridge 2013
Eine didaktisch ausgezeichnete Einführung in die Probleme der modernen Auffassung der Entropie.

F. Mandl, „Statistical Physics", 2. Auflage, Manchester Physics Series, Wiley, London 1988
Eine gute Einführung auf statistischer Basis mit einer sehr sorgfältigen Diskussion wichtiger, aber oft missverstandener Zusammenhänge.

F. Reif, „Statistical Physics", Berkeley Physics Course Bd. 5, McGraw Hill, New York 1964
Der erste und sehr gelungene Versuch, die Thermodynamik schon im Grundstudium statistisch zu begründen. Das Buch war Vorbild für viele nachfolgende Werke. Es ist auch in deutscher Übersetzung erschienen (Vieweg, Braunschweig 1990).

D.V. Schroeder, „An Introduction to Thermal Physics", 3. Auflage, Addison-Wesley, San Francisco 2003
Bis heute das *Nonplusultra* auf diesem Gebiet, weil didaktisch hervorragend, optimal gegliedert und modern. Die statistische Methode wird an verschiedenen Systemen entwickelt. Das Buch enthält auch eine Einführung in die chemische Thermodynamik sowie in die Theorie der Quantengase und der Flüssigkeiten.

K. Stierstadt, „Thermodynamik – Von der Mikrophysik zur Makrophysik", Springer, Berlin 2010
Die erste Auflage dieses Buches, aber umfassender und mit vielen praktischen Beispielen und historischen Anmerkungen.

M.W. Zemansky und R.H. Dittman, „Heat and Thermodynamics", 7. Auflage, McGraw Hill, New York 1997
Eine gründliche und originelle Einführung mit vielen Anwendungen und mit einer statistischen Begründung als Unterabschnitt. Die 5. Auflage von 1968 ist noch ausführlicher und informativer.

Anlage 2. Umrechnung von Energie- und Leistungseinheiten

Energie	J,Ws	kWh	cal	eV	MeV
1 J, 1 Ws	1	$2{,}778 \cdot 10^{-7}$	$2{,}388 \cdot 10^{-1}$	$6{,}242 \cdot 10^{18}$	$6{,}242 \cdot 10^{12}$
1 kWh	$3{,}600 \cdot 10^{6}$	1	$8{,}598 \cdot 10^{5}$	$2{,}247 \cdot 10^{25}$	$2{,}247 \cdot 10^{19}$
1 cal	4,187	$1{,}163 \cdot 10^{-6}$	1	$2{,}614 \cdot 10^{19}$	$2{,}614 \cdot 10^{13}$
1 eV	$1{,}602 \cdot 10^{-19}$	$4{,}450 \cdot 10^{-26}$	$3{,}826 \cdot 10^{-20}$	1	$1{,}000 \cdot 10^{-6}$
1 MeV	$1{,}602 \cdot 10^{-13}$	$4{,}450 \cdot 10^{-20}$	$3{,}826 \cdot 10^{-14}$	$1{,}000 \cdot 10^{6}$	1

Leistung	W, J/s	kW	J/d	J/a
1 W, 1 J/s	1	0,001	$8{,}640 \cdot 10^{4}$	$3{,}154 \cdot 10^{7}$
1 kW	1000	1	$8{,}640 \cdot 10^{7}$	$3{,}154 \cdot 10^{10}$
1 J/d	$1{,}157 \cdot 10^{-5}$	$1{,}157 \cdot 10^{-8}$	1	365
1 J/a	$3{,}171 \cdot 10^{-8}$	$3{,}171 \cdot 10^{-11}$	$2{,}740 \cdot 10^{-3}$	1

Anlage 3. Natur- und Maßsystemkonstanten

Fundamentalkonstanten

Lichtgeschwindigkeit (exakt per Definition)	$c = 2{,}99792458 \cdot 10^8$ m s^{-1}
Gravitationskonstante	$G = 6{,}67259 \cdot 10^{-11}$ m^3 kg^{-1} s^{-2}
Planck-Konstante	$h = 6{,}6260755 \cdot 10^{-34}$ J s
	$\hbar = h/2\pi = 1{,}05457266 \cdot 10^{-34}$ J s
Elektrische Elementarladung	$e_0 = 1{,}60217733 \cdot 10^{-19}$ C (A s)

Teilchenmassen

Elektron	$m_e = 9{,}1093897 \cdot 10^{-31}$ kg
Proton	$m_p = 1{,}6726231 \cdot 10^{-27}$ kg
Neutron	$m_n = 1{,}6749286 \cdot 10^{-27}$ kg

Magnetische Momente

Elektron	$\mu_e = 9{,}2847701 \cdot 10^{-24}$ A m^2
Proton	$\mu_p = 1{,}41060761 \cdot 10^{-26}$ A m^2
Neutron	$\mu_n = 0{,}96623707 \cdot 10^{-26}$ A m^2

Maßsystemfaktoren

Induktionskonstante (exakt per Definition)	$\mu_0 = 4\pi \cdot 10^{-7} = 12{,}566370\ldots \cdot 10^{-7}$ V s/A m
Influenzkonstante (exakt per Definition)	$\varepsilon_0 = 1/\mu_0 c^2 = 8{,}854187\ldots \cdot 10^{-12}$ A s/V m
Boltzmann-Konstante	$k = 1{,}380658 \cdot 10^{-23}$ J/K
Avogadro-Zahl	$N_A = 6{,}0221367 \cdot 10^{23}$ mol^{-1}
Allgemeine Gaskonstante	$R = k N_A = 8{,}314510$ J mol^{-1} K^{-1}
Absoluter Nullpunkt (exakt per Definition)	$T_0(0\,K) = -273{,}15\,°$C

Normalbedingungen („physikalisch")

Normaltemperatur	$T_n = 273{,}15$ K ($= 0\,°$C)
Normaldruck	$P_n = 1{,}01325 \cdot 10^5$ Pa ($= 1$ atm)
Molvolumen idealer Gase	$V_n(T_n, P_n) = 2{,}241410 \cdot 10^{-2}$ m^3/mol

Anlage 4. Umrechnungsfaktoren für mechanische und thermische Größen

Länge		
	1 Fermi (Fm)	$= 10^{-15}$ m
	1 Ångström (Å)	$= 10^{-10}$ m
	1 Seemeile (sm)	$= 1852$ m
	1 Astronomische Einheit (AE)	$= 1{,}496 \cdot 10^{11}$ m
	1 Lichtjahr (Lj)	$= 9{,}461 \cdot 10^{15}$ m
	1 Parsec (pc)	$= 3{,}086 \cdot 10^{16}$ m
Fläche		
	1 Barn (b)	$= 10^{-28}$ m^2
*	1 Ar (a)	$= 100$ m^2
*	Hektar (ha)	$= 10^4$ m^2
Volumen		
*	1 Liter (l)	$= 10^{-3}$ m^3
Winkel		
*	1 Rad (rad)	$= 57{,}296°$
*	1 Rechter (L)	$= 90° \ (= \pi/2 \,\text{rad})$
*	1 Minute (′)	$= 0{,}016667° \ (= 6000″)$
*	1 Sekunde (″)	$= (2{,}777778 \cdot 10^{-4})°$
Zeit		
*	1 Minute (min)	$= 60$ s
*	1 Stunde (h)	$= 3600$ s $(= 60 \,\text{min})$
*	1 Tag (d)	$= 8{,}64 \cdot 10^4$ s $(= 24 \,\text{h})$
	1 „tropisches" Jahr (a)	$= 3{,}155693 \cdot 10^7$ s $(= 365{,}242199 \,\text{d})$
Masse		
	1 MeV/c^2	$= 1{,}782663 \cdot 10^{-30}$ kg
*	1 atomare Masseneinheit (u)	$= 1{,}6605402 \cdot 10^{-27}$ kg
	1 Karat (Kt)	$= 2 \cdot 10^{-4}$ kg
	1 Doppelzentner (dz)	$= 100$ kg
*	1 Tonne (t)	$= 1000$ kg
	1 Sonnenmasse (M_s)	$= 2 \cdot 10^{30}$ kg

Anlage 4. Umrechnungsfaktoren für mechanische und thermische Größen

Kraft

1 Dyn (dyn)	$= 10^{-5}$ N
1 Pond (p)	$= 9{,}80665 \cdot 10^{-3}$ N
1 Großdyn (Dyn)	$= 1$ N
1 Kilopond (kp)	$= 9{,}80665$ N

Druck

1 Dyn pro Quadratzentimeter (dyn/cm^2)	$= 0{,}1$ Pa $(= 1\,\mu$bar$)$
1 Millimeter Wassersäule (mm WS)	$= 9{,}80638$ Pa
1 Torr (Torr)	$= 1{,}33322 \cdot 10^2$ Pa
1 technische Atmosphäre (at)	$= 9{,}80665 \cdot 10^4$ Pa
* 1 Bar (bar)	$= 10^5$ Pa
1 physikalische Atmosphäre (atm)	$= 1{,}01325 \cdot 10^5$ Pa
1 Kilopond pro Quadratmillimeter (kp/mm^2)	$= 9{,}80665 \cdot 10^6$ Pa

Energie

* 1 Elektronenvolt (eV)	$= 1{,}60217733 \cdot 10^{-19}$ J
1 Erg (erg)	$= 10^{-7}$ J
1 Großerg (Erg)	$= 1$ J
1 Kalorie (cal)	$= 4{,}1868$ J
1 Kilopondmeter (kp m)	$= 9{,}80665$ J
1 Literatmosphäre (1 atm)	$= 1{,}01325 \cdot 10^2$ J
1 Kilokalorie (kcal)	$= 4{,}1868 \cdot 10^3$ J
1 Kilowattstunde (kWh)	$= 3{,}6 \cdot 10^6$ J

Leistung

1 Pferdestärke (PS)	$= 735{,}49875$ W

Temperatur ↔ Energie $(T = E/k)$

1 K $\widehat{=}$ $1{,}380658 \cdot 10^{-23}$ J/Teilchen	$= 8{,}617386 \cdot 10^{-5}$ eV/Teilchen
1 eV/Teilchen $\widehat{=}$ $1{,}160445 \cdot 10^4$ K	

Durchflussmenge

1 Falstaff (FS) = 1 gallon/min = 4,546 l/min	$= 7{,}577 \cdot 10^{-5}$ m^3/s

Viskosität

Dynamische Viskosität: 1 Poise (P)	$= 0{,}1$ Pa s
Kinematische Viskosität: 1 Stokes (St)	$= 10^{-4}$ m^2/s

Oberflächenspannung

1 Dyn pro Zentimeter (dyn/cm)	$= 10^{-3}$ N/m

* als SI-Einheiten zugelassen

Literatur

Becker, R.: Theorie der Wärme. Springer, Berlin (1966)
Grandy, W.T.: Entropy and the time evolution of macroscopic systems. University Press, Oxford (2008)
Sommerfeld, A.: Thermodynamik und Statistik. Dieterich, Wiesbaden (1952)
Stierstadt, K.: Thermodynamik. Springer, Berlin (2010)

Literaturhinweise zu den Abbildungen und Tabellen

Baehr, H.D.: Thermodynamik, 6. Aufl. Springer, Berlin (1988)
Baierlein, R.: Thermal physics. Cambridge University Press, Cambridge (1999)
Becquerel, J., De Haas, W.J., Van Den Handel, J.: Pouvoir rotatoire paramagnétique de l'éthyl-sulfate de dysprosium hydraté et saturation paramagnétique. Physics **3**(10), 1133–1142 (1936). https://doi.org/10.1016/S0031-8914(36)80341-3
Blum, J., et al.: Measurement of the Translational and Rotational Brownian Motion of Individual Particles in a Rarefied Gas. Phys. Rev. Lett **97**(23), 230601 (2006). https://doi.org/10.1103/PhysRevLett.97.230601
Brun, E.: Ordnungshierarchien. Naturf. Gesellsch., Zürich (1986)
Chikazumi, S.: Physics of Magnetism. Wiley, New York (1964)
Clusius, K.: Atomwärmen und Schmelzwärmen von Neon, Argon, und Krypton. Z. Phys. Chem. **31B**(1), 459–474 (1936). https://doi.org/10.1515/zpch-1936-3134
Cohen, A.E., Moerner, W.E.: Method for trapping and manipulating nanoscale objects in solution. Appl. Phys. Lett. **86**(9), 93109 (2005). https://doi.org/10.1063/1.1872220
D'Ans-Lax: Taschenbuch für Chemiker und Physiker. Springer, Berlin (2013)
Dejene, F.K., Flipse, J., Wees, B.J. van: Verification of the Thomson–Onsager reciprocity relation for spin caloritronics. Phys. Rev. B **90**(18), 180402(R) (2014). https://doi.org/10.1103/PhysRevB.90.180402
Demtröder, W.: Experimentalphysik 3. Springer, Berlin (1996)
Flowers, B.H., Mendoza, E.: Properties of matter. Wiley, London (1970)
Geek3: Hydrogen orbitals 3D, Wikimedia Commons
Jia, D., et al.: The time, size, viscosity, and temperature dependence of the Brownian motion of polystyrene microspheres. Am. J. Phys. **75**(2), 111–115 (2007). https://doi.org/10.1119/1.2386163
Kneller, E.: Ferromagnetismus. Springer, Berlin (1962)
Maitland, G.C., et al.: Intermolecular forces. Clarendon, Oxford (1981)
Perrin, J.: Mouvement Brownien et réalité moléculaire. Ann. Chim. Phys. **18**, 5–114 (1909)

Reif, F.: Grundlagen der Physikalischen Statistik und der Physik der Wärme. De Gruyter, Berlin (1975)
Reuter, H., et al.: In: Bergmann-Schaefer Experimentalphysik, Bd. 7. De Gruyter, Berlin (1997)
Schroeder, D.V.: Introduction to thermal physics. Addison-Wesley, San Francisco (1999)
Stierstadt, K.: Thermodynamik. Springer, Berlin (2010, 2018)
Stierstadt, K.: Ferrofluide im Überblick. Springer, Wiesbaden (2020)
Walton, A.J.: Three phases of matter, 2. Aufl. Clarendon, Oxford (1983)
Wang, G.M., et al.: Experimental demonstration of violations of the second law of thermodynamics for small systems and short time scales. Phys. Rev. Lett. **89**(5), 050601 (2002). https://doi.org/10.1103/PhysRevLett.89.050601
Wilson, K.G.: Problems in physics with many scales of length. Sci. Am. **241**(2), 158–179 (1979). https://www.scientificamerican.com/issue/sa/1979/08-01/. Zugegriffen: 5. Aug. 2025
Zemansky, M.W., Dittman, R.H.: Heat and thermodynamics, 7. Aufl. McGraw-Hill, New York (1997)

Stichwortverzeichnis

A
Absoluter Nullpunkt, 55
Adiabatengleichung, 123
Aggregatzustand, 88
Angeregter Zustand
  Atom, 66
Arbeit, 6
  Definition, 32
  magnetische, 31
Argon
  Zahlenwerte, 189
Ausdehnung
  thermische, 207
Austauschenergie, 150

B
Bestandteil
  ununterscheidbarer, 42
Blockspin-Methode, 105
Bohr'sches Magneton, 148
Boltzmann-Faktor, 62
Boltzmann-Verteilung, 60
Boltzmann-Wahrscheinlichkeit
  Energie, 63
  Zustand, 62
Brillouin-Funktion, 147
Brown'sche Bewegung, 222

C
Chemisches Potenzial, 77
  Mischungen, 82
Coulomb-Energie, 150
Curie-Punkt, 95
Curie-Temperatur, 151

D
Debye-Frequenz, 137
Debye-Temperatur, 139
Diffusion, 166
Dissipationsfrei, 200
Dissipative Struktur, 220
Drehimpulsquantenzahl, 148
Driftdiffusion, 168, 169
Drift-Diffusions-Gleichung, 173
Driftgeschwindigkeit, 169
Dritter Hauptsatz, 54

E
Eigenwert
  Energie, 191
Einstein-Relation, 225
Elastizitätskonstante, 109
Elastizitätsmodul, 109
Elektrokalorischer Effekt, 207
Elektromagnetischer Effekt, 209
Elektrostriktion
  uniaxiale, 208
Energie, 30
  Quantisierung, 16
Energie- und Leistungseinheiten, 229
Energieniveauschema, 192
Energieskale, 196
Enthalpie, 64
Entropie, 6, 43
  Absolutwert, 37
  Messung, 39
  Prinzip der maximalen, 47, 50
  Was ist?, 35
  Wozu?, 45
Entropieproduktion, 217

Entropische Kraft, 168
Erster Hauptsatz, 29
Expansion
   adiabatische, 123
   bei konstanter Enthalpie, 124
Extensive Größe, 36

F

Ferromagnet, 95
Ferromagnetismus, 150
Festkörper, 133
Fluchtgeschwindigkeit, 71
Fluchttemperatur, 72
Fluktuationstheorem, 178
Flüssigkeit, 128
Freie Energie, 63, 74
Freie Enthalpie, 64, 74
Freie Weglänge, 161

G

Gasatom
   Energiezustände, 189
Gasmolekül
   Geschwindigkeit, 68
Gay-Lussac-Effekt, 122
Gefrierpunktserniedrigung, 86
Gibbs-Funktion, 74
Gleichgewicht, 6
   diffuses, 80
   lokales, 216
   mechanisches, 80
   thermisches, 80
Gravitationsfeld, 67
Grundannahme der statistischen Physik, 12

H

Helmholtz-Funktion, 74
Höhenformel
   barometrische, 67

I

Ideales Gas
   klassisches, 185
Innere Energie, 5
Inversionstemperatur, 127
Irreversibilität, 199
Isobare, 92
Isochore, 92
Isotherme, 92

J

Joule-Effekt, 122
Joule-Kelvin-Effekt, 124
Joule-Thomson-Effekt, 124

K

Kalorimeter, 5, 39
Kinetischer Koeffizient, 159
Kohäsionsdruck, 120
Kolligativer Effekt, 82
Kompressibilität
   adiabatische, 213
   isotherme, 212, 213
Korrelationslänge, 103
Korrelationszeit, 104
Kovolumen, 120
Kraft, 89
Kritische Opaleszenz, 103
Kritischer Exponent, 101
Kritischer Punkt, 92, 100
Kritisches Phänomen
   Universalität, 103
Kritisches Potenzgesetz, 101
Kühlmittel
   Gase, 122

L

Lambdatemperatur, 95
Landé-Faktor, 148
Längenänderung
   kompressible, 209
Langevin-Funktion, 147
Lennard-Jones-Potenzial, 118
Linde-Verfahren, 128

M

Magnet, 143
Magnetisches Moment, 143
Magnetisierung, 22, 147
   spontane, 151
Magnetisierungskurve, 22
Magnetoelektrischer Effekt, 209
Magnetokalorischer Effekt, 153, 208
Magnetostriktion
   uniaxiale, 209
Makrozustand, 10, 193
Materiewelle, 16
Maxwell-Boltzmann-Verteilung, 70
Mechanokalorischer Effekt, 207
Mikrozustand, 10, 193

Mischungsentropie, 202, 203
Mischungslücke, 103

N
Natur- und Maßsystemkonstanten, 231
Nichtgleichgewicht, 7
Nullpunktsenergie, 24, 55
Nullpunktsentropie, 57
Nullter Hauptsatz, 54

O
Offenes System, 59
Optische Pinzette, 179
Ordnungsparameter, 101
Osmose, 82
Osmosekraftwerk, 84
Osmotischer Druck, 83

P
Paarkorrelationsfunktion, 129
Paramagnet
    idealer, 19
Paramagnetismus, 144
Parameter
    äußerer, 32
Pauli-Prinzip, 150
Permittivität, 109
Perpetuum mobile zweiter Art, 49
Pfeffer'sche Zelle, 82
Phase, 87
    Überblick, 88
Phasengrenze, 92
Phasenübergang, 87, 95
    diskontinuierlicher, 101
    kontinuierlicher, 101
    zweiter Art, 101
Piezoelektrischer Effekt
    uniaxialer, 208
Piezoelektrischer Volumeneffekt, 208
Piezokalorischer Effekt, 207
Piezomagnetischer Effekt
    uniaxialer, 209
Piezomagnetischer Volumeneffekt, 209
Potenzial, 78
    inneres, 78
    thermodynamisches, 73, 75
Pyroelektrischer Effekt, 207
Pyromagnetischer Effekt, 208

Q
Quant, 8
Quantenphysik, 189
Quasistatisch, 200

R
Reales Gas, 115
Renormierungsgruppe, 105
Reservoir, 59
Response-Eigenschaft
    Überblick, 206
Response-Koeffizient, 108
Restentropie, 57
Reversibilität, 199
    mikroskopische, 216
Reziprozitätsbeziehung
    Onsager, 215
Richtungsquantelung, 146

S
Sackur-Tetrode-Gleichung, 42
Sättigungsmagnetisierung, 147
Schwankung, 175
Schwingungsmode, 24
Schwingungsquantenzahl, 24
Siedepunktserhöhung, 86
Spin-Bahn-Wechselwirkung, 151
Spindrift, 172
Spinkaloritronik, 216
Statistische Physik, 4
Strömung
    stationäre, 163
    zeitabhängige, 167
Supraflüssigkeit, 95
Suszeptibilität, 101, 107, 108
    Beziehungen, 210
    elektrische, 109
    Feldgrößen, 206
    magnetische, 109
    Übersicht, 110
System
    kanonisches, 65
    makrokanonisches, 65
    mikrokanonisches, 65

T
T^3-Gesetz
    Debye'sches, 138
Teilchen
    nacktes, 80

Temperaturdefinition
  statistische, 15
Temperaturgefühl
  neues, 18
Thermodynamische Kraft, 7
Thermodynamischer Limes, 17
Thermometer, 5
Transportgleichung, 7
  mikroskopische, 160
Transportinstabilität, 220
Transportkoeffizient, 158
Transportmode, 220
Transportprozess
  Übersicht, 160
Transportvorgang
  linearer, 157
Triebkraft, 7, 159, 219
Tripellinie, 92
Tripelpunkt, 92

U
Umgebung, 37
Umrechnungsfaktor
  mechanische und thermische Größen, 233
Umwandlungsenthalpie, 95
Unschärfebeziehung, 24

V
Van't-Hoff-Gleichung, 83
Verteilung
  kanonische, 65
Virialgleichung, 116
Virialkoeffizient, 116
Viskosität
  dynamische, 165
  kinematische, 165
Volumenänderung
  uniaxiale Kraft, 210
Volumenausdehnung
  thermische, 206

Volumenelektrostriktion, 208
Volumenmagnetostriktion, 209
Vorgang
  irreversibler, 37
  reversibler, 36

W
Wahrscheinlichkeitsdichte, 69
Wärme, 6
  Definition, 32
  latente, 95
Wärme und Arbeit
  Unterschied, 31
Wärmeenergie, 163
Wärmekapazität, 17
  Ferromagnetika, 152
  ideale, 23
Wärme-Kraft-Maschine, 35
Wärmeleitfähigkeit, 164
Weiss-Konstante, 151
Wellenfunktion, 190
Welle-Teilchen-Dualismus, 16, 189

Z
Zugfestigkeit, 90
Zustandsdiagramm, 92
Zustandsdichte, 135, 196
Zustandsfunktion, 14
Zustandsgleichung
  kalorische, 17, 21, 188
  ideales Gas, 188
  Paramagnet, 21
  thermische, 185
Zustandsgröße
  im Gleichgewicht, 36
Zustandssumme, 60, 62
  Potenziale, 204
Zustandszahl, 10, 16
Zwangsbedingung, 199
Zweiter Hauptsatz, 37, 47

 springer-spektrum.de

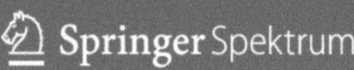

Jetzt bestellen:
link.springer.com/978-3-658-31028-8

Springer Spektrum

springer-spektrum.de

}essentials{

Klaus Stierstadt

Atommüll – die teure Erbschaft

Von der Kernenergiegewinnung zur Endlagersuche

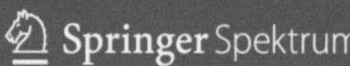

Jetzt bestellen:
link.springer.com/978-3-662-64725-7

 Springer Spektrum   springer-spektrum.de

}essentials{

Klaus Stierstadt

Die Grenzen der Physik in Natur und Technik

Vom Atomkern zur Galaxie

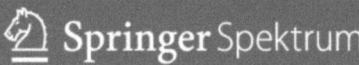 Springer Spektrum

Jetzt bestellen:
link.springer.com/978-3-658-34801-4

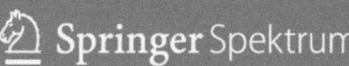

springer-spektrum.de

}essentials{

Klaus Stierstadt

Thermodynamische Potenziale und Zustandssumme

Ein Überblick über die Definitionen in der Thermodynamik

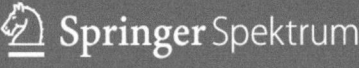

Jetzt bestellen:
link.springer.com/978-3-658-28992-8

springer-spektrum.de

}essentials{

Klaus Stierstadt

Die Eigenschaften der Stoffe: Suszeptibilitäten und Transportkoeffizienten

Ein Überblick über die Definitionen in der Thermodynamik

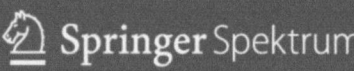

Jetzt bestellen:
link.springer.com/978-3-658-29098-6

 springer-spektrum.de

}essentials{

Klaus Stierstadt

Ferrofluide im Überblick

Eigenschaften, Herstellung und Anwendung von magnetischen Flüssigkeiten

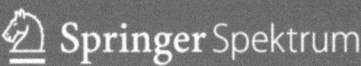

Jetzt bestellen:
link.springer.com/978-3-658-32707-1

 Springer

springer.com

Klaus Stierstadt

Brot und Strom für 10 Milliarden Menschen

Nahrung und Energie für eine wachsende Bevölkerung

SACHBUCH

Springer

Jetzt bestellen:

link.springer.com/978-3-662-67921-0

MIX
Papier aus verantwortungsvollen Quellen
Paper from responsible sources
FSC® C105338

If you have any concerns about our products,
you can contact us on
ProductSafety@springernature.com

In case Publisher is established outside the EU,
the EU authorized representative is:
**Springer Nature Customer Service Center GmbH
Europaplatz 3, 69115 Heidelberg, Germany**

Printed by Libri Plureos GmbH
in Hamburg, Germany